超加工

ULTRA-PROCESSED PEOPLE

群

Why Do We All Eat Stuff That Isn't Food ... and Why Can't We Stop?

为什么有些食物
让人一吃就停不下来

[英]

克里斯 · 范 · 图勒肯 著

(Chris van Tulleken)

欣玫 译

中国科学技术出版社

·北 京·

图书在版编目（CIP）数据

超加工人群：为什么有些食物让人一吃就停不下来 /（英）克里斯·范·图勒肯（Chris van Tulleken）著；欣玫译 . — 北京：中国科学技术出版社，2024.9
书名原文：Ultra-Processed People: Why Do We All Eat Stuff That Isn't Food ... and Why Can't We Stop?
ISBN 978-7-5236-0672-8

Ⅰ . ①超… Ⅱ . ①克… ②欣… Ⅲ . ①食品加工—食品安全 Ⅳ . ① TS201.6

中国国家版本馆 CIP 数据核字（2024）第 087546 号

策划编辑	杜凡如　何英娇	**责任编辑**	何英娇
封面设计	仙境设计	**版式设计**	蚂蚁设计
责任校对	邓雪梅	**责任印制**	李晓霖

出　　版	中国科学技术出版社
发　　行	中国科学技术出版社有限公司
地　　址	北京市海淀区中关村南大街 16 号
邮　　编	100081
发行电话	010-62173865
传　　真	010-62173081
网　　址	http://www.cspbooks.com.cn

开　　本	710mm × 1000mm　1/16
字　　数	317 千字
印　　张	22.25
版　　次	2024 年 9 月第 1 版
印　　次	2024 年 9 月第 1 次印刷
印　　刷	北京盛通印刷股份有限公司
书　　号	ISBN 978-7-5236-0672-8 / TS · 115
定　　价	89.00 元

（凡购买本社图书，如有缺页、倒页、脱页者，本社销售中心负责调换）

本书赞誉

本书将分析与评论有机地结合在一起，很具有说服力，克里斯·范·图勒肯向读者展示了超加工食品是如何影响我们的身体的，以及它们的盛行如何部分源于不正当的市场营销和失之偏颇的科学研究。

——马修·里斯（Matthew Rees）

《华尔街日报》（*Wall Street Journal*）

如果卡路里既廉价又丰富，那么这很值得人们欢呼，不过在人类历史的大部分时间里，它们两者都不是。而正如克里斯·范·图勒肯的这本新书所解释的那样，获得廉价兼丰富是要付出代价的。

——《经济学人》（*The Economist*）

克里斯·范·图勒肯运用自己的科学专业知识帮助读者彻底了解原本无法驾驭的学科、数据和历史信息，准确地解释了我们真正在吃的是些什么东西。

——雅各布·E. 格尔森（Jacob E. Gersen）

《纽约时报》（*New York Times*）

这是一次对我们所吃食物的检视，内容让人不安；这也是一项对我们的工业化食物体系的极有吸引力的调查，坦率地说，结果令人震惊、恐惧。

——本·斯宾塞（Ben Spencer）

《星期日泰晤士报》（*The Sunday Times*）

本书是一项大胆的调查，探索了我们迷上超加工食品的前因后果……这不仅仅是一本优秀的科学书籍：它清晰而敏锐地剖析、解构了关于文化、社会、经济和政治重要性的复杂问题，但没有道德说教；它出色地评估了科学文献，并且在全球范围内找寻答案。

——安贾娜·阿胡贾（Anjana Ahuja）

《金融时报》（*Financial Times*）

对于那些合成的、扰乱微生物群的产品而言，称它们为“食物”实在是太客气了，这些产品越来越多地出现在我们的生活里，并且使我们越来越沉迷其间。克里斯·范·图勒肯开出的处方是，不要吃任何你不能接受其出现在家中厨房的东西，这具有老祖母的典型特征——亲切、宽容、令人安心。

——哈里特·费奇·利特尔（Harriet Fitch Little）

《金融时报》

本书内容让人信服且令人心惊……克里斯·范·图勒肯说得很对，正如他所坚持认为的那样，进食那些我们无法了解其所含成分的东西确实让人有点儿毛骨悚然。

——亚当·戈普尼克（Adam Gopnik）

《纽约客》（*The New Yorker*）

本书认为，是企业利益导致了极易让人上瘾的超加工食品的出现，内容读来引人入胜，令人耳目一新，尽管它也许会惹恼你，但那就是关键所在。

——阿什温·罗德里格斯（Ashwin Rodrigues）

《智族》（*GQ*）

在阅读本书之前我就相当确信垃圾食品不好。不过这并没有阻止我吃那些食品。逐步了解 UPF 的过程是一种不同寻常的体验——你开始意识到，这种东西中的一部分几乎不能算是食物。

——海伦·路易斯（Helen Lewis）

《大西洋月刊》（*The Atlantic*）

严厉尖锐而内容详尽的批评……这场充满激情的论战将使得读者重新思考自己所吃的食物。

——《出版者周刊》（*Publishers Weekly*）

一项关于食物与健康的研究，令人大开眼界但颇为痛心。

——《柯克斯书评》（*Kirkus Reviews*）

研究深入，说服力强。

——苏菲·麦克贝恩（Sophie McBain）

《新政治家》（*New Statesman*）

本书具有很强的可读性，克里斯·范·图勒肯的写作充满了作为医生的自信，这位医生有着能安慰患者的良好态度。

——戴夫·哈文（Dave Hage）

《明星论坛报》（*Minneapolis Star Tribune*）

真是令人大开眼界！这是一本极其重要的书籍，它能帮助读者选择少加工、更优质的食物。

——文森特·拉姆（Vincent Lam）

《多伦多星报》（*Toronto Star*）

本书包含很多学术内容，不过同时也写得风趣、诙谐、快节奏，而且很容易理解。

——亚当·莱兰（Adam Leyland）

《食品商》（*The Grocer*）

这是一本能让人全神贯注地阅读并感到非常愤怒的书籍！UPF 让大多数虚构的反派看上去离奇古怪。你得到了一种恶魔般的糟糕产品，深刻地影响着我们的健康，甚至是我们的思想。克里斯·范·图勒肯撰写了一本关于一种普遍性祸害的书，其所做研究之精心令人惊叹，我们大多数人甚至都没有思考过这种瘟疫，但它的设计者必定是怀着恶意惦记着我们。阅读它，然后奋起反击！

——罗伯·德兰尼（Rob Delaney）

演员，《一颗有用的心》（*A Heart That Works*）作者

本书以诙谐幽默的学术方式对我们所吃的垃圾食品和摄入原因做出了强有力的毁灭性批判。

——亚当·卢瑟福（Adam Rutherford）

英国遗传学家，科普作家，遗传学博士，

《万物灵长》（*The Book of Humans*）作者

本书精彩而引人入胜地揭露了超加工食品，令人担忧的是，这些听起来成分怪异的可食用物质在我们的饮食中占的比重越来越大。正如克里斯所展示的，这些食品不仅让我们吃得停不下来，还通过影响我们的大脑劫持了调节饮食的能力。作者还通过一个强大的自我实验，以及大量严谨且令人震惊的研究来支持他的观点。阅读本书会让你质疑你吃的东西，并质

疑它是如何产生的。

——麦克尔·莫斯利博士（Dr. Michael Mosley）

英国广播公司主持人，《轻断食》（*The Fast Diet*）作者

如果你一生中只读一本饮食或营养书籍，那就选择这本吧。它不仅会改变你的饮食方式，还会改变你对食物的看法。而且，这本书不会对你的身体指手画脚，也不会羞辱你的身体。从超加工食品对肠道微生物的影响，到生产超加工食品的利润为何如此丰厚，以及为什么任何标榜“对身体更有益”的食品几乎都不一定对身体有益，我对超加工食品的方方面面都有了更深入的了解。

——比·威尔逊（Bee Wilson)

英国著名食品作家、历史学家，《杯盘之间：一部被埋没的“庖厨”史》（*Consider the Fork: A History of How We Cook and Eat*）作者

本书会激发人的愤怒之情，是一颗节食手榴弹，它大胆地讲述了这样的残酷真相——我们如何被极为贪婪的邪恶巨人喂食致命的美食。

——基斯·帕罕（Chris Packham）

电视主持人，博物学家，《动物奇妙之旅》（*Amazing Animal Journeys*）作者

《超加工人群》让我连连惊呼“原来如此”，是一本妙趣横生的书，它彻底改变了我对吃什么以及为什么而吃的看法。

——汉娜·弗莱（Hannah Fry）

数学家，伦敦大学高级空间分析伦敦所科学专家，《爱情数学：如何用数学找到真爱》（*The Mathematics of Love：Patterns，Proofs，and the Search for the Ultimate Equation*）作者

过去10年见证了人类历史的转折点——现在世界上死于吃得太多的人比死于吃得太少的人要多。这本极具魅力的书籍迫切地想传递一些信息给人们，深入挖掘了其中一个重要原因——超加工食品的兴起。

——贾尔斯·杨（Giles Yeo）

《基因与饮食》（*Gene Eating*）、《为什么热量不算数》（*Why Calories Don't Count*）作者

真是令人惊叹。你将再也不会用和以前一样的方式来看待食物或自己的身体了。

——爱丽丝·罗伯茨（Alice Roberts）

《解剖奇异》（*Anatomical Oddities*）作者

本书着实令人着迷，其运用了法医学研究方法，对我们所吃的食物做了终极披露，读来惊心动魄。克里斯·范·图勒肯千方百计、不遗余力地将他的聚光灯照射到当今那些伪装成营养物质的超加工食品。阅读它，你的饮食将再也不会和以前一样了！

——马里利亚·弗罗斯特拉普（Mariella Frostrup）

《破解更年期》（*Cracking the Menopause*）合著者

每个人都需要了解这些东西。

——蒂姆·斯佩克特（Tim Spector）

《饮食真相》（*Spoon Fed*）、《生命之食》（*Food for Life*）作者

献 词

谨献给黛娜（Dinah）、莱拉（Lyra）和萨莎（Sasha）

前 言

以前，每周三下午，在我工作的实验室里，我们都会举办一场称为“期刊俱乐部”（journal club）的活动。“俱乐部”这个词让它听起来比其本身有趣多了。这种在世界各地实验室中举行的仪式是这样进行的：实验室成员之一会介绍一篇其认为与我们的工作相关的最新出版的科学文献，而其余的人会把它撕成碎片。如果该论文质量不够好，那么选定它的那个不幸的人也会被撕成“碎片”。

这个实验室由格雷格·托尔斯（Greg Towers）主持运营，目前仍然设在英国伦敦大学学院（University College London，UCL）内，位于一所改建的维多利亚式医院中，该医院由设计自然历史博物馆（Natural History Museum）的同一位建筑师设计建造。这是一座美丽的老建筑，到处是老鼠和渗漏点。在我 2011 年来到这里攻读博士学位时，它似乎不可能在将来成为开展世界级分子病毒学研究的场所。

在这些“期刊俱乐部”活动中，格雷格和其他高级实验室成员教会了我，科学不是由一系列规则或事实构成的清单，而是活生生的辩论。相比我之前或之后遇到的任何人，格雷格都更愿意就任何论文中的任何数据点进行辩论。没有什么是未经检视的。这是我所能够期望得到的最好的科学训练。

该实验室的专长是研究像 HIV（艾滋病病毒）这样的病毒以及它们为了繁殖而需要与被感染的细胞之间的持续竞争。这种竞争就像是军备竞赛。所有的细胞都具备抵抗病毒攻击的防御能力，而所有的病毒又都携带着武器来攻克这种防御能力。随着细胞进化出越来越复杂巧妙的防御系统，病毒也在不断地演化出更好的武器，这反过来又推动了更强细胞防御系统的进化，如此这般，不断发展。

我们大多数人研究 HIV 及其病毒堂 / 表亲都是出于某些令人兴奋的原因，比如开发新的药物和疫苗，但该实验室中有一个分离出来的小组，他们研究不同类型的病毒，一种看起来一点儿都不像病毒的病毒。你身体里每个细胞中有一半的 DNA（脱氧核糖核酸）是由古老的不具功能性的死病毒基因组成的。很长一段时间里，人们将其称为“垃圾”（junk）DNA，这个主题似乎一直是科学领域的一潭死水，直到 2014 年 10 月，该分离小组的一名成员在“期刊俱乐部”活动中展示了其在《自然》（*Nature*）杂志上发表的一篇论文，标题充斥着术语：《KRAB 型锌指基因 ZNF91/93 与 SVA/L1 反转录转座子之间的进化军备竞赛》。[1]

开会前我快速浏览了一下这篇论文，发现它令人费解。在“期刊俱乐部”活动中展示的每 10 篇论文中，大致有 7 篇会被驳倒，2 篇能站得住脚并提供有用的新信息，还有 1 篇则会暴露出赤裸裸的欺诈性证据。我不清楚这篇论文会落入哪一类。

大家在讨论这些数据的时候，我注意到会场气氛发生了变化。当数据证明了这一点时——在整个人类基因组中都能找到的这些古老的死病毒根本就没有死，每个人都坐了起来，身体前倾。它们都含有功能性基因，做好了制造更多病毒的准备。人体中的每个细胞都是潜在的病毒工厂，但某些东西让这些病毒基因保持了沉默。事实证明，它们被细胞中的其他基因抑制了。

这篇论文讲的是，我们基因组的一部分与另一部分一直处于战争状态。

对于实验室中熟悉军备竞赛本质的每个人来说，这一研究结果的影响立即变得非常清晰。不论涉及的是病毒之间的竞争、邻里纠纷、运动队间的竞赛、政治竞选还是全球超级大国之间的竞争，所有的军备竞赛必定都会带来复杂性。随着暴动的发展，反暴动行为也必然发生。情报活动会招致反情报活动，出现双重间谍、三重间谍。正是越来越精良的武器的发展推动了越来越先进的防御系统的演变。

因为人类基因组处于一场内部军备竞赛中，一段 DNA 与另一段交战，这意味着，它必定会不可逆转地被向着越来越高的复杂度推进。经过成千上万代的演变，随着那些古老“死”病毒的进化，基因组的其余部分必须也同时进化来让它们保持沉默。

我们基因中的这种军备竞赛从生命诞生之日起就一直进行着，它很可能是复杂性本身进化的引擎。人类基因组和黑猩猩基因组之间的主要区别不在于蛋白质编码部分（两者有 96% 左右的相似度），而在于那些似乎来自古老的“死”病毒的部分。[2]

这篇论文改变了我对自己的认识，尽管我花了一段时间才明白这个观点，至少在某种程度上，我是与自己的其他基因交战的古老病毒的集合。它可能也会改变你看待自己的方式。你不仅生活在这场不同基因间的军备竞赛中——你还是它的产物，是相互竞争的遗传因子的不稳定联盟。

这些联盟和竞争超越了我们的基因。“你”到哪里结束，“非你”从哪里开始，这还远远没搞清楚。你浑身都是维持着你生命的微生物——它们就像肝脏一样是你身体的一部分，但同样是这些微生物，如果它们进入了不合适的身体区域，就会杀死你。我们的身体更像是社会而不是机械实体，它由数以十亿计的细菌、病毒和其他微生物生命形式组成，只不过我们恰好是灵长类动物而已。它们充满了各种各样谈判之后的妥协和不完美之处。军备竞赛模糊了边界。

我在格雷格的实验室工作了 6 年，然后又回去做医生了，不过，人类基因的军备竞赛理念、它们构建的复杂体系以及它们弄模糊的边界都成为我思考这个世界的方式的关键部分。我继续做研究，但我的焦点从研究病毒转向了调查存在偏见或欺诈的科学研究。现在我主要研究食品工业及其对人类健康的影响。我的实验室背景已经证明这一点至关重要，所以，有关军备竞赛及其影响的内容将在这整本书中大量出现。

首先，进食就是在一场已经持续了数十亿年的军备竞赛中的竞争活动。我们周围的世界存在数量相对固定的可用能量，所有的生命都在与其他生命形式竞争这些能量。毕竟，生命的存在只涉及两个项目：繁殖、为助力繁殖提取能量。

捕食者被锁定在竞争中，不仅需要彼此间竞争来获取猎物，而且当然还要与猎物本身竞争，猎物通常想要牢牢地留住其肌肉中所含的能量。作为“猎物”的动物也要为了进食植物而相互竞争，同时也与植物本身竞争，这些植物会产生毒素、长出荆棘和其他防御物来防止自己被吃掉。植物则为了阳光、水和土壤彼此竞争。微生物、细菌、病毒和真菌会持续不断地攻击生态系统中的所有生物，以尽其所能地汲取能量。在军备竞赛中，没有任何生物能长期领先：狼可能很擅长吃鹿，但鹿也极其懂得如何避免被狼吃掉，偶尔还能真的杀死它们。[1]

所以，我们进食是一系列相互关联、相互纠缠的军备竞赛的组成部分，为了争夺各种生命形式之间流动的能量。就像所有的军备竞赛一样，这种竞争也带来了复杂性，因此，关于进食的一切都很复杂。

我们的味觉和嗅觉、免疫系统、手的灵活性、牙齿和下颌的解剖结构、视力——很难想象，人类的生命机理、生理机能或文化的任何方面不是主要由我们历史上对能量的需求塑造的。数十亿年来，我们的身体已经极好地适应了对大范围多种多样食物的利用。

但在过去的150年里，食物已经变得……不再是食物。

我们已经开始食用由新分子（novel molecules）构成的物质，并且使用在我们的进化史中此前从未遇到过的加工过程，这些物质甚至都不能真正

---

1 有一份关于狼被其猎物杀死的重要科学文献。其中的一项分析发现，40%的狼头骨上有被猎物弄伤的证据，而且有大量文字记载，狼曾被驼鹿（moose）、麝牛（musk oxen）和鹿杀死过。[3, 4]

称为“食物”。我们的热量越来越多地来自改性淀粉（modified starches）、转化糖（invert sugars）、水解蛋白分离物（hydrolysed protein isolates）和经过精炼、漂白、除臭、氢化和互酯化的种子油。人们使用其他分子将这些热量组合成各种混合物，我们的感官以前从未接触过这些东西：合成乳化剂（synthetic emulsifiers）、低热量甜味剂（low-calorie sweeteners）、稳定胶（stabilising gums）、保湿剂（humectants）、风味化合物（flavour compounds）、染料、颜色稳定剂（colour stabilisers）、碳化剂（carbonating agents）、固化剂（firming agents）、膨松剂（bulking agents）以及抗膨松剂（anti-bulking agents）。

这些物质自 19 世纪后期逐渐进入人们的饮食，但自 20 世纪 50 年代起，其入侵速度加快了，以至于它们现在构成了人们在英国和美国摄取的大部分食物，并且成为地球上几乎每个社会的饮食的重要组成部分。

而且，在我们进入这个陌生的食物环境的同时，我们也进入了一个新的平行生态系统，它存在自己的军备竞赛，运转动力不是来自能量流，而是金钱流。这是一种新的工业化食品生产体系。在这个体系中，我们是猎物，是驱动该体系运转的金钱来源。对金钱的竞争推动了复杂度和创新性的提升，这些竞争发生在由各种不断发展的公司所组成的整个生态系统中，从大型跨国集团到成千上万家较小的全国性公司。它们用于榨取金钱的诱饵叫作超加工食品（ultra-processed foods，UPF）。这些食物已经历过数十年的演化选择过程，因此，人们购买和食用数量最多的产品在市场上存活得最好。为了达到这一目的，它们已经发展到可以颠覆人体内调解体重和实现其他很多功能的系统的地步。[1]

UPF 现在占英国和美国平均饮食的 60%。[5–7] 很多孩子（包括我自己

---

[1] 这是对标准生态系统的怪异倒错，在标准生态系统中，被食用最少的东西是最适合存活下来的。

的）从这些物质中获取大部分热量。UPF 是我们的饮食文化，是我们构建自己身体的原材料。如果你正在澳大利亚、加拿大、英国或美国阅读此书，这就是你的国家饮食（national diet）。

UPF 有一个内容很长、正式的科学定义，但可以简要归结为：如果它用塑料包裹着，并且至少含有一种你在标准家庭厨房中通常找不到的配料，那它就是 UPF。许多 UPF 对你来说都很熟悉，就是那些“垃圾食品”（junk food），不过也有大量有机的、自由放养的、“合乎伦理”的 UPF，它们可能会作为健康、有营养、环保或有益于减重的产品出售（这是另一条经验法则——几乎所有包装上带有健康声明的食物都是 UPF）。

在考虑食品加工时，我们大多数人想到的是对食物的物理处理——比如油炸、挤压、浸渍、机械性复原等。但超加工还包括其他更间接的过程——欺骗性营销、虚假诉讼、秘密游说、欺诈性研究——所有这些对于企业榨取金钱都至关重要。

2010 年，巴西团队最先草拟了正式的 UPF 定义，从那时起，大量的数据涌现出来，支持这样的假设：UPF 会损害人体并提高癌症、代谢性疾病和精神疾病的发病率，它通过取代饮食文化、加剧不平等、造成贫困和使人早逝来破坏人类社会，它也会破坏地球。食物体系对 UPF 的生产来说是必需的，后者也是前者的必然产物，这是生物多样性下降的主要原因，也是全球排放的第二大贡献者。因此，UPF 正在引发气候变化、营养不良和肥胖的协同大流行。最后一项影响的相关研究最多，也最难启齿谈及，因为关于食物和体重的讨论，无论出于多大的善意，都会让很多人感觉非常不适。[1]

---

[1] 很多与肥胖相关的健康结局（health outcomes）都是由污名化（stigma）直接导致的：有研究表明，在医生和其他医疗保健专业人士中，相比对几乎所有其他形式的身体差异的偏见，反肥胖偏见都要更加根深蒂固。这是医疗方面的巨大障碍。

本书的大部分内容均与体重相关，因为很多涉及 UPF 的证据都与其对体重的影响有关，但 UPF 在很多方面给人造成痛苦独立于对体重的影响。UPF 并不只是因为其造成肥胖而导致心脏病、中风和早逝。不论体重是否增加，这些风险都会随着 UPF 消费数量的增加而增加。此外，摄入 UPF 且体重没有增加的人患失智症（dementia）和炎症性肠病（inflammatory bowel disease）的风险会增加，但我们并不倾向于因为有这些问题而责备患者。因此，之所以肥胖会被特别提及，是因为它在与饮食相关的疾病中是独一无二的——事实上，在几乎所有的疾病中都是独一无二的——因为医生会因为患者肥胖而责备他们。

真的，让我回顾一下肥胖问题。我们仍然在探寻讨论这个问题的合适词汇。对很多人来说，这个词当然是一种冒犯，将肥胖称为疾病是一种污名化。许多人不接受肥胖是一种疾病，而视其为一种身份。对于其他人来说，这只是一种存在方式，而且是一种日益正常的存在方式。体重的增加并不必然与健康问题的风险增加有关，相比很多体重“健康”的人，许多超重的人的死亡风险实际上更低。尽管如此，我有时会使用“肥胖”这个词，有时会将其界定为一种疾病，因为这样能够得到研究和治疗的资金，有时疾病标签可以减少污名化程度：疾病不是一种生活方式或选择，而且这个词有助于将责任重负从受其影响的人身上移除。

这一点很重要，因为无论是在媒体上还是在我们的脑海中，每一次关于体重增加的讨论都充满了责备，而这些责备总是直指那些体重增加的人。他们应该受到责备的观点经受住了科学和道德上的仔细审查而存活了下来，因为它过于简单，一目了然。有人认为，它基于意志力的某种失败——没有多运动或少吃。正如我将反复说明的那样，这个观点经不起推敲。例如，自 1960 年以来，美国国家卫生研究院（US National Institutes of Health）一直在调查并准确记录国民的体重情况。这些记录表明，从 20 世纪 70 年代开始，在所有年龄段的白人、黑人和西班牙裔男性及女性中，肥胖率都急剧上升。[8] 认为不同年龄、族群的男性和女性的个人意志同时完全丧失了的观点是不可信的。如果你有肥胖问题，不是因为你缺乏意志力，这不是你的错。

实际上，相比滑雪者摔断腿、足球运动员弄伤膝盖或蝙蝠科学家因在洞穴中工作而肺部被感染的情况，我们对保持自身体重的责任要小得多。与饮食相关的疾病来自一些古老的基因与新的食物生态系统的碰撞，这种食物生态系统的设计目标是驱动过度消费，而我们当下似乎没有能力或者可能不愿意加以改善。

过去的 30 年里，在政策制定者、科学家、医生和家长的密切关注下，肥胖症以惊人的速度增长。在此期间，英国出台了 14 项政府战略，包含 689 项广泛覆盖各个领域的政策，[9] 但在小学毕业的儿童中，肥胖率的增长超过了 700%，重度肥胖率则提高了 1600%。[10]

英国和美国是 UPF 消费率最高的国家，这两国的儿童不仅比几乎所有其他高收入西方国家的同龄人重，而且身高也矮。[11, 12] 这种发育障碍与世界各地的肥胖息息相关，表明它是一种营养不良，而不是过度失调。

等到这些孩子成年时，非常多的同龄人会加入他们的行列，肥胖人口的比例将会比现在再增加三分之一。在没有专家帮助的情况下，重度肥胖的成年人能够达到并保持健康体重的概率不到千分之一。因此，对于大多数受重度肥胖影响的人来说，它是一种不依靠药物或手术就无法治愈的疾病。目前，超过四分之一的儿童和一半的成年人口都在受超重的影响。[13]

英国和几乎所有其他国家的政策均未能解决肥胖问题，因为他们没有将其界定为商业性疾病——由成瘾物质的市场营销和消费所引起的疾病。将肥胖与毒品和香烟进行比较会面临更大的污名化风险，不过我接下来会小心谨慎地加以对比。就像所有与饮食相关的疾病一样，肥胖有比 UPF 更深层次的原因，包括遗传脆弱性 / 基因易损性（genetic vulnerability）、贫困、不公正、不平等、创伤、疲劳和压力。正如吸烟是肺癌的头号诱因，贫困是吸烟的重要原因。在英国，最贫困人群的吸烟率是最富裕人群的 4 倍，而英国富人和穷人之间的死亡率之差有一半可以用吸烟来做出解释。[14]

就像香烟一样，UPF 是各种物质的集合，借助这些物质，那些更深层次的社会问题对身体造成损害。这是一种有形的方式，通过这种方式，那些不公正的现象显现出来，创伤和贫困可能由此发生，基因表达得以实现，否则可能会一直隐藏着。解决了贫困问题，你就可以防止大量肺癌和肥胖症的发生。不过那是另一本书的内容了。

这是一本关于为我们提供食物的系统并告诉我们应该吃什么的书。我希望鼓励你想象一个以不同方式构建的世界，一个会为每个人提供更多机会和选择的世界。因此，并没有提议征税或禁止它们——只是要求完善关于 UPF 的信息，以及让人们拥有获得真正食物的权利。

这不是一本减肥书，因为第一，目前还没有人想出来可以帮助人们安全、可持续地减肥的方法；第二，我不认为你应该减肥。我没有关于“正确”身体的想法，对一个人会是什么样子也没有看法。我对你应该吃什么食物没有意见，这取决于你自己。我总是做出不“健康”的选择，无论是进行危险的运动还是吃垃圾食品。但我强烈地感觉到，为了做出选择，我们都需要掌握关于我们的食物可能存在哪些风险的准确信息，而且我们应该少接触那些咄咄逼人、往往具有误导性的市场营销。

因此，你在本书中几乎找不到任何关于如何生活或如何喂养孩子的建议。部分原因是这与我无关，但主要原因是我觉得提供建议没多大意义。我们吃什么是由我们周围的食物、其价格及营销方式决定的——这些才是需要改变的地方。

不过我确实有一个关于你如何阅读本书的建议。如果你觉得自己可能想要戒掉 UPF——不要这样做。接着吃。

让我来解释一下。你是一个非自愿的实验参与者。各种新物质一直在我们所有人身上做测试，看看哪一种最擅长榨取金钱。合成乳化剂能代替鸡蛋吗？种子油可以取代乳制品脂肪吗？能不能加一点儿草莓醛进去来替代草莓？通过购买 UPF，我们在持续不断地推动其发展。在这个实验中，我们承担了风险，收益却交给了 UPF 生产企业的所有者，并且他们在很大程度上对我们隐瞒了结果——除对我们的健康的影响之外。

我的提议是，在阅读本书期间，你继续进行食用 UPF 的实验，但你这样做是为了你自己，而不是为了制造它的公司。我可以告诉你关于 UPF 的信息，但这些东西本身将是你最好的老师。只有吃它，你才会了解其本质。我知道这一点，因为我自己做过实验。

在研究关于 UPF 的影响的过程中，我与伦敦大学学院医院（University College London Hospital，UCLH）的同事开展合作。我是该项研究的第一个参与者。这样做的目的是从我身上获取数据，从而能够帮助我们为一项规模大得多的研究（我们现在正在进行）筹集资金。办法很简单：我戒掉 UPF 一个月，然后以各种可能的方式称重、测量。在下一个月，我的饮食中将有 80% 的热量来自 UPF——这与在英国和美国生活的大约 1/5 的人的饮食方式一样。

在第二个月里，我并没有刻意吃过量，只是像平常那样进食——任何时候想吃就吃，有什么就吃什么。我一边这么吃着，一边与食品、营养、饮食和超加工方面的世界顶级专家交谈，这些专家来自学术界、农业行业以及最重要的食品行业本身。

这种 UPF 饮食应该是令人愉快的，因为我正在吃通常自己会拒绝的食物。但奇怪的事情发生了：我与专家交谈得越多，就越厌恶这些食物。我想起了艾伦·卡尔（Allen Carr）的畅销书《戒烟的简单方法》（*The Easy Way to Stop Smoking*）。该书在自助类书籍中很不寻常，因为实际上里面的内容经过研究，书中推荐的干预措施非常好。其办法是，你一边阅读吸烟有多糟糕的内容，一边继续抽烟，接下来香烟会让你觉得恶心。

所以，屈服吧，允许自己体验一把 UPF 所带来的全部恐怖感。我不是在竭力鼓励你狂吃狂喝、暴饮暴食，只是让你停止抵制 UPF。我这样做了 4 周——如果你想尝试，那么就这样做到读完这本书为止。鼓励你这样做存在伦理问题，不过我对此感到很坦然。因为你已经在整天被鼓励食用 UPF 了，如果你属于常人，那么你已经在从 UPF 中获取大约 60% 的热量了，因此，将其增加到 80% 并维持一个月或许不会有什么大的影响。

在阅读本书时，我希望你也能读一读你所吃食品的包装背面的配料表。你将发现比我能够在本书中单独分析的更多的物质，不过到最后，我希望你能够开始了解，从市场营销活动到你吃完后所感受到的奇怪的不满足感，这一切都是在如何导致健康损害的。你也许会明白，你把生活中的很多问题归因于变老、有孩子或工作压力，而其实都是由你所摄入的食物引起的。

我无法保证，在你阅读本书时，UPF 会变得怪异、恶心，但你也许会发现它确实如此，假如你能够放弃它，有证据表明，这对你的身体、你的大脑和这个星球都有好处。很多参与制作本书及其播客的人都遇到过这种情况，我很想知道，它是否也会发生在你身上。

目 录

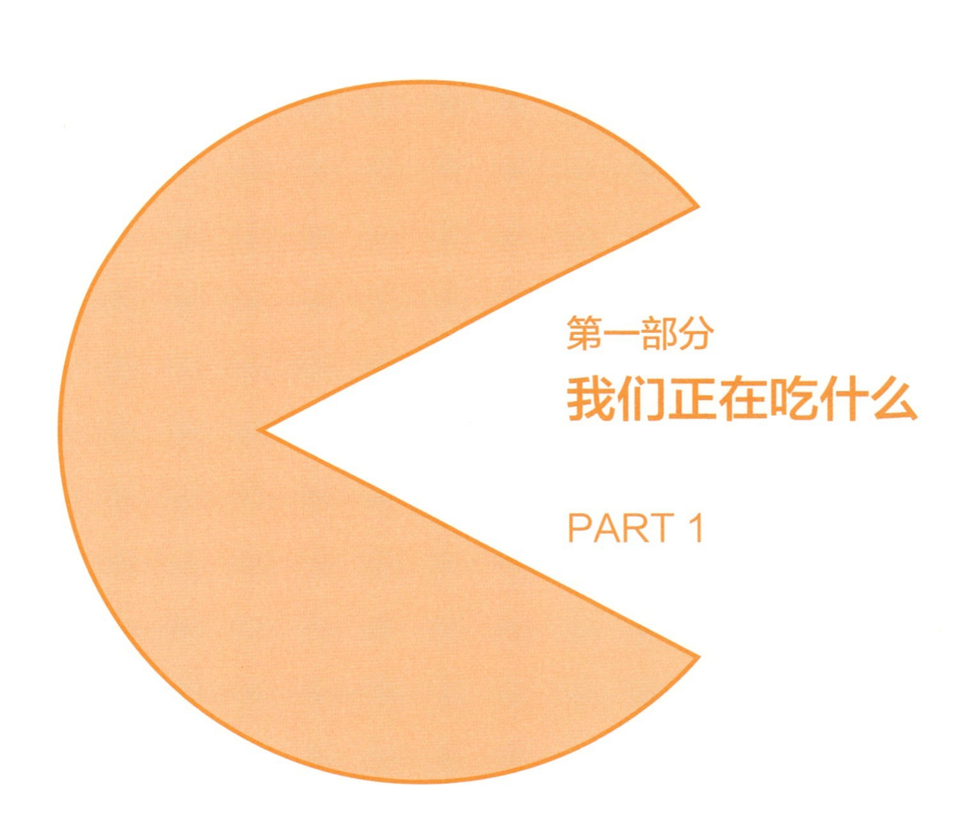

第一部分

我们正在吃什么

PART 1

第 1 章
为何我的冰激凌中有细菌黏液——UPF 的发明

我的 UPF 占 80% 的饮食实验开启了，在某个夏日短暂回归的反常秋日，第一个采用这种饮食方式的周末来到了。我们去了公园，我为自己和家人买了冰激凌。我妻子黛娜（Dinah）的是冰冻汽水棒（Freeze Pop），那是一管亮蓝色液体冻成的冰棒，品牌名叫斯威尔斯（Swizzels），我的是和路雪（Wall's）牌扭扭棒（Twister）。我们 3 岁大的女儿莱拉拥有一大勺“哈克尼”（Hackney）牌的开心果冰激凌。她 1 岁大的妹妹萨莎则努力从我们这里蹭一点儿吃。

莱拉遇到了两个朋友，在炽热的阳光下，她拿着冰激凌，和朋友围坐在一起，说着 3 岁小孩会说的话，然后去荡秋千了。跑开时，她把她的冰激凌桶递给了我。冰激凌几乎没动过，是一个完美的、亮闪闪的绿色开心果球。我过了一会儿才意识到这很奇怪。它怎么还是一个球？桶壁摸起来其实是温温的感觉。为什么这个冰激凌还没化掉？

我尝了一勺。那是一种微热的凝胶状泡沫。有什么东西阻止了冰激凌融化。

我在网上看了一下配料表：鲜乳、糖、开心果酱［勃朗特（Bronte）开心果 4%、杏仁 2%、糖、大豆蛋白（soy protein）、大豆卵磷脂（soy lecithin）、椰子油（coconut oil）、葵花籽油（sunflower oil）、叶绿素

(chlorophyll)、包括柠檬在内的天然调味料]、右旋糖(dextrose)[1]、鲜浓奶油(fresh double cream)、葡萄糖(glucose)、脱脂乳粉、稳定剂[槐豆胶(locust bean gum)、关华豆胶[2](guar gum)、卡拉胶(carrageenan)]、乳化剂[脂肪酸单双甘油酯(mono and diglycerides of fatty acids)]、马尔顿海盐(Maldon sea salt)。

稳定剂、乳化剂、植物胶、卵磷脂、葡萄糖、若干不同种类的油……这些都是 UPF 的特征。UPF 的定义(很长,我将在第 2 章适当探讨)所包含的内容远不止添加了添加剂,不过请记住,如果一种食品中含有厨房中没有的成分,那么这是一个标识,说明该食品配料表中存在 UPF。正如我们将进一步看到的那样,当谈到对人体的影响时,就算没有比添加剂更要紧,其他方面的加工也至少与之同等重要。

哈克尼并非唯一一个使用这些种类配料的品牌——这些配料几乎普遍存在于你在商店购买的冰激凌中,在一般的厨房中却找不到。从制造商的角度来看,我不太明白,为何它们都是必须使用的。少用配料会让工艺更简单、价格更便宜吗?

为了设法了解为何 UPF 是这样制作的,以及为什么如此普遍,我安排了一次会面,对方名叫保罗·哈特(Paul Hart)。保罗是食品行业的业内人士。他从学校毕业后直接进入联合利华(Unilever)做学徒,在里面待了 20 多年,先是接受生物化学培训,然后设计食品生产系统。对于 UPF 及生产它的行业,他几乎无所不知。他还是个独特有趣的人:"我从小到大都在大

[1] 右旋糖是经过提纯、结晶的 D- 葡萄糖系无水物,或含有一分子结晶水。白色无臭结晶性颗粒或晶粒状粉末。——编者注

[2] 关华豆胶(Guargum),也叫作瓜尔胶(guaran),是一种半乳甘露聚糖(galactomannan)。是从关华豆(Cyanopsis tetrag onoloba)种子提取的胶质,经过再制呈现粉状,长的就像面茶、米麸,吸水会膨胀形成黏液体,加热后变稀,但不会形成固体的胶质,常用于食品加工。——编者注

型食品行业工作。现在已经太老了，没办法英年早逝！”

保罗的话语中到处穿插着这样的小短语——引语、格言——它们似乎是通往更深层次思想的捷径。就好像他的大脑运转速度比他的嘴巴能达到的讲话速度要快，所以他必须将所有内容都用最小数量的词汇来表达（尽管仍然有很多单词）。问保罗问题感觉就像是拔掉内部充满压力的瓶子的瓶塞。当我询问他我们是否可以聊一聊时，他给我发了一份长达5页的简报。

在伦敦本顿维尔路（Pentonville Road）的麦当劳，我见到了保罗和他妻子莎朗（Sharon）。他刚从在法兰克福市（Frankfurt）举办的大型欧洲食品配料贸易展（Food Ingredients Europe trade show）回来。他拿出一捆捆来自多个我从未听说过的配料公司的资料，摊开来，铺满了黏糊糊的塑料桌子："展区A。我的天哪。太可怕了。哎呀！看看这张酸奶照片。"

保罗给我看了一个标签，上面写着关于益生元（prebiotics）、益生菌（probiotics）和奥米茄-3（omega-3）脂肪酸的夸张描述，他解释道，酸奶只不过是声明这些其他配料没有问题的工具："你把消费者引诱来的基础是——他们的饮食存在一些缺陷，但如果吞下充满添加剂的酸奶，就会得到修复。"

与保罗的对话会让人很愉快，即便内容晦涩难懂。不过感觉酸奶对我是个很好的切入点，我可以借此询问为何莱拉的冰激凌没有融化。"克里斯（Chris），我们可以用冰激凌作为例子来解释几乎所有关于UPF的东西。"他告诉我。

这听上去很完美。我们离开了麦当劳，沿摄政运河（Regent's Canal）走去车站，莎朗和保罗需要在那里坐火车回家。他们结婚40年了，一直过得开开心心，依然对彼此的想法很感兴趣。莎朗是一位退休护士，她解释了一些似乎我没搞清楚的东西，这些东西对我很有帮助。这是真正进入冰激凌话题的极佳情境……所以，保罗开始谈论他参加过的一个玉米饼（tortilla）会议。"一家公司开玩笑地吹嘘说，他们的产品基本上都经过防腐处理，保质期可长达数年。”他说道。我当时看上去一定显得很震惊，因为他立马澄清道：“每个人都很高兴！”

我们沿着运河缓缓而行，穿过小桥流水，避开骑自行车的人。炽热的阳光让我有机会重新回到冰激凌话题上。我领着莎朗和保罗参观伦敦，告诉他们一些地标性建筑，保罗则带着我探讨冰激凌。我看到过我所在地区乐购（Tesco）里的冰激凌，几乎所有冰激凌都含有黄原胶（xanthan gum）、关华豆胶、乳化剂和甘油（glycerine）。保罗能解释其中的原因吗？“这完全是价格和成本的问题。这些配料可以省钱。”

这对英国消费者来说很重要，2017 年，在出现目前的生活成本危机之前，他们的家庭预算中只有 8% 用于食品，低于除美国（人们的食品支出为 6%）之外的几乎任何其他国家。我们的欧洲邻居——德国、挪威、法国、意大利——食品开销占预算的比例都达到 11%~14%，而低收入国家的家庭则要花费 60% 甚至更多。[1, 2]

在英国（和很多其他国家），住房、燃料和交通开支都相当昂贵，挤压了食品预算。对富人而言，这不是问题。但英国食品基金会（Food Foundation）的一项分析显示，[3] 对于最贫困的 50% 的家庭，如果他们的饮食想要遵循英国的健康饮食指南，需要将可支配收入的近 30% 用于食品开销；而对于最贫困的 10% 的家庭，则需要花费家庭收入的近 75%。相比需要在家里准备的食物、饭菜，UPF 几乎普遍更便宜、更快捷，而且据称同样有营养——如果不是更有营养的话。低工资、减少时间损失、对美味的承诺这些因素结合起来，都可能导致我们的饮食中 UPF 占比很高——也许在英国和美国这样的国家中，人们吃更大量的 UPF 不足为奇，因为其在经济上比类似的高收入国家更不平等。

不管怎样，保罗解释了乳化剂和植物胶等配料如何助力制作 UPF 以及削减成本。首先，它们使冰激凌耐热，这让冰激凌的转移过程变得更容易。从工厂到卡车，从卡车到超市，从超市到你家中的冰箱，冰激凌可以经过很多次从-18℃升到-5℃再降下来的温度变化过程。植物胶、甘油和乳化剂都能通过锁住水分来阻止冰晶的形成。这意味着，冰激凌可以在一家工厂批量生产，然后运往全国各地。它使得供应链的每个环节都不会那么匆忙，并且减少了保持很低温度的需求。“消费者喜欢奶油味，”保罗说，“而不是碎冰！”集中生产还有利于生产商与零售商就全国各地商店的销售价格进行谈判，这进一步降低了他们的成本。

保罗在联合利华的第一个岗位在冰激凌开发实验室。他描述了那里的人的抱负有多大。他们的目标是制造出能在室温下保持稳定的泡沫块，其可以分送到世界各地，然后就地冷冻。若能实现这一点，会节省巨量资金。实际上，正如我在公园里发现的那样，现在的很多冰激凌都离这个目标不远了。“唯一剩下的问题，”保罗告诉我，“是虫子——虫子喜爱冰激凌。因此，所有的冰激凌都还需要冷冻。”

保罗举了一个手工品牌 Cream o' Galloway 的例子，其制作香草冰激凌的配料看上去和你在家中可能使用的大抵相同：牛奶、奶油、糖、脱脂奶粉、蛋黄、香草精（vanilla essence）。这很好，但该品牌产品没有在全国范围内销售，因为它们的冰激凌对运往各处的耐受性有点低。这种配料的选择也反映到了价格上：Cream o' Galloway 香草冰激凌的售价为每 500 毫升 3.6 英镑。这比乐购独家销售的 Ms Molly's（莫莉女士）香草冰激凌贵了约 14 倍，后者 2 升才要 1 英镑。毋庸置疑，莫莉女士在配方中使用了非常不同的配料：再制 / 复原脱脂奶浓缩物（reconstituted skimmed milk concentrate）、部分再制 / 复原乳清粉（partially reconstituted whey powder）、葡萄糖浆（glucose syrup）、糖、右旋糖、棕榈硬脂（palm stearin）、棕榈油、棕榈仁油（palm kernel oil）、乳化剂（脂肪酸单双甘油酯）、稳定剂［关华豆胶及海藻酸钠（sodium alginate）］、调味剂、食用色素（胡萝卜素类）。

据保罗说，这些配料省钱的另一个原因是，其中很多配料——棕榈硬脂、棕榈仁油、复原乳、乳化剂——仿制了真实而昂贵的配料，比如牛奶、奶油和鸡蛋。[1] 这种分子置换（molecular replacement）是所有 UPF 的关键。传统食物（或者称为“食物”可能更恰当）由三大类分子构成：脂肪、蛋白质和碳水化合物。这些分子赋予食物味道、质地和热量。

传统冰激凌的质地来自冰晶、液态水（因含有溶解的糖而保持液态）、乳蛋白和乳脂球（milk fat globules）的复杂排列，所有这些都包裹着空气单元。这是一种泡沫——通常含有约 50% 的空气，这就是它即使很冷的时候也不会太硬，以及不容易在家中制作的原因，因为你在冷冻它的时候必须不断地搅打。[2]

与所有 UPF 一样，这些超加工冰激凌的秘密在于，它们是由“脂肪、蛋白质、碳水化合物”这三种基本分子的最便宜版本构成的。

有时候人们会创造出全新的产品和质地——橡胶软糖（gummy sweets）或扁豆绵软薯片（lentil-foam crisps）之类的东西，但通常，UPF 的目标是用更便宜的替代品和添加剂取代传统的、深受人们喜爱的食物的配料，这些替代品和添加剂能延长保质期、使集中分销更容易实现，结果是，推动了过度消费。

馅饼、炸鸡、比萨、黄油、松饼粉（pancake mix）、糕点、肉汁、蛋黄酱（mayonnaise）——所有这些都源于真正的食物。但非 UPF 版本的食物

---

[1] 在说到食品时，制造商无法减少人员、工厂管理费用或能源成本——与其他公司的竞争意味着，所有这些因素都已经尽可能地被削减了。“会计师能够玩打地鼠游戏的唯一东西就是配料。”保罗告诉我说。这凸显了抵制 UPF 的复杂性：这些降低的生产和分销成本有时会转嫁到消费者身上。

[2] 从 19 世纪 50 年代开始，冰激凌的工厂加工制造业在美国加速发展，因为其可以使用原本要被扔掉的废牛奶。毕竟人们只能喝那么多鲜奶，而且鲜奶很快就会变质。将废牛奶做成冰激凌不仅能延长保质期，还可以展示加工过程如何增值。正如我们将反复看到的那样，废物再利用是 UPF 的重要组成部分，也是 UPF 的问世在一定程度上被视为积极发展而非存在问题的另一个原因，同时还有便宜因素。

价格昂贵，所以它们的传统配料往往会被廉价、有时完全合成的替代品取代。这些替代品通常是从作为动物饲料的农作物中提取的分子，在一些国家，这些作物得到了大量补贴。正如保罗告诉我的那样，这些分子经过精炼、改性，直到它们可以用来制造几乎任何东西。

“我们可以用廉价的改性替代品取代几乎任何配料。”他说，“我将和你讨论淀粉和黄油。这很简单。”这并不简单。当我们在长长的伊斯灵顿运河隧道（Islington Canal Tunnel）的入口处停下来时，一对正在交配的豆娘（damsel flies）停在一些灯芯草上，保罗开始对合成碳水化合物的化学成分进行引人入胜但内容密集的解释。

他从淀粉开始讲起。淀粉是植物储存能量的方式，或者作为种子中的动力物质供幼苗生长，或者存在于它们的根部为块茎的重新发芽提供动力。当你埋下种子或土豆时，它基本上会吃掉自己来长出根和叶子。

淀粉由葡萄糖分子链构成的微小颗粒组成。这些链的组织和缠结方式会影响淀粉在遇到加热、冷却之类事情时的特性，以及它们在我们嘴里的感觉。这是复杂的化学反应。不过，即使不了解这些分子的确切性质，在过去的一万年中，通过烹饪和作物驯化，人类已经完全掌握了很多淀粉科学知识。

以土豆为例。像泽西皇家（Jersey Royals）土豆那样的蜡质土豆 / 糯土豆（waxy potatoes）含有结构牢固的淀粉颗粒，这意味着，当你烹煮时，它们会保持坚固状态，而且在被做成土豆沙拉时，它们也能维持其结构不变。另外，像赤褐色（russets）土豆那样的粉状土豆（floury potatoes）则含有没有很好地结合在一起的糖分子链。所以，尽管它们在烤制时表现出色，但因为其粉状特质，使得它们在土豆沙拉中破裂分解，让沙拉变成了蛋黄酱土豆泥。另外，还有像马里斯派珀（Maris Pipers）土豆那样的品种，其淀粉特性介于其他两者之间，处于最佳位置，这意味着它们几乎可以用来做任何东西——它是英国最受欢迎的土豆是有原因的。

如果你提取来自不同植物的不同淀粉，会发现它们具有截然不同的特性。你可以将它们与水混合，在不同温度下制成质地各异的各种各样不同的凝胶和糊状物。化学家们在19世纪意识到，通过对淀粉进行化学改性，他们可以创造出自己所需要的确切特性。你将开始注意到，如此之多的UPF配料表中都有改性淀粉，其可以替代脂肪和乳制品，在冷冻过程中保持水分，使任何酱汁变得更厚、更稠。随着淀粉被驯服、改良，将非常便宜的农作物变成难以想象的巨额金钱的可能性出现了。

到20世纪30年代，卡夫（Kraft，美国食品公司）开始在蛋黄酱的生产中使用玉米和竹芋（arrowroot）淀粉糊，这些配料比鸡蛋或油便宜得多，但依然具有相同的奶油口感。到了20世纪50年代，得益于一些在工业界具有非凡名望的科学家的出现，如卡莱尔·“考基”·考德威尔（Carlyle “Corky” Caldwell）、摩西·柯尼希斯贝格（Moses Konigsberg）、奥托·维茨堡（Otto Wurzburg），改性淀粉的使用开始真正确立其稳固地位。[4]

一旦能精确地对淀粉进行改性，那就几乎没有什么是你做不到的了。[1] 用酸稀释淀粉，可用于纺织品和洗涤。用环氧丙烷（propylene oxide）处理它，你就能得到沙拉酱那种黏糊糊的感觉。将其与磷酸（phosphoric acid）混合，你就可以通过多次冷冻-解冻循环来提高其稳定性——它非常适合制作馅饼的馅料。麦芽糊精（maltodextrins，短葡萄糖聚合物——改性淀粉的一种形式）也能够用来做一些事情，比如，可以给人们认作“奶昔”（milkshake）的东西增添表面光泽且有奶油味。不再需要昂贵的乳制品脂肪：这些淀粉来自可以大规模种植的农作物，成本占比很小。

然后，保罗将话题无缝转移到了我注意到的莱拉的冰激凌配料表中的

---

[1] 20世纪50年代，早期的UPF几乎全都使用到了改性淀粉，不过它们在采矿业和石油钻探中也很有用处，淀粉可用于调节钻探泥浆的黏度，使其不会因太稠或太稀而无法抽出或旋转出地面。

植物胶上。

你可能知道其中一些东西的名字：关华豆胶、槐豆胶、海藻酸盐、卡拉胶和几乎无处不在的黄原胶。令人作呕的是，最后一种是细菌渗出液——细菌产生的黏液，可以让它们黏附在物体表面上。当你下次从洗碗机的过滤器上刮掉积聚的黏性物质时，想想黄原胶。

与改性淀粉一样，这些植物胶可用于替代更昂贵的分子，并延长食品的保质期。保罗在植物胶方面有独特的经验。20 世纪 80 年代，他加入了联合利华的一个世界级团队，该团队在这些植物胶方面的研究工作使低脂（甚至零脂）产品的质地取得了巨大进步，这些产品包括调味品和涂抹酱。你可能已经吃过他研究过很多次的分子了。

这些低脂产品非常符合 20 世纪 70 年代建议人们少吃脂肪的指南。今天，作为很多人心目中的问题分子，尽管碳水化合物可能已经取代了脂肪，但低脂调味品依然是一门大生意。

工业流变学是研究材料如何变形的科学，正是这种变形的特性，使得材料在我们的口中具有质感。工业流变学中心（Centre for Industrial Rheology）比较了两家大型蛋黄酱制造商（好乐门和亨氏）的低脂产品中的脂肪替代策略。[5] 从像蛋黄酱这样几乎全是脂肪的产品中去除脂肪并不是一项不费吹灰之力的任务。脂肪会影响传统蛋黄酱的味道和非常特别的质地，如果你不去打扰它，它就表现得像固体；如果你打扰它，它就会像“结构化”的液体。

两家制造商采用了不同的解决方案：好乐门使用植物胶和淀粉来增稠，而亨氏只使用改性淀粉。这些差异在质地方面表现得很明显。就其流动方式而言，亨氏的低脂和全脂版本非常相似，而好乐门的低脂则比其对应的全脂版本稠得多。那些植物胶会带来像黏液一样黏稠的风险，而且流着鼻涕的蛋黄酱也没什么吸引力。不过，如果使用得当，植物胶能提供更大的润滑作用，这一点非常可取，因为它在嘴里感觉像油。在上述两种情况下，淀粉和植物胶都给了制造商降低成本的机会，与此同时，他们还声称自己在改善消费者的健康。

我并不是说每个人都应该自己制作蛋黄酱，不过我要说的是，低脂版本或许对健康没好处。事实上，审查委员会成员对这些低脂替代品相当了解。正如人造甜味剂似乎不会减少总热量的摄入或预防疾病一样（这个我下文再讲），使用新型合成分子来制作这些低脂版本的蛋黄酱和其他很多产品似乎也不会起作用。最好的独立证据表明，像这样的 UPF 产品与体重增加和其他与饮食相关的疾病密切相关（我们会在下一章中看到）。此外，自从这种低脂产品被引入并广泛使用，肥胖率一直在不断攀升。这可能是因为我们吃了更多这类产品（因为我们并没有完全获得自己真正想要的脂肪），或者也可能是因为一些替代脂肪的分子似乎有一系列直接的有害影响（下文也会提到）。

关于蛋黄酱的谈话是保罗对淀粉和植物胶的解释的最后一部分内容。不过他想继续谈论脂肪。我们站在傍晚的阳光中，光线从运河上反射过来，洒在一大排花朵上，此时，保罗开始给我讲关于熔点分布（melting-point profiles）和碳链饱和度（carbon-chain saturation）的知识。

几乎所有在口中赋予食物味道的芳香分子都是脂溶性的，就是那些从舌头上蒸发并上升到鼻腔后部的芳香分子。这使得脂肪非常重要。因为黄油让面包美味可口，富含油脂的调味品使沙拉可食用。实际上，很难想象有食物不是用一些奶油蘸酱或脂肪涂抹酱来变得更加美味的。脂肪和糖的精确混合物似乎本身就特别美味。

不过脂肪不仅美味、是热量的来源，它们还为食物带来结构改变。正如每位烘焙师都知道的那样，固体脂肪对后者特别有帮助。对于很多菜肴来说，黄油尤其具有完美的融化特性。它是通过搅拌牛奶制成的，搅拌使得脂肪分离出来变成团块，保留了所有的脂溶性维生素，同时去除了糖和蛋白质。

保罗解释了黄油与牛奶相比较之下的价值，牛奶是一种液体乳剂（意味着脂肪、糖和蛋白质都分散在水中）："虫子很容易在（牛奶）中漂移、进食和繁殖。它是一种近乎完美的细菌培养基。但是黄油……"——他停顿了一下，以确保我全神贯注——"黄油是一种反相乳液（inverted emulsion）。"

这意味着，黄油主要由脂肪和分散在其中的一点点水组成。因为黄油不是液体，细菌无法在里面移动，因而它无须冷藏就能保存很长时间，并且富含脂溶性维生素和必需的脂肪酸。"这是一种超棒的食物。"保罗说，"它应该改变了早期的人类社会。"保罗说得对，它确实改变了早期的人类社会。

一些最早的黄油生产证据是在一个不太可能出现的地方发现的：一处巨大的砂岩悬崖，位于利比亚、阿尔及利亚和尼日尔（Niger）的边境交界处，撒哈拉沙漠（Sahara Desert）的中部。在线搜索迈萨克迈莱特山（Messak Mellet），你会看到塔德拉尔特·阿卡库斯（Tadrart Acacus）山脉的暗黄色岩石，被绵延不绝的黄沙海包围着，四面八方都是。从卫星图像来看，你可能不会想到，这是一个能够找到带有鳄鱼、大象和长颈鹿绘画、雕刻的洞穴的地方。[6] 然而，它们就在那里。而且有其他更令人惊讶的图像，包括有关牛的场景，其中有些人正在挤奶。[1] 这些图像很难确定创作年代，不过附近存在的骨头表明，8000 年前该地区就出现了牛、绵羊和山羊，7000 年前就已经普遍存在这些动物。2012 年出现了明确的乳制品证据，当时，布里斯托大学（Bristol University）的一个团队在塔卡科里岩石掩体（Takarkori rock shelter）中的陶器碎片上发现了牛奶残留物，可追溯到公元前 5000 年。[8] 相关分析指出，那时，牛奶被加工成了奶酪或类似黄油

[1] 12000 年前，最后一个冰河期结束后，撒哈拉沙漠郁郁葱葱。大约 10000 年前，一群本来定居的猎人、渔民和采集者开始改变他们的生活方式，成为半游牧者，放养牛、绵羊和山羊。[7]

制品。

那时候，像所有其他哺乳类动物一样，成年人在断奶后从未喝过牛奶，因而不会产生乳糖酶（lactase），这种酶能让我们很多人消化乳糖（牛奶中的主要碳水化合物）。但最近的研究表明，无法产生乳糖酶对我们享受牛奶的能力的影响微乎其微。[9] 早期加工的主要动机可能是保存食品：酸奶（制作过程：乳酸杆菌消耗乳糖，从而产生天然防腐乳酸）和黄油保存的时间比牛奶长得多。在接下来的几千年里，黄油成为世界各地饮食文化的核心物质。

黄油的问题在于其一直都很贵。毕竟，你必须饲养动物，然后挤奶才能得到它。植物脂肪要便宜得多，但大多数是液态油——更难储存，而且在赋予食物质地方面不怎么有用。它确实不是黄油。因此，早在 1869 年，人们就开始寻求制造廉价的人工固体脂肪黄油替代品，这也就不足为奇了。

那一年，拿破仑三世（Napoleon Ⅲ）——那位最著名的拿破仑的侄子[1]——悬赏征寻任何能够实现这种脂肪炼金术的人。获胜者是法国化学家、药剂师希波吕特·梅吉-穆希耶（Hippolyte Mège-Mouriès），他之前已经因改进烘焙技术而获得过法国荣誉军团勋章（Legion of Honour）。他对自己的黄油替代品生产方法的描述可能是最早的超加工工艺。[10–13]

梅吉-穆希耶从奶牛身上得到廉价的固体脂肪——板油（suet），提取其中的脂肪（用一些水加热），用来自羊胃中的酶消化它，以分解将脂肪结合在一起的细胞组织，然后过滤，让它凝固，用两个盘子进行挤压，用酸

---

[1] 拿破仑三世是拿破仑一世（那个把手臂塞进衣服中的人，被流放到厄尔巴岛，逃了出来，然后输掉了滑铁卢战役）的侄子。他广受欢迎，在统治期间，他推动了旨在改善劳工阶层生活的项目，包括赋予法国工人罢工和建立组织的权利，赋予女性上大学的权利。他从来没把手臂塞进衣服里，但至少在两个方面追随了他叔叔的脚步：输掉一场战役（色当战役）、在流放中死去（在圣赫勒拿岛而非厄尔巴岛）。

漂白，用水清洗，加热，最后掺入碳酸氢钠（bicarb）、牛奶蛋白、奶牛乳房组织和胭脂树橙（一种源自胭脂树种子的黄色食用色素）。[14]结果得到一种可涂抹的、似是而非的黄油替代品。

梅吉-穆希耶将他的作品冠名“人造黄油”（Oleomargarine），不过正如你可能已经注意到的那样，有一个小问题——最初的人造黄油配方仍然需要动物脂肪。①19 世纪末至 20 世纪初，工业化学领域的一些突破打开了用植物油制作人造黄油的大门。

关键是找到使植物油变成固体的方法，20 世纪之交，人们借助被称为氢化（hydrogenation）的过程实现了这一点。人们发现，如果在有氢气、高压的情况下加热油，就可以改变其化学结构和融化特性。假如将油完全氢化，你就可以得到像冰一样硬的脂肪。但如果只是部分氢化，则可以制作出任何你喜欢的融化特性，使得这种情况成为可能——造出一种在室温下是固体而在冰箱中依然很容易摊开的脂肪。②

下一步是找到最便宜的油。棉籽（cottonseeds）是棉花产业中一文不值的副产品，直到 1860 年，人们依然将其视为垃圾。轧棉机被安置在河岸上，这样种子就能被直接冲走。但到了 1907 年，早期的宝洁公司（后来生

---

① 到 1930 年，人们已经可以用液态鲸油（whale oil）来生产固态人造黄油。这种涂抹食品的熔点是 30℃，因而会入口即化。到 1960 年，在人造黄油的生产中，鲸油占其所用脂肪总量的 17%。[15]

② 有一个令人遗憾的副作用——该过程会产生反式脂肪（trans fats），其一直与心脏病和其他健康问题有关联。如今，部分氢化往往被这种方法取代——混合不同的油，采用加热的方式分离不同大小的分子（分馏法），利用酶在不同脂肪之间交换碳氢化合物链（酶法催化酯交换）。然而，尽管人们普遍担心反式脂肪有害，一些食品制造商仍然继续使用氢化方法。2010 年，英国时任卫生大臣安德鲁·兰斯利（Andrew Lansley）否决了一项全面禁止反式脂肪的禁令。兰斯利和他的特别顾问之前都曾在为很多公司提供咨询服务的公司工作过，这些公司应该会受到该项禁令的影响，比如必胜客（Pizza Hut）、卡夫和乐购。有些人可能会觉得这是一种利益冲突。

产品客薯片）已经研究出如何将棉籽油转化为固体脂肪的方法。[1]有个难题是，这种油含有一种叫棉酚（gossypol）的毒素，其可以保护植物免遭昆虫侵害，但也会导致男性生育能力下降，此外还有一些其他杂质，使其味道很难闻。[16]

解决这些问题的方法是一种现在称为 RBD 的工艺，即对油进行精炼（refined）、漂白（bleached）、除臭（deodorised）。

以棕榈油为例。刚压榨出来的棕榈油差不多是明亮的深红色，香气浓郁，辛辣美味，富含棕榈生育三烯酚（palm tocotrienol）等抗氧化剂（antioxidants）。但是，对于 UPF 制造商而言，所有这些味道和颜色都是问题，而非优点。你不能用辣味红油来制作能多益（Nutella）（榛子巧克力酱）。用于 UPF 的油需要清淡、无掺杂、无味，那样才能拿来制作任何可食用的产品——因此需要采用 RBD。所以，制造商用加热的方法精炼油，用磷酸去除任何胶质和蜡质，用氢氧化钠 / 烧碱中和，用膨润土（bentonite clay）漂白，最后用高压蒸汽除臭。[2]这就是用于制作大豆油、棕榈油、菜籽油（油菜籽）、葵花籽油——这 4 种油占全球市场的 90%——以及任何其他非“初榨”或“冷榨”油的工艺。

---

1. 在 1883 年出版的《密西西比河上的生活》（*Life on the Mississippi*）一书中，马克·吐温对这项新兴科学做了“迷人”的描述：“你瞧，只是一个很小的颗粒、精华，或不管是什么东西，在一加仑的棉籽油中，给了它气味，或味道，或别的什么——把那弄出来，你就没事了——然后非常容易把油变成你想要的任何类型的油，没有任何人能检测出真假。嗯，我们知道如何把那个小颗粒弄出来——而且我们是唯一一家这样做的公司。我们生产出了一种橄榄油，简直太完美了——无法检测！我们也在做高价卖出的买卖（ripping trade）——我可以很容易地用我此行的订货单来向你展示。也许你很快就将在每个人的面包上涂上黄油，而我们会为他的沙拉播种棉花，从墨西哥湾到加拿大，这是板上钉钉的事情。”
2. 虽然抗氧化剂棕榈生育三烯酚在 RBD 过程中被去除了，但随后又被添加回来以防止酸败。然而，就像保罗说的：“你无法弥补！”

解决了棉籽油的问题后，宝洁公司开启了一场大规模的市场营销活动，以“Crisco”的名称推销脱毒油，“Crisco”是“crystallised cottonseed oil”（结晶棉籽油）的首字母缩略词。（他们考虑过但否决了“Cryst”这个名字，因为其具有潜在的宗教内涵。）到1920年，该产品已得到广泛使用。Crisco起酥油（shortening）本质上是一种假猪油，这可能是第一个大规模生产的UPF。[1]

对于从饼干到冰激凌的每样东西，你将开始注意到，有一长列脂肪是这种脂肪加工技术的遗产（其中很多以前从未在人类的饮食中出现过）：乳木果油（shea fat）、棕榈油、芒果核仁油（mango kernel fat）、棕榈硬脂（palm stearate）、椰子油（coconut fat）。一旦它们经过RBD处理，基本上都是可以互换的。站在斑驳的阳光下，莎朗看了看她的手表，保罗解释了这样做对所有UPF制造商（不只是那些生产冰激凌的制造商）的好处：“他们可以直接使用恰巧是市场上最便宜的那一种。为了省下修改包装的成本，他们可以贴上汤姆·科布利叔叔（Uncle Tom Cobley）式标签，[2]上面会列出

---

[1] 最初人们讨厌人造黄油和新的假黄油。随着美国开始进口和生产这些东西，人造黄油战争拉开了帷幕。缅因州（Maine）、密歇根州（Michigan）、明尼苏达州（Minnesota）和其他一些名字不以“M”开头的州禁止使用人造黄油。其他州则对其征收巨额关税。明尼苏达州是乳制品州，其州长卢西斯·哈伯德（Lucius Hubbard）宣称：“在人造黄油及其同类可憎之物的生产中，堕落的人类天才的聪明才智达到了顶峰。”参议员约瑟夫·夸尔斯［Joseph Quarles，他属于威斯康星州（Wisconsin），该州是另一个乳制品大州］说：“我想要具有生命力和健康的天然香味的黄油。我拒绝接受作为替代品的网膜脂肪/猪网油（caul fat），其在死亡般的寒冷下成熟，与植物油混合，并用化学方法调味。”《哈勃周刊》（*Harper's Weekly*）评论道：“惊恐的美食家们被告知，他们正在吃旧蜡烛头和动物油脂浸液残余物，这些东西被伪装成了黄油。”

[2] 我以前没听过这种表达，一开始还以为汤姆·科布利叔叔是一家配料公司。这个短语来自一首民歌，其副歌以一长串人名结尾，包括“老汤姆·科布利叔叔和所有人”。我已经开始经常使用这个表达了。

所有不同的脂肪名。”

如果你在标签上看到上述脂肪中的任何一种且你不会在家里用到的脂肪（例如任何改性棕榈油），那么，该产品就是UPF。波动的市场价格可能会最终导致更不寻常的配料出现在我们的食物中。俄乌冲突造成葵花籽油价格飙升，与此同时，印度尼西亚暂时禁止了棕榈油的出口，试图努力降低国内高企的食品价格。这可能会带来这样的效果——一些植物油的成本开始接近黄油的成本。“它们的价格水平已经和牛羊油滴脂肪（tallow dripping）及鸡油（schmaltz）的差不多了。”保罗说道，“所以，我们也许很快就会开始在冰激凌中看到鸡油。想象一下！”

带着最后那个令人恶心的想法，保罗和莎朗去赶火车了。

第 2 章

我宁愿来 5 碗可可力——UPF 的发现

刚好在莱拉的冰激凌没有融化的 7 天前，我开始了我的 UPF 饮食，早餐是可可力（Coco Pops）。

“是给我的吗？”莱拉问。“不是的。”我告诉她。她正在吃麦片粥。

“我要米老鼠麦片！”莱拉指着可可猴（Coco Monkey）[1] 说。

我原本以为，因为从未尝过可可力，她不会对其有任何兴趣。但是家乐氏（Kellogg's）让她一口也没吃之前就着迷了。她知道这是一款专为 3 岁儿童设计的产品。我再次拒绝了她，于是她瘫倒在地板上，愤怒地又哭又叫，把萨莎引来了房间（由黛娜抱着）。

莱拉的麦片粥是我做的，因为直觉告诉我，可可力不是 3 岁孩子的健康早餐，尽管包装上的一切都似乎表明并非如此。盒子上写满了令人安心

---

[1] 自我出生在英国之前，这个吉祥物就一直在热情地销售可可力了。根据油管（YouTube）网站上谷物吉祥物历史迷加布·丰塞卡（Gabe Fonseca）的说法，在一些国家，这种谷物制品被称为 Coco/Choco Pops 或 Choco Krispies（中文均为“可可力”）。在美国，其销售名为 Cocoa Krispies，那里用过猴子和大象，但目前的吉祥物是 Snap（咔嚓）、Crackle（噼啪）和 Pop（砰）（三个卡通人物），它们在加拿大也为 Cocoa Krispies 代言。

的营养信息:“50%的每日所需维生素D”,“减糖30%”[1]。在英国,我们用“交通信号灯”来标示食物是否健康。可可力的营养信息显示两个绿色值(脂肪、饱和脂肪酸)和两个黄色值(盐、糖)。盒子上还有那只卡通猴子,提示这种谷物制品不仅对孩子安全,而且是特意为他们设计的。也许这东西还行吧。

无论如何,我挥之不去的疑虑是无关紧要的。就在我考虑这一切时,莱拉已经从桌子底下爬了出来,把她的碗装满了干可可力,开始大把大把地吃了起来,眼睛睁得大大的,欣喜若狂。我失败了,倒出牛奶,看了看配料表:大米、葡萄糖浆、糖、减脂可可粉、可可液块(cocoa mass)、盐、大麦麦芽浸膏(barley malt extract)、调味剂(flavourings)。

可可力符合UPF的定义,因为其含有葡萄糖浆、可可液块和调味剂。它们是工程学上的巨大胜利。

如果你每天都吃膨化米糊(puffed rice cereal),可能就不会再注意到“咔嚓、噼啪、砰”的声音,但是那天早晨,我仿佛回到了童年的早餐时光。莱拉把她的耳朵贴在碗上,闭上了眼睛,入迷了。然后,她又开始吃了起来。

还在吃,还在吃。我看着她,她似乎完全不控制自己。包装上说,成人的推荐量是30克(差不多一把)。但莱拉几乎不用呼吸就能吃进30克。我通常不得不在吃饭的时候小小地哄骗她一下,但第一碗可可力就这么不见了。当我试图建议一碗就足够了时,这个想法立即被否决了。感觉就像建议吸烟者只抽一根烟。她吃的时候不只是无意识的,还像是在出神、被催眠了一般。

---

[1] 声称“减糖30%”这一点要打上一个小小的星号(有点可疑,不太能接受)。事实证明,相比其他巧克力味烤米谷物,可可力的含糖量平均少30%——本质上来讲,“减糖30%”的说法毫无意义。

***

可可力看上去不像是典型的减肥食品，那是因为我已经开始了为期一个月的饮食实验，该实验在我工作的伦敦大学学院医学院的同事们的帮助下进行。这个想法来自我的同事、电视制片人莉齐·博尔顿（Lizzie Bolton）力劝我阅读的两篇论文。等我抽出时间来看的时候，它们已经在我的桌上堆了好几个星期了。乍一看，它们似乎不是特别吸引人，但事实证明，它们是我读过的最重要的两篇论文。

第一篇论文用葡萄牙语写成，十多年前发表在一份相对不知名的巴西公共健康期刊上。它有一个谦虚而具体的标题:《一种基于加工程度和目的的新食品分类》。第一作者是圣保罗大学的营养学教授卡洛斯·蒙泰罗（Carlos Monteiro）。

第二篇论文听上去更加没有吸引力。讨论的是一项关于体重增加的饮食实验，也许还推动了另一种时尚——《超加工饮食导致热量摄入过多和体重增加：一项住院患者自由进食的随机对照试验》。第一作者是凯文·霍尔（Kevin Hall）。

在第一篇论文中，蒙泰罗提出了一个理论；在第二篇论文中，霍尔描述了一项实验来验证该理论，至少乍一看似乎证实了这一理论。该理论是这样的：全世界超重和肥胖人口迅速增加的主要原因是超加工食品及饮料产品的生产、消费的相对快速增长，尤其是自20世纪80年代以来。

那之前我从未听说过UPF，并且对肥胖大流行的单一总体性解释持怀疑态度。众所周知，肥胖大流行的原因是复杂而多方面的。不过，蒙泰罗提出的分类体系有一些令人感觉新鲜、有趣的地方。

这个分类体系现在称为NOVA体系[1]，其将食物分为四类。第一类是“未加工或经过最低程度加工的食物”——自然界中发现的肉类、水果和蔬菜等食物，还有面粉和意大利面等东西。第二类是“加工过的烹饪配料”，包括精炼油[1]、猪油、黄油、糖、盐、醋、蜂蜜、淀粉——很可能是用工业技术制备的传统食品。它们不是我们可以赖以生存的东西，因为其往往缺乏营养且能量密度高。但它们是某些美味食物的基础组成部分，你可以将它们与第一类食物配制在一起。第三类是“加工食品”，由第一类和第二类食物混合而成的现成食品，加工的目的主要是食品保藏：想一想豆子罐头、盐焗坚果、烟熏肉、鱼罐头、糖水水果块和新鲜出炉的面包。

接着我们就谈到第四类——“超加工食品”。它的定义很长，也许是我曾见过的最长的科学类别定义：由各种配料构成的配方，绝大多数专门用于工业用途，由一系列工业过程制成，其中很多过程需要配以精密、复杂的设备和技术。

这只是第一点。接着还有：用于制作超加工食品的过程包括将天然食物（whole foods）分离成多种物质，对这些物质进行化学改性……

正如保罗所描述的那样，像玉米和大豆这样的农作物被转化为油、蛋白质和淀粉，然后被进一步改性。油经过精炼、漂白、除臭、氢化和互酯化，蛋白质可能被水解，淀粉被改性。之后这些改性食品部分与添加剂结合，并使用模塑（moulding）、挤压（extrusion）和气压改变（pressure changes）等工业技术进行组合。这是我在整个饮食过程中都会遇到的一种模式。从比萨到咀嚼棒，各种配料表开始变得看上去一模一样。

UPF 的定义持续了很长时间才以一种突然引起共鸣的方式得出结论：

---

[1] 保罗·哈特提出，大多数经过精炼、漂白和除臭的现代油应该属于第四类。这是一个合理的观点，但该分类源于蒙泰罗的巴西数据，其表明，这些油的使用与人们自己制作食物相关联（人们自己烹饪时会用到这些油）。意思是，就像桌上的糖一样，它们是健康的标识。有令人信服的新证据说明，依我们的食用量来看，这些种子油在很多方面都是有害的，但是，用葵花籽油烹饪与食用工业生产产品之间存在天壤之别，这种工业产品中，葵花籽油只是众多配料中的一种。关于 NOVA 体系的每一个分类应该或不应该包括什么的话题，我们将多次回过头来讨论。

“用于制造超加工食品的工艺和配料旨在创造能获得高收益（低成本配料、长保质期、有力的品牌推广），方便快捷（即食），超级美味到让人欲罢不能的产品，易于取代用所有其他 NOVA 体系分类食物制作的新鲜菜肴和餐食。”

第一次看到蒙泰罗的文章时，“食物的目的可以很重要”这个观点对我几乎没有产生什么影响，但之后，它开始使多年来一直浮在我脑海中的一大团想法变得明确、清晰起来。我可以理解，至少在理论上，物理和化学过程可能会影响食物与身体的相互作用。但是，将加工的目的——“创造能获得高收益的产品”——作为定义的组成部分包括进来，这对我来说是全新的。

在关于食物及营养的科学与政策讨论中，人们一直几乎完全没有考虑到，传统食物与拥有数千亿美元收入的跨国公司生产出来的物质是否可能具有不同的目的。人体进化出了这样的机制——会发出何时停止进食的信号。如果可以想象到，能够颠覆这种机制的产品可能会在市场上更好地生存，那也算不上是一种很大的精神飞跃。

读过蒙泰罗的文章后我发现，作为理念，NOVA 体系和 UPF 具有一些初步的吸引力，但这只是一个假说。所以，随后我阅读了霍尔的实验，其检验了这个想法。

这篇论文发表在《细胞代谢》（*Cell Metabolism*）上，这是一本受人尊敬的——也可以说是专业的——期刊。该实验足够简单。志愿者要么采用 UPF 饮食，要么采用在脂肪、盐、糖和纤维素方面含量完全相同但没有任何 UPF 的饮食。两周后，两组人都转而接受另一种饮食。在这两个阶段，参与者可以想吃多少就吃多少。在 UPF 饮食阶段，参与者吃得更多且体重有所增加，而在未加工食品饮食阶段，他们的体重竟然减轻了，尽管他们想要多少食物都可以得到。当时，我在这类实验方面没有什么专业知识，所以很难对细节做出评论。但这份报告真的有分量，数据似乎也很可靠。

然而，我依然没有被说服。即使是最负盛名的期刊——或许尤其是最负盛名的期刊——充满了吸引人的想法，呈现得很好，并且似乎得到了很有希望的数据的支持，但可能最终被证明是完全错误的。事实上，有可靠的估计指出，大多数科学论文可能都存在错误。[2] 两篇论文不足以扭转整个领域。在研究其他文章和纪录片时，我曾采访过数十位在英国的营养专家，奇怪的是，他们中没有一位提到过卡洛斯·蒙泰罗、凯文·霍尔或UPF。英国或美国的国家营养指南中没有提及加工，包装上没有标明该食品是否经过超加工。

尽管如此，我仍然记得那天晚上哄莱拉和萨莎入睡后阅读这些论文时谨慎而又兴奋的感觉。我们以前思考食物的方式没有显示出想要解决日益严重的饮食相关疾病问题的迹象。

第二天，我去看望了我在伦敦大学学院医学院的朋友兼同事雷切尔·巴特汉姆（Rachel Batterham）。她是肥胖症、糖尿病和内分泌学教授，因其肥胖研究而享誉国际，发表过一些关于食欲调节和饮食行为的最重要的科学成果，包括刊登在《自然》杂志上的一篇开创性论文。她睿智而风趣，改变了我对肥胖及肥胖者的思考方式。[1]

我把两篇论文拿给雷切尔看了。她也几乎没有听说过UPF，但她对凯文·霍尔的研究有更广泛的了解，因而能够立即明白，在身体说“停止”之前，配料的物理加工是如何对摄入的食物量造成可能的影响的。而且，她总是热衷于以绝对的科学严谨性来解决重大问题，马上开始拟订方法来检验这些假说。

---

[1] 主要影响之一，是我不再使用“肥胖”（obese）来作为描述符（descriptor）。人们“患有”超重和肥胖症，就像他们患有癌症或糖尿病一样。这不是他们的身份。总的来说，医学界在这个方向上存在有益的发展趋势。人们的生活需要物质，但不需要物质来定义他们。

我们决定做一个实验：我将采用为期一个月的 UPF 饮食，雷切尔的团队会监测我的大脑和身体的各个方面。如果有任何有趣的结果出现，我们会将其用作试点数据（pilot data），为更大规模的研究筹集资金。[1] 当时，唯一一篇着眼于人体对 UPF 饮食的反应的论文是霍尔的，而且其研究是在实验室环境下进行的。我们会将这个实验带入真实世界。

我的饮食规则很简单。我会像孩子一样吃东西，在英国，五分之一的人从 UPF 中获取至少 80% 的热量，这一数字对儿童和青少年来说也很普遍。[3] 在整个人口中，该项平均值为 60%。[4–7]

所以，我会吃 80% 的 UPF，但不打算强迫进食——这不是《大号的我》（*Super Size Me*，美国纪录片，记录了导演兼主演连吃 30 天麦当劳的经历）。我想吃的时候就吃。说实话，雷切尔和我都没有过多地期望在短短的一个月内会发生什么，但我们认为，我们可能会发现一些有正当理由做进一步调查研究的东西。

第一步是停止吃 UPF 4 周作为准备工作。在我的思维模式中，我仍然认为 UPF 是“垃圾食品”的代名词，所以在持续记录了 1 周典型饮食的饮食日志后，我惊讶地发现，我通常会从 UPF 中获取约 30% 的热量。

经过数年关于食物的写作和广播电视节目主持——以及缓慢但稳定的体重增加，我平时的饮食是这样的：早餐喝黑咖啡，午餐吃三明治和薯片，晚餐是自家烹饪的健康餐（鸡肉、米饭和西蓝花是主要部分），随后是超市甜点。每隔几个晚上，我们就不自己做主菜了，而是吃 UPF 微波炉烤千层面或 UPF 烤箱比萨。我大约每周吃一次外卖，通常是 UPF ，这要感谢改性淀粉和增味剂（flavour enhancers）的自由使用。

---

[1] 小规模、开展良好的研究可能会提供大量信息，尽管其结论必须在更大的群体中仔细验证。历史上，很多很多发现——从西地那非（又名万艾可）的作用到疫苗的功效——最初都是在对很小数量患者的研究中得到的。

戒掉这些 UPF 摄入困难得出奇。我渴望那些微波炉餐、小吃店食物和外卖。除此之外，当我开始查看标签和配料表时，我还发现，大多数来自三明治店和食堂的食物都应被排除在外。午餐时我不能购买三明治，因为面包中有乳化剂，涂抹酱中有麦芽糊精和防腐剂。因而我不得不自己做三明治——主要用奶酪、黄油和本地面包店售卖的真正的酸面包（sourdough bread，天然酵母面包）。我甚至不能添加我最喜欢的好乐门蛋黄酱。[1]

诚然，我的腰带松了一点，但我开始非常期待我的 UPF 饮食。被禁止的食物变得极度令人向往。我开始念念不忘那些我通常不会考虑的事情，因为我的注意力比平时更集中在周围所有诱人的选择上——尤其是医院马路对面的麦当劳和肯德基。

在实验饮食将要开始的前一天，我去了伦敦大学学院的实验室，花了半天时间称重、测量。我站上了身体成分秤（body-composition scales）。体重：82 千克；身高：185 厘米；BMI[2]：24.2；体脂率：17%。总之，对于我这个年龄的男人来说，我的身材普通得让人郁闷。雷切尔的团队采集了一些血液来测量我的炎症水平，并检查我的身体对食物的反应。我已经禁食了一夜。他们给我吃了一份美味的香蕉奶昔，其中含有数量精确的脂肪、蛋白质和糖，然后观察饱腹感激素（fullness hormones）的升高情况及我的胰岛素反应。我还做了心理测试，填写了情绪和食欲问卷。

最后，我做了核磁共振（MRI）扫描，以绘制我大脑不同部分是如何相互连接的图像。我还记得，躺在扫描仪里时，我在想，这个检查似乎很

---

1. 好乐门蛋黄酱的配料是：油菜籽油（rapeseed oil，78%）、巴氏杀菌（pasteurised）蛋及蛋黄、酒醋（spirit vinegar）、盐、糖、调味剂、浓缩柠檬汁、抗氧化剂（依地酸钙钠）、辣椒提取物（paprika extract）。
2. BMI（Body Mass Index）指数（体重指数）是常用的衡量人体胖瘦程度和健康与否的标准之一。BMI= 体重 /（身高 × 身高）（单位：千克 / 米 ^{2}）。——译者注

荒谬。仅仅采用某种饮食 4 周，我们不会在核磁共振影像中发现明显变化，这种饮食对全国各地数以百万计的人来说是完全正常的。

***

看着莱拉吃完了她的第一碗可可力，然后笨拙地给自己又倒了一碗，我开始想，她什么时候会停下来。我们在吃的时候，我更多地想到了与吸烟的对比。第一勺让我们俩都欣喜若狂。这种谷物味道丰富、复杂，巧克力味浓郁，远比我记忆中的浓。第一口的口感异乎寻常，一些“可可力”几乎立即变得有嚼劲，另一些则保持生脆感，在舌头上噼啪作响。

可是吃过 3 勺之后，欣喜感就消失了：只剩下棕色的“烂泥”，吃它只是为了缓解渴望。莱拉和我被吸引着吃了下一口，就像吸烟者又吸了一口那样。第一口的美好体验无法复制，但这种谷物的某些特性让我们愿意继续品尝。

莱拉一点儿也不想和我说话，所以我看了看盒子，它似乎非常清楚地说明了我们在英国和美国对食物的看法——从其“营养情况”的角度来看。食物含有“好的”和“坏的”营养成分，营养情况详细罗列了这些营养成分的数量。为了判断一种食物是否健康，我们大多数人都会询问其含有多少饱和脂肪、盐、糖、纤维素、维生素和矿物质。一份里面有多少热量？有维生素 C 吗？它是如此根深蒂固，以至于人们很难用其他任何方式来思考食物。

捷尔吉·斯克里尼斯（Gyorgy Scrinis）有点轻蔑地将这种对待食物的方法称为“营养主义”（nutritionism），他是墨尔本大学的食物政治与政策（food politics and policy）副教授（也是最早提出以下这个观点的人之一——或许食物不仅是其各个组成部分的总和）。但营养主义确实解决了一个重要问题。无论何时，当你决定研究某样东西时，你都需要将其“可操作化”

（operationalise）。这是大多数现代科学的核心：我们往往需要用我们能够测量的东西来定义我们无法测量的东西。财富和健康就是很好的例子。财富很简单：你可以直接量度它，给它一个数字。但健康就更模棱两可：它存在，但没有具体的计量单位来量化它，因此，我们改为用衰弱指数（frailty index）、体重指数、血压、是否存在慢性病、铁含量等方面来定义它。

食物与健康类似，因为其缺乏一个明确的可度量的维度。要想科学地研究它，你就需要将其分解为像营养成分这样的可度量的指标，其确实存在各种维度——热量、维生素 C 的量等。随着与饮食有关的疾病在世界暴发，我们已经详尽记录了这些营养成分对我们生理机能几乎所有方面的影响。但在卡洛斯·蒙泰罗之前，没有一个涉及健康与营养领域的人曾经花很多时间操心如何以其他任何方式来描述饮食。

莱拉端起她的第二碗可可力，满不在乎地出声地吃着棕色牛奶渣，我开始想，对于试图弄清楚她应该吃多少或吃什么，营养主义并没有多大帮助。例如，对于她这个年纪的孩子来说，她是不是吃了太多的糖？我几乎可以肯定，她是吃了太多，但不存在需要干预的问题。包装上有一张小数据表，列着每克可可力中糖和盐的含量，但我不知道她已经吃了多少克。而且包装上也没有写明，3 岁小孩吃多少克可可力是没问题的。这似乎很奇怪，因为盒子上有这么大一块地方专门用于呈现一只直接向儿童推销该产品的卡通猴子。

然后我开始查看盐的含量。可可力含盐 0.65%，但我不明白这是什么意思。因此，为了做个比较，我查询了其他食物的含盐量。我觉得，解释可可力含盐量的一种更有用的方法可能是：这款谷物的每克含盐量比常见的微波炉烤千层面的多 20%。对于大多数早餐谷物来说，这种令人难以置信的咸味都是真实情况——其有助于让它们美味惊人。那么，为何没有盐量警示呢？

我想，这是因为成人的推荐食用量是 30 克，即四大勺。如果你是成年人，并且就吃了这个量，那么就不会吃太多的盐，但我相当肯定，在我查看千层面的营养表时，莱拉吃进的谷物已经超过了 30 克。

当我看着她时，那些营养的“交通信号灯”（两绿两黄）开始显得越来越荒谬。在英国，这种强调脂肪、饱和脂肪、盐和糖的含量水平的体系完全是自愿遵循的（很多其他国家也有类似的体系）。但想象一下，你开着车，后座上有一个 3 岁的孩子，面对 4 盏灯，两盏是绿的，两盏是黄的。你开还是不开？

在英国，除了交通信号灯体系，还有另一种看待食物的方式，其非常频繁地出现在了英国媒体上：高（饱和）脂肪、高盐、高糖，简称“三高”（HFSS）。出于市场营销目的，在英国，包装食品被一种不透明的东西正式归类为三高食品或非三高食品，这种东西称为营养情况模型（Nutrient Profile Model，NPM）或 NPM 2004/5，该模型是作为一种工具开发出来的，用于规范针对儿童的食品广告。[1]

如果你想尽力弄明白包装上的营养数据表，以指导你孩子的健康饮食，那么 NPM 2004/5 会让你大吃一惊。你无法轻松地查询到食物的 NPM 评分——而是必须使用以下三个步骤来计算它，我把这些写出来只是为了说明它们的复杂性。

第一步，你给坏东西打分：热量、饱和脂肪、糖和钠。这些称为“A”分数。第二步，你把好东西的分数加总：水果、蔬菜、坚果、纤维素和

---

[1] NPM 2004/5 是英国食品标准局（Food Standards Agency）开发的，目的是为广播监管机构英国通信管理局（Office of Communications）提供一种工具，在面向儿童的食品电视广告领域，其基于营养成分来区分食品。HFSS 是 NPM 2004/5 中的类别之一。目前，如果一种食品被归类为 HFSS，那么在网上或电视上对孩子做该特定产品的广告将会受到限制。然而，孩子们依然可以看到该品牌的广告（例如麦当劳或可口可乐），而且他们可以在商店中用玩具和卡通形象来向孩子们推销该品牌。

蛋白质。这些叫作“C”分数。（顺便说一下，你可能需要付费访问诸如 NielsenIQ Brandbank 营养数据库之类的网站来收集所有这些信息。）在计算好 A 和 C 分数后，还有其他规则需要考虑，比如：“如果一种食物或饮料得到 11 或以上的 A 分，那它就不能在蛋白质上得分，除非它在水果、蔬菜和坚果上也得到 5 分。”

到目前为止还清楚吧？嗯，然后，你用 A 分减去 C 分，计算出一个最高为 30 的分数。任何得分超过 4 分的食品都被归类为 HFSS 食品。但是，即使你做了所有这些，也不清楚孩子是否应该吃这些三高食品，或者应该吃多少。这只决定一种食品是否可以在特定的时间以特定的方式销售给儿童。

根据 2018 年一篇对 NPM 2004/5 计算方式的评论，“没有单一、简单的度量标准来定义这些食物是‘更健康’，还是‘不那么健康’。”[8] 但是当莱拉将漏到自己睡衣上的巧克力牛奶轻轻擦掉时，似乎卡洛斯·蒙泰罗的 UPF 定义可能更简单一点——当然，前提是有证据支持他的定义以及其与健康的关联。

无疑，交通信号灯、营养数据表、HFSS 等都似乎体现出，关于人们选择和摄入食物的方式存在谬见。问题不仅在于没有普通人能搞明白混杂在制造商声明中的信息。这种谬见是，我们可以依照数字而不是食欲来进食。

像所有动物一样，人类已经进化出能够控制营养摄入的系统。随着阅读的内容越来越多，我开始怀疑，UPF 是否会破坏正常的食欲调节功能，以至于我们不停地进食，不管盒子上写着什么。

概述蒙泰罗的假说的原始论文似乎与实验室“期刊俱乐部”活动中展示的一些论文同样具有潜在的重要性，这些论文永远地改变了我对这个世界的认识。但是，他是怎么想出根据食物的加工程度来对其分类这个主意的呢？

***

我开始回看蒙泰罗以前发表的所有论文。这是一段穿越营养和肥胖史的旅程。

1948 年，他出生于一个在巴西社会等级制度中处于非常特殊位置的家庭，位于贫困阶层的上边缘和富裕阶层的下边缘。所以卡洛斯可以看到两个方向。也许他对社会公平正义的兴趣来自这样的想法——在他周围可以如此清楚地看到，陷入极度贫困是非常容易的事情，或许运气问题比其他一切都重要。

他是家里第一个上大学的人，1966 年被医学院录取，刚好是在美国支持的军事政变发生之后。他的行医生涯始于接连不断的军事政变和日益增强的国家暴力背景之下，他对最边缘化社区的健康的兴趣越来越大。

他的研究事业始于圣保罗附近最贫困的地区之一里贝拉河谷（Ribeira Valley）。当时他正在研究社会阶层——而非教育或收入——如何影响种植园工人的营养状况。这是一个存在许多模糊边界的项目：定义“社会阶层”和“营养状况”并不容易。蒙泰罗结合了数学、医学、人类学和经济学的技能来组织、分析不同的数据集。他开始学习后来用于创建 UPF 分类的技能。

从 1977 年开始，他早期的论文聚焦于营养不良，这是当时巴西的一个大问题。他的论文涉及母乳喂养、生长发育迟缓和儿童补铁方面的研究。超重危机几乎是想也想不到的事情。

这就是营养科学在世界各地开启的方式：研究缺乏性疾病（diseases of deficiency）。寻找西北航道（Northwest Passage，大西洋和太平洋之间穿过北冰洋的海上航线）的水手所患的坏血病（Scurvy），缺碘造成的“兰开夏郡脖子”（Lancashire neck，大脖子病），脚气病（Beriberi）、糙皮病（pellagra）、佝偻病（rickets）：这些都是维生素、微量元素等缺乏性疾病的熟悉名称。营养科学是在这样的世界中锻造出来的——最紧迫的问题是要达到保持身体健康的最低要求，只要添加一种营养物质就能缓解极其严重的痛苦和折磨。这也许与一种观点的出现有很大关系——健康饮食可以分解为一些单独的化学物质，每种化学物质都有自己的精确剂量。

我们对身体如何应对过量 / 过剩的认识远远滞后。过量 / 过剩是蒙泰罗从 20 世纪 90 年代中期才开始观察到的问题。曾经不可能出现的超重危机突然变得不仅貌似合理，而且随处可见。他看到了所谓的“营养转换”（nutritional transformation）——当较富裕地区的肥胖率开始下降时，最贫困社区的肥胖率却出现了令人困惑的上升现象。

虽然他的论文布满了复杂的方程式，但内容感觉很平常。它并不像是治疗癌症或对基因组进行测序——只是在观察购物账单，尽管使用了多个线性回归模型（linear regression models）来这样做。即便我受过科学训练，粗略浏览了蒙泰罗的文章后，也觉得它复杂而乏味，如此之多的重要思想都遭到这同一个问题的阻碍。但是，当我从他任何一篇论文的统计方法部分退后几步，来查看他的文章主体时，我可以看到，他在特别细致地记录一些非同寻常的东西：巴西的营养转换——其从一个肥胖仅仅是学术兴趣的国家转变为肥胖可论证为主要公共健康问题的国家。

这一点如此令人兴奋的原因，是在像英国和美国这样的国家中，我们真的错失了饮食从主要食用未加工食品到 UPF 的信息。除了全国家庭消费数据，我们几乎没有直接收集过个人饮食数据——20 世纪 50 年代至 70 年代的人在吃什么。但蒙泰罗当时知道美国和英国发生了什么，他在观察这种情况在巴西的加速发展。

大约自 2003 年，他开始写出更多关于人们摄入多少脂肪和糖的论文，这些研究以与众不同的方式观察数据。事实上，他关于超重、肥胖、糖和脂肪的论文揭示出一个奇特的悖论。

传统的建议是推荐以碳水化合物为基础的饮食，如谷物、面包、大米、意大利面、土豆以及水果和蔬菜。与之相反，油、脂肪、盐和精制糖应该少量食用。然而卡洛斯发现，从20世纪80年代中期到21世纪10年代，是巴西肥胖率激增的时期，所谓的健康食物——谷物、意大利面、面包——的购买量一直在增长，同时，作为配料的油和糖这些似乎不健康的东西的购买量大幅下降。[9]从传统的角度来判断，这种情况是朝着更好的饮食方式转变，而不是更糟。

为了努力解决这个明显的悖论，卡洛斯决定，与其聚焦于单一的营养物质或食物，不如着眼于整体的饮食模式。他和他的团队会以不同的方式来完成对“坏食物”（bad food）划定边界的任务。他们没有从起源（微观层面上）开始，而是从结局开始。他们会查明哪些食物导致了这些问题，然后做回溯研究，看看它们都有什么共同点。

这需要以前从未在营养学中使用过的统计方法。通过计算，他们得到了巴西的两种单独的饮食模式：一种主要由传统食物组成，比如大米和豆子；另一种主要包括软饮料、饼干、预制甜点、方便面和谷物等食物。后者正在取代、挤出传统食物。1974年至2003年，巴西的饼干消费量增长了400%，软饮料消费量也上升了400%。引发问题的流行产品之间的联系很明显：它们均由被分解、改性的配料制成，并掺进了添加剂，而且经常大肆营销推广。

在分析与健康相关的食物购买情况时，蒙泰罗和他的团队发现，其中包括糖和油。这并不是说糖或油是健康的，只是表明该家庭依然在煮米饭和豆子。

这使蒙泰罗及其团队面临一个由来已久的问题，当论及肥胖时，问题出在食物上。自1980年（实际上是自1890年）以来，研究的困难一直是，究竟是哪种食物有问题。

显而易见，存在“坏食物”，但你如何定义它呢？

你可能觉得所有这些自己以前都听说过。很多明智的人长期以来一直在表达对“加工食品”的担忧，但他们发现，这不是一个容易接受的观点——例如我的母亲。

在蒙泰罗研究里贝拉河谷的种植园工人的时候，我母亲是美国时代生活公司（Time Life）的编辑。她做过许许多多不同的书，但特别热衷的项目是一个名为“好厨师”（The Good Cook）的系列，作者是一位名叫理查德·奥尔尼（Richard Olney）的食物纯粹主义者（food purist）。他是那种会自己种小麦磨面粉的厨师。像他这样的人，还有我母亲，都在节目中谈论“垃圾食品”。

当我的兄弟们和我成长到具有科学素养时，我们会和妈妈争论，说她太居高临下（标准极高，不满足于普通人喜欢的东西）。我们会提醒她，她自己做的（美味）饭菜中也满是盐和脂肪，和我们几乎不被允许吃的麦当劳完全一样。我们在医学院学到的思考食物的方式并没有区分妈妈做的高盐高脂肪食物和它们的对等工业产品。但卡洛斯·蒙泰罗的数据确实做了区分，并且这种区分此后变得越来越清晰。

以比萨为例。就营养而言，比萨就是比萨。包含面粉、西红柿、奶酪。你可以在我家门前马路尽头的甜蜜星期四（Sweet Thursday）比萨店买到一个，差不多 10 英镑。它由大约 6 种配料制成，不是 UPF。但它的营养情况与隔壁超市的 1 英镑 UPF 比萨大致相同，后者含有防腐剂、稳定剂和抗氧化剂。两种比萨大体上含有相同数量的热量、脂肪、盐和糖。但一种是与肥胖或饮食相关疾病无关的传统食物，另一种则不是。

任何关于食物的讨论都会很快陷入居高临下的泥潭，因为通常情况下，相比可支配收入较低的人，有更多钱可以花在食物上的人会吃不同类型的食物，而且种类也更丰富多样。正如我们将看到的，其促成了这样的事实——总体而言，钱更少的人肥胖率更高。它也是这种论点赖以支撑的支柱——肥胖和其他与饮食相关的疾病不是一种选择。

我母亲那一代也远非最早忧虑“垃圾”或“加工”食品的人。甚至在加工食品被与贫困联系在一起之前，这种担忧就已经存在了。休·麦克唐纳·辛克莱（Hugh MacDonald Sinclair）是我们对脂肪及其体内代谢的大部分认知的奠基人，在我母亲编辑烹饪书籍、蒙泰罗隆重登场之前的数年里，他就已经在担心脂肪的加工问题了。作为一位魅力超凡而略显古怪的牛津大学生物化学家，辛克莱于1956年给《柳叶刀》（*The Lancet*）写了一封信，（他自己）将其描述为“《柳叶刀》有史以来发表过的最长、最粗鲁无礼的来信”。

在信中，他将长期缺乏必需脂肪酸（essential fatty acids）与肺癌、冠状动脉血栓形成（coronary thrombosis）和白血病（leukaemia）联系了起来。他断言，这种缺乏是由于小麦的高加工和人造黄油的生产造成的：“我认为自然界之外不存在任何东西，宇宙中只有自然法则和力量起作用，但我谦卑地恳求，我们在提取和‘改进’小麦、制造人造黄油之前，在将精制饲料强加给公众、使其毫无戒心地接受之前，应该多考虑并做更多的相关研究。”

有一位芝加哥儿科医生比辛克莱还要早，她叫克拉拉·戴维斯（Clara Davis）。她是人类营养学领域的一位相当重要和有影响力——可以说是神秘——的灯塔式人物，稍后我们将适当地介绍她，早在20世纪20年代，她就忧心精白面粉、烘焙食品和糖的问题。在戴维斯之前，19世纪20年代，关于食品掺假和加工的危害的第一篇重要学术文章发表了：《锅中之死：关于食品掺假、烹饪毒药及其检测方法的论述》，作者为弗雷德里克·阿库姆（Frederick Accum）。

而且，我觉得可以安全地假设，大约6000年前，北非的某位牧民决定将牛奶储存在动物的胃里，结果意外地发明了奶酪，尽管保存期限延长了，但并不是每个人都会欢迎这种新的加工方式。

将食品分为加工食品和未加工食品是一项不可能完成的任务。请试着想出一种真正未经加工的食物，你可以整个生吃下去，而且其从未经过选

择育种 / 选择性培育（selectively bred）。除了几种野生浆果、牡蛎、生牛奶和某些蘑菇，别的就不多了。在我们和黑猩猩分道扬镳后不到一百万年，加工就开始了。从猛犸象（mammoth）的尸体上砍下一大块肉，这就是食品加工。生火做饭，也是加工。通过选择性培育对农作物和动物进行基因改造（这种方法早于文字的出现），更是加工。

在某种程度上，我们几乎所有的食物都是经过加工的，当谈到健康时，这一事实可能与为何营养指南从来就不顾虑加工问题有很大关系。“垃圾食品”一直被认为是有害的，但那仅仅是因为其含有太多“坏”东西——盐、饱和脂肪和糖——而好东西太少。

2007 年，正当蒙泰罗在努力解决这个问题时，有几篇文章发表了，对他和他的团队产生了极大的影响。第一篇由迈克尔·波伦（Michael Pollan）撰写，发表在《纽约时报》上，开头是著名的句子：“吃东西，不要太多，植物为主。”[10] 波伦强调，几乎任何一种传统饮食看上去均与健康有关，不管它们含有什么——法国和意大利的饮食也包括在其中，比如，前者含有大量的酒精和饱和脂肪，后者则有很多比萨和意大利面。

第二篇文章由大卫·雅各布斯（David Jacobs）和琳达·塔普塞尔（Linda Tapsell）共同撰写，前者是美国明尼苏达大学的流行病学家，后者任职于澳大利亚的伍伦贡大学（University of Wollongong），发表在不太主流的《营养学述评》（*Nutrition Reviews*）上。其标题是《食物，而非营养成分，是营养的基本单位》，文章指出了一个至今无法解释的现象：大量的优秀研究已经确认某些食物似乎可以降低慢性病风险，譬如全谷物、坚果、橄榄油和油性鱼（富含脂肪），但相关营养成分——β-胡萝卜素、鱼油、维生素 B 等——一旦从食物中提取出来并作为补充剂替代性服用，其益处就消失了。

简而言之，没有任何补充剂对健康的人有效。有益的营养成分似乎只有当其待在食物中被食用时才对我们有帮助。鱼油对我们没好处，但油性鱼有。我知道，这似乎令人难以置信。对于健康的人，没有任何补充剂、维生素或抗氧化剂可以降低死亡风险乃至任何一种疾病的风险。几乎所有关于复合维生素、抗氧化剂补充剂的大规模独立研究都表明，如果说有什么不同的话，那就是它们会增加死亡风险。对于维生素 E、β-胡萝卜素和大剂量维生素 C 来说尤其如此。[11-13]假如你能理解，如果不处于可能缺乏维生素的状况，服用维生素补充剂是没效果的，那么你就开始明白了，食物和食物提取物是不一样的。还记得军备竞赛的影响吧：食物是复杂的。

这两篇文章为蒙泰罗的下一步研究奠定了知识基础：正式描述“坏食物”，这样就可以研究它们了。对于这个任务，他在种植园的经历使他对其已经有所准备。他和他的团队着眼于他们的数据中与健康状况不佳有关联的食物，并开始尝试描述它们。到 2010 年，他们提出了 NOVA 分类体系。蒙泰罗本人否认这是他的想法，坚称是集体成果。他也否认了曾经有任何“尤里卡！”（Eureka!）时刻（即顿悟）的降临。与之相反，他说这个定义源于多年来对数据的勤勉、认真分析。蒙泰罗的团队中甚至没人能确切地告诉我，他们是如何甚至何时得出这个定义的，只知道让-克劳德·穆巴拉克（Jean-Claude Moubarac）有一天在大学食堂里想出了“NOVA”这个名字。

***

吃早餐时，我发现自己在哼着老电视广告中的叮当歌：“我宁愿来一碗可可力！”事实证明，莱拉宁愿来一碗可可力，而几乎不要其他任何东西。她一直吃到肚子撑得鼓鼓的。停下来时，她已经吃了两份沾满全脂牛奶的成人份可可力：这是她一天所需的大部分热量。我们吃完后，我拿出我的数字秤，重新装满她的碗，查看我们吃的所有东西的质量。我有一个数字秤，因为我的很多最好的食谱都来自实验室的同事，他们就像写实验方案一样写这些食谱，质量精确到克。一位同事开始用微量天平（microbalance）称香料，这样她的食谱上就会写着“100 毫克丁香粉”之类的东西。我还没有买微量天平。

与此同时，我吃了 5 份，这是我的 UPF 饮食的比较合适的第一餐。可可力发明于 20 世纪 50 年代后期，是我父母那代人早餐的主要食物，也是我目前认为自己童年时期最受欢迎的谷物。它们远远不像是要让人担忧的东西，而是几乎要开始令人觉得像一种“传统”食物了。

自从蒙泰罗的 NOVA 分类体系首次公布以来，一直存在众多而强烈的反对意见。批评者问道，一组既不增加热量也不改变食物化学成分[1]的过程怎么会造成体重增加或健康状况不佳呢？这个反对理由可以理解。你可能对其他事情也一直有不安的感觉：UPF 的定义感觉有那么一点点……随意？

2022 年 1 月，持反对意见的记者克里斯托弗·斯诺登（Christopher Snowdon）写了一篇题为《何为“超加工食品”？》的博客文章，[14] 正是在该文中，他提出了这一点。斯诺登说，他的写作灵感来自《英国医学期刊》（*British Medical Journal*）上一篇关于 UPF 的“发疯了的”（deranged）专栏文章。他对该定义的这种“随意性”的总结很简洁：“垃圾食品”的范围太窄，因为大多数人会将其理解为少数连锁餐厅的“快餐”。因此，在没有明确的饮食元凶的情况下，“公共健康”游说正在转向反对“超加工食品”的运动。

斯诺登对该专栏文章中识别 UPF 的经验法则之一特别不满：UPF 很可能包含 5 种以上的配料。“这算哪门子荒唐、随意的门槛 / 阈值？”他写道，“这些都没有任何科学依据！”

确实很容易明白他的意思。为什么不是 6 种配料？为什么不是 4 种？但如果你是科学家，随意性就是没什么关系的。

让我们来想象一下，蒙泰罗的团队从一些明显很随意的东西开始研究，

---

[1] 烹饪确实会改变化学成分，但很多其他过程不会。

比如星座。他们可能提出狮子座是肥胖的原因，而不是 UPF——从科学的角度来说，这确实没什么关系，只要你有证据能支持它。

让我们继续想象，有人观察到，狮子座的人确实更胖。那么，研究人员就必须建立一个知识模型来解释可能的原因：季节、怀孕时的天气、母亲的饮食、出生时流行的病毒，等等。他们可能做过动物实验，培育在 7 月 23 日至 8 月 22 日出生的小鼠，之后将它们与在其他日期出生的小鼠进行比较。然后想象一下，在对他们的模型进行破坏性测试后，他们发现，出生在太阳穿过黄经（celestial longitude）120 度到 150 度时，即狮子座，情况会完全不同，其他一切因素都不重要。好吧，我们不得不接受这个。它会显得怪异，但仍然是真实的，尽管起点完完全全是随意的。

对于知识从何而来，科学哲学家们的意见并不完全一致，但大多数都相信，科学始于观察，接着建立模型，然后测试观察结果。有时候，观察数据感觉非常科学：天体运动的测量值，或者从像直线对撞机（linear collider）这样的复杂机器中读出的数字。但也有其他时候，遛狗的人在公园发现一只死鹅，这是禽流感大流行的第一个数据点。

当然，在现实中，随意的占星观点不会得到任何数据的支持，模型也会崩塌。研究人员需要去寻找另一个原因，比如强迫人们吃大量工业生产的食品的食物体系，或者是射手座。好的科学的力量在于其可以处理坏的、错的或随意的假说。这确实是科学的决定性特征。

现实生活中的科学往往始于一些随意的东西。把东西卡进盒子里，将东西聚集在一起，给它们命名，我们必须在某处画一条线并描述感兴趣的对象。在自然科学中，边界通常更清晰。在物理学中，我们根据粒子在引力场或电磁场中的行为对其进行分组和描述。在化学中，我们根据元素的亚原子组成和化学行为在周期表中对其进行排序。这些体系都是客观而离散的。

有时候，在生物科学中，我们也有定义明确的分类。现在，艾滋病是一种二元诊断：你要么有，要么没有。很多最紧迫的问题却模糊得多。成人肥胖被随意地定义为体重指数大于或等于30。其实如果阈值换成29或31也是没有关系的。[1] 健康状况不会在体重指数恰好等于30的时候突然发生改变——风险只是在逐步增加。几乎所有的生物测量值——血压、血红蛋白、肺活量——都属于连续统一体（continuum）。在某一时刻，我们有点随意地画一条线，宣称在线一侧的人患有高血压、贫血或肥胖，而在另一侧的则没有。

这就是蒙泰罗团队的天赋所在：他们画出了一条线。或者他们的天赋也许在于做出“完全能够画出一条线”的判定来——确实存在有害食物，而且可以对其下定义。虽然画这条线的确切位置是随意的，但这个观点不是随意得出的——有些饮食模式会导致疾病，有些则不会。这个观点来自大量精心收集和分析的数据。

而且，提出这个观点也不是随意的——为了获利而生产的食物可能有意无意地被设计成能够让我们过度消费的样子。

NOVA分类体系是一种假说，一种将食物分类以供凯文·霍尔和其他很多人进行严格测试的模型。它至少部分地绕开了研究食物的社会雷区。一种特定的比萨是否会驱动过度消费与其价格或具体消费者毫无关系，唯一的问题是，它是不是UPF。

在2010年创建定义后，UPF被操作化以供研究。但是，这个假说经得起推敲吗？

---

[1] 使用体重指数存在太多的局限性问题，这里无法一一详述。目前，它仍然是我们考虑人口状况的最佳工具。关于体重指数存在的问题的剖析，我推荐奥布里·戈登的《体重指数离奇且与种族歧视相关的历史》（*The bizarre and racist history of the BMI*）一文。[15]

第 3 章
“超加工食品”听上去很不好，但它真的是个问题吗

在采用实验饮食的第二个周末，我和我的兄弟克山德（Xand）及两个连襟齐德（Richard）和瑞恩（Ryan）一起去露营。我们驱车西行，从伦敦前往威尔士，中途在利·德拉米尔（Leigh Delamere）服务站停留，这是一个 UPF 节日。我买了酷原味多力多滋（Cool Original Doritos）、两罐红牛饮料、几包彩虹糖（Skittles）和哈瑞宝什锦软糖（Haribo Supermix），用于剩下的旅程。

我们睡在布雷肯比肯斯国家公园（Brecon Beacons National Park）中一处瀑布附近的美丽地方，只是被我关于食物和身体的白日梦糟蹋了。我想象自己的血液变得又稠又黏，仿佛因为盐和糖的作用而浓缩得太厉害。我很早就醒了，觉得难过、不舒服。

吃早餐时，我喝了些水来稀释自己的体液，望着山脊，振作了起来。我们吃了家乐氏的松脆坚果球（Crunchy Nut Clusters，全谷物，不含人工色素或调味料，在促销活动中购买——乐高乐园中成人免费），以及欧倍（Alpen）原味“天然健康牛奶什锦早餐（muesli）”。

瑞恩是来自澳大利亚的国际知名心理学教授，他惊讶地发现我在 UPF 饮食中吃欧倍：“欧倍有什么问题？它是天然而有益健康的。”我告诉他，其在工艺上符合 UPF 的标准，因为含有乳清粉，这种配料通常不用于家庭烹饪。

他看上去真的很困惑："但包装上的山脉看着挺原始！"我回应说它还是 UPF。齐德和克山德表示同意。"嗯，味道不错。"他坚持道。如果包装能说服瑞恩，那就能说服任何人。

在我们开车回家的路上，我接到了英国广播公司（BBC）电台一位制作人的电话。他们希望我做一部简短的电台纪录片，向人们介绍 UPF 的概念。如果我们能从我的 80%UPF 饮食中发现任何有趣的东西，这部纪录片似乎就有可能帮助我们筹集研究资金（资助者喜欢知道他们资助的研究将会得到广泛传播）。这也是一个与潜在研究合作者建立关系的机会。于是我联系了凯文·霍尔，那篇检验蒙泰罗假说的论文的作者，他要看看 UPF 是否真的会导致体重增加。

我在 BBC 广播大厦（Broadcasting House）的一个隔音播音室里给霍尔打了电话，询问他的实验情况。"当我第一次偶然发现这个观点时——我们不应该担心食物中的营养成分，而应该忧虑加工的程度和目的——我认为这完全是胡说八道。"他对我说。这是一个令人惊讶的开场。

霍尔当时在他位于马里兰州贝塞斯达（Bethesda）的办公室里，他是美国国家糖尿病、消化和肾脏疾病研究所（US National Institute of Diabetes and Digestive and Kidney Diseases）的高级研究员。他的职位名称有点官僚味道——"生物建模实验室综合生理学科科长"，这掩盖了他是 21 世纪营养科学领域重要人物之一的事实，尽管他不是受过专业训练的营养学家。他是一位物理学家，拥有数学建模（mathematical modelling）博士学位，研究非线性动力学（non-linear dynamics）。

霍尔出生于加拿大，父母是英国人、蓝领——他父亲是一位技术娴熟的机械工，曾为第一批部分核电站建造涡轮机，母亲是一家理疗师办公室的行政助理——霍尔和卡洛斯·蒙泰罗一样，是家中第一个上大学的人。在麦克马斯特大学（McMaster University）攻读物理学（专业是高能粒子物理学）本科学位时，他表现得出类拔萃，在他的班上排名接近榜首。在谈到自己在那里取得的成绩时，他表现出一贯的谦逊态度："处于最顶端的那个家伙觉得一切都毫不费力，我意识到自己需要找到更擅长的东西。"

他在一间电生理学实验室（electrophysiology lab）找到了一份暑期工作，研究狗的肠道如何实现收缩。正是在那里，他开始建立生物过程（biological processes）的数学模型，这使他改行进入了营养研究领域，后来，他改变了这一领域。

"根据你遇到的人的不同，我会因为以下三件事中的一件而为人所知。"霍尔对我说。他简洁而清晰地讲述了这三件事。

第一件是他的成人代谢数学模型。[1] 几年前，霍尔使用像这样的模型预测，低碳水化合物饮食不会对体重产生显著影响。

他的下一个成就是，用这个模型验证自千禧年以来越来越受到人们关注的一个观点——就肥胖而言，糖是主要问题。他在糖如何影响我们的新陈代谢方面做了一些起决定性作用的工作。这个我们稍后会讨论。

然后是他的"减肥达人研究"（Biggest Loser study）。[2] 为了这项研究，霍尔追踪了轰动一时的美国电视系列节目《超级减肥王》（*The Biggest Loser*）的参与者 6 年。在节目开始时，所有参与者的体重指数都大于 40——3 级肥胖（就像它过去常被骇人听闻地称为"病态"肥胖那样）——然后被隔离在一个农场里几个月。在那里，他们接受了一项极度限制热量摄入及参加锻炼的计划。竞赛结束时，他们平均减重约 60 千克。6 年后，尽管参与者都保持了高水平的锻炼，但平均体重却反弹了 41 千克。霍尔的研究强调了维持减肥效果的巨大困难。

"最后，我在超加工食品方面的研究工作……实际上，我想应该是 4 件事情。"霍尔说。这最后一项研究正是我与他交谈的原因。我当然没料到他会首先说，他最初认为蒙泰罗的 UPF 理论是无稽之谈。他告诉我，他是在参加一个会议时第一次听说 UPF 的，当时他坐在百事公司（Pepsi）一位高管的旁边。这要回到 2017 年，一些关于 UPF 的论文开始出现："（那位百事公司高管）说，有一种新的思考食物的方式他们比较关注，他们想听听我的意见。我最初的反应是：怎么还会有人把这个当回事？”

从霍尔的角度来看，在探索我们的食物供应中有哪些营养成分对我们有益（和有害）以及如何治愈缺乏性疾病方面，人类在这几十年里已经取得了重大进展。“营养科学。”他继续说道，“之所以称为营养科学，就是因为它研究的是营养成分，对吧？可是这个蒙泰罗团队跑出来说：‘不，不，不，你们全搞错了。’”

他尤其不喜欢蒙泰罗将 UPF 描述为“配方中主要是廉价的工业产品，这是膳食能量和营养成分的来源，加入添加剂，经过一系列的加工，包含最少量的天然食物”。他认为这是一个模糊不清、无法令人满意的定义，没有说明这些食物到底有什么问题。

霍尔有几个他认为需要提出的问题：

1. 是不是说，这种“UPF”对你不好是因为它由盐、脂肪和糖制成，而且没有多少纤维素？如果是这样的话，那 UPF 不就是“高脂高盐高糖”的另一种说法吗？

2. 还是说，这些人说它不好是因为它取代了人们饮食中的好食物？

3. 还是说，它代替了其他东西，比如吸烟和贫困？

4. 还是说，它是这些因素的某种组合？

5. 还是说，蒙泰罗及其同事在声称，别的什么东西才是问题所在？关于实际加工本身的一些东西——化学物质、物理过程、添加剂、市场营销等？

他向最先给他介绍 UPF 的人（不属于蒙泰罗团队）询问了答案。他们回答说，问题在于高盐、高糖、高脂肪，再加上缺乏纤维素。在我们谈到这一点时，霍尔变得相当兴奋：“我说，‘等一下伙计——你不能两头都占！你不能说，这与营养成分无关，然后当我问你机理时，你又告诉我这和营养成分有关：盐、糖、脂肪和纤维素！’”

似乎在霍尔看来，UPF 的概念本身就很混乱，所以他决定开展一项实验来推翻 UPF 假说。他希望证明，任何与加工有关的东西都不会受到任何影响——唯一重要的是食物的化学成分和营养成分。

他设计的实验很简单，而且有趣、吸引人：他将两种不同的饮食进行直接对比。[3] 一种饮食包含 80% 的 NOVA 分类一食物（如牛奶、水果、蔬菜等），再加一些 NOVA 分类二食物（厨房配料，如油和醋），以及 NOVA 分类三食物（加工食品，包括罐头食品、黄油和奶酪），但是没有 UPF（NOVA 分类四食物）。另一种饮食包括至少 80% 的 NOVA 分类四食物，即 80% 的 UPF。

至关重要的是，在盐、糖、脂肪和纤维素含量方面，两种饮食彼此完全匹配，而且参与者可以想吃多少就吃多少。所有参与者都穿着宽松的衣服，这样他们就不容易看出自己的体重是否在增长。

该研究纳入了 20 名体型、身高各异但体重相对稳定的男性和女性。参与者的平均年龄在 30 岁左右。这些志愿者在美国国家卫生研究院临床中心（National Institutes of Health's Clinical Center）连续生活了 4 周——每周 7 天，每天 24 小时。开始时，一半人采用 UPF 饮食，一半人采用霍尔所称的“未加工饮食”。[1] 两周后，两组人交换饮食模式，这样每个人都会把每种饮食吃上两星期。UPF 是从商店买来的，这是典型的美国饮食。另一种只使用全成分食物，由该研究中心才华横溢的营养师群体和内部厨师制作。

“当我说，我希望它们与超加工饮食中的成分相匹配时，他们看着我，好像我疯了一样。”霍尔回忆道。在关于该实验的论文的补充信息中，有一份详细的餐食清单，每种都配有照片。从照片上看，未加工饮食看起来很

---

[1] 这种饮食实际上包含一些“加工食品”，比如奶酪、意大利面等，但不含 UPF。

有食欲，而超加工饮食在我看来，坦率地说，令人厌恶。[1]

以 UPF 饮食的第 5 天午餐为例：午餐是午餐肉三明治配减肥柠檬水。三明治被切成三角形，少量的午餐肉碎块快要掉到盘子上了。就连柠檬水看上去也透着阴郁和悲伤，像洗碗水。晚餐也没有更好：两个可怜至极、面容不能更枯槁的汉堡，罐装灰绿豆，罐装甜玉米，看上去像某种创面渗出物的芝士通心粉——枯燥的米色和棕色物质严格冷酷地排列着，放在被拍摄的餐食下面的花卉餐垫增强了这种效果。这东西，只是看着就让我觉得恶心。因为 UPF 的纤维素含量低，大多数餐食都额外添加了 NutriSource 牌（新萃）纤维素。

相比之下，未经加工的食物看上去像是一家极好的新餐馆的广告。第 1 天的午餐是菠菜沙拉配鸡胸肉、苹果片、布格麦（bulgur wheat，碾碎的干小麦）、葵花籽和葡萄。有一种油醋酱（vinaigrette dressing），用橄榄油、鲜榨柠檬汁、苹果醋、芥菜籽、黑胡椒和盐制成。晚餐是烤牛肉配印度香米、清蒸西蓝花、番茄沙拉、意大利黑醋汁（balsamic vinaigrette）、一些橙子片和一点儿山核桃。所有东西都呈现得像是烹饪团队的才华还没有因为食物准备工作而完全耗尽的样子——肉片在盘子上呈扇形散开，还配有小饰菜。

不管照片展示的是什么，参与者在熟悉度和愉悦度方面对餐食的评价几乎完全相同。没人曾设法吃完他们所有的食物。这一点很重要。这项测试非常像在美国的“正常生活”——大多数人都可以随心所欲地摄入热量。

结果出来时，霍尔震惊了。他已经证明自己错了，蒙泰罗是对的。相比那些采用未加工饮食的人，采用阴郁的、罐装的、超加工的饮食时，人们平均每天多摄入 500 卡路里（1 卡路里 =4.18 焦耳），体重也随之增加了。或许更令人惊讶的是，在采用未加工饮食时，参与者的体重实际上减轻了，尽管他们可以想吃多少就吃多少。正如之前已经提到的，也并不是 UPF 更

---

[1] 我问过霍尔这一点，他说很多人更喜欢 UPF 饮食的外观。

美味。除了“美味”，还有一些其他特质促使UPF组吃得过多。

如果说有什么不同的话，那就是该研究也许低估了UPF的影响。毕竟，在研究期间，工作人员并没有向参与者推销UPF。没有海报或健康声明，这些食品已经从其上面满是诱人照片的包装中拿了出来。在真实世界中，包装和广告属于加工的一部分内容，对于UPF，这差不多是普遍情况。你几乎看不到牛肉、蘑菇或牛奶的广告，它们的包装上也没有健康声明。但你确实可以看到UPF上印满了卡通形象和富含维生素的声明。稍后，我将借助强有力的证据来说明，各种形式的市场营销均会推动过度消费。

此外，这项研究的参与者不必花钱购买或制作他们的食物。霍尔的团队每周花费大约100美元来提供每天2000卡路里的UPF；对于未加工饮食，同等的成本接近150美元。采用UPF饮食可以节省大量成本，还可以节省时间。霍尔强调了该中心厨师的技能。他们能够以任何方式制作任何食物，但很多人没有时间为每顿饭制作新鲜的格兰诺拉麦片（granola），切4种不同的水果和蔬菜，或准备小碗的调味品和坚果。或许更公平的测试是，将UPF饮食与我们大多数人能够在家匆忙制作的那种未加工餐食做对比。我的自制比萨通常是用微波炉烤制上面放着奶酪和番茄的吐司（莱拉更喜欢冷冻的超加工比萨也就不足为奇了）。

尽管存在这些因素，霍尔还是证明自己错了，这一事实使他的研究结果更加可靠。该实验的影响之大怎么强调都不为过。这项研究虽然规模很小，但开展得如此之好，提供了诱人的证据，证明蒙泰罗的理论也许真的能够解释整个人口中肥胖率的上升问题。霍尔的研究工作给NOVA分类带来了科学影响力，很多科学家开始将其视为定义与肥胖相关的食物类别的合法方式。它似乎有能力解析长久以来困扰营养研究相互矛盾的观察结果：关于脂肪与糖的困惑，节食产品未能帮助减肥，全球肥胖人数不断增加。霍尔的研究成果促成了一项大规模的新研究工作，并被数百篇其他科学论文和数十份政策文件引用。

像霍尔进行的这种临床研究需耗资数百万美元，而且只能在全世界的几个专业研究中心进行。不过支持霍尔实验的“真实世界”流行病学证据一直在不断积累。自2010年以来，越来越多的证据表明，UPF不仅很可能是全球肥胖率迅速上升的主要原因，也可能是其他各种健康问题的关键诱因。自霍尔的研究于2019年发表以来，曾经如涓涓细流般的证据已经多如洪流。

我还在继续我的实验饮食的时候，雷切尔·巴特汉姆决定带一个人进她的研究小组，专门研究这一庞大且不断增长的UPF文献体，这个人叫山姆·迪肯（Sam Dicken），是一位年轻的科学家。山姆曾在剑桥接受专业训练，现在获得了英国医学研究委员会（Medical Research Council）久负盛名的基金项目的资助。

有一天，我在伦敦大学学院雷切尔的办公室里和他碰面，很巧的是，隔着一个庭院，从这里可以直接看到我每周治疗病人的诊室。山姆已经准备好为我讲演他的研究，放好第一张幻灯片后，他开始讲了起来。他总共看了大约250篇论文——山姆的专长就是做这类研究。他系统性地讲述了霍尔之前提出的所有问题，这些问题可能你也想到过。开讲之后，他说得越来越快，没有丝毫停顿，仿佛不需要氧气似的。

对于NOVA分类的主要批评之一是，UPF就是一种低营养食物，饱和脂肪、钠和添加糖的含量很高，这就是其导致人们健康状况不佳的原因。另一种批评是，因为食用大量UPF的人吃较少的经过最低程度加工的食物，如水果、蔬菜、谷物、豆类、荚果（legumes）和海鲜，[4] 所以高UPF摄入与健康不良之间的关联可能是由于UPF正在取代饮食中的“好食物”。或许，假如人们吃UPF的同时简单地配上很多扁豆和西蓝花，这种影响就会消失？或者，也许可以重新配制UPF，少添加糖、脂肪、维生素和矿物质？

还有一种观点认为，因为UPF基本上都非常便宜（也许是这样的），大量食用它的人更有可能收入较低，不幸的是，这与健康状况不佳的关联极其紧密。相比那些生活在最不贫困地区的人，英国最贫困地区的成人与儿童的肥胖发生率几乎是其两倍。[5]能否说，UPF 消费的真正意义在于它是体现贫困的一个指标？

或者是否是，因为不健康的行为往往是并发的，更高的 UPF 消费量是整体不健康饮食或生活方式的一个标识？也就是说，摄入大量 UPF 的人会喝更多的酒或抽更多的烟？如果是这样的话，看上去好像问题出在 UPF，但其实抽烟、喝酒才是真正的原因。

不过像山姆这样的流行病学家非常清楚这些问题。给它们分类是他们的全部工作。而且，正如山姆指出的那样，人们已经做了大量工作来确定 UPF 与其似乎会引起的医学问题之间是否存在真正的关系。

以发表在《英国医学期刊》上超过 10 万人的那项大型研究为例，该研究显示，UPF 与癌症之间存在关联。[6]来自法国和巴西的团队研究了患乳腺癌、前列腺癌、结直肠癌及整体患癌的风险，从中发现，若饮食中 UPF 的比例增加 10%，则整体患癌及患乳腺癌的风险大约增长 10%。这种“剂量依赖性效应”（dose-dependent effect）是赋予证据真正力量的一个因素。

但这还不是全部。由于科学家们可以获取参与者饮食的精确营养成分数据，所以他们能够研究患癌风险的增加是否仅仅是因为 UPF 往往高糖、高盐、高脂、纤维素含量低这一事实。他们还研究了是否就是因为 UPF 是不健康的整体饮食模式的组成部分。在某种程度上，他们是在回答凯文·霍尔之前提出的那些同样的问题，只是基于较大的规模。他们的研究成果是，即使按照这种方式调整了营养成分后，结果仍然具有统计学意义。看起来，这再一次说明，营养成分的问题要比加工的问题小。

“这并不是唯一这样做的研究。”山姆告诉我，并翻出了另一篇论文——一个中国研究小组分析了 9.2 万名美国人的数据。[7]当研究人员控制了常见因素——年龄、性别等（意思是，他们考虑了这些因素，以确保 UPF 的影响不仅仅是某一群体的人吃它而表现出来的，比如老年人）——

他们发现，UPF 摄入量的增加与心血管疾病死亡率的增加有关。然后他们将控制因素扩大到脂肪、盐和糖，结果其影响保持不变。当研究人员增加了更多的控制因素，来看看是否仅仅 UPF 本身的存在就能表示整体饮食不佳，而不必考虑脂肪和糖，结果其影响依然保持一样。

此时，山姆进入了某种节奏，幻灯片一张张地闪过，上面布满如此密集的数字和数据，几乎令人应接不暇。所有的东西都表明了同一件事，支持霍尔的研究：UPF 不仅仅是因为其高脂、高盐、高糖而有害。

雷切尔把话头接了过去，给了山姆喘口气的机会，她强调了这一点："有些人认为，从营养方面来讲，UPF 就是很糟糕的食物，通常被采用不良饮食模式的人食用。但是在纠正了所有这些因素后，其对死亡、抑郁、体重和心脏病发作的影响仍然是一样的。"问题在于超加工，而不是营养成分。

山姆详细介绍了数十项研究，这些研究考虑了 50 多种不同的健康相关结局。即便以他的快节奏，也花了将近 2 小时。[1] 他精心细致地完整讲述了每项研究是如何采取了谨慎周密的多个步骤，以确保他们关于 UPF 的研究结果不是因为饱和脂肪、盐、糖或饮食模式而得出的。

而且这些数据已经过很多种方式的检验。意料之中的是，大多数研究都聚焦于肥胖，不过也有证据表明，UPF 摄入量的增加与以下风险的增加具有强关联：

- 死亡——所谓的全因死亡率（all-cause mortality）[8–12]
- 心血管疾病（中风和心脏病发作）[13–15]
- 癌症（所有癌症，尤其是乳腺癌）[16]
- 2 型糖尿病[17，18]
- 高血压[19–21]
- 脂肪性肝病[22]

---

[1] 这是在为撰写关于 UPF 回顾的最终评论做准备，该评论将在一个月后发布。

- 炎症性肠病［溃疡性结肠炎（ulcerative colitis）和克罗恩病（Crohn's disease）］[23–24]
- 抑郁[25]
- 更差的血脂状况[26]
- 虚弱（以握力衡量）[27]
- 肠易激综合征（irritable bowel syndrome）和消化不良[28]
- 失智症[29]

对于那些有失智症家族史的人来说，最后一个可能最令人担忧、恐惧。2022 年，一项发表在《神经学》（*Neurology*）期刊上的研究调查样本数超过 7.2 万人。[30] UPF 摄入量增加 10%，将导致失智症风险增加 25%、阿尔茨海默病风险增加 14%。

这些对如此之多不同健康结局造成的影响并不轻微。在意大利的一项大型研究中，即使在调整了饮食模式后，相比吃 UPF 最少的四分之一参与者，吃最多的四分之一参与者的死亡风险增加了 26%。[31] 一项经过了相似调整的美国研究也报告了类似的结果。[32] 在一项涉及 6 万名英国患者的研究中，全因死亡率增加了 22%。[33] 在西班牙的一项研究中，全因死亡率增加了 62%。[34] 像这样的效应值（Effect sizes）在几乎所有的研究中都很典型。

山姆还指出了其他重要的事情：因为英国的饮食指南没有考虑进加工的问题，所以完全可能出现这样的情况——一个采用高 UPF 饮食的人摄入的脂肪、盐和糖实际上相对较低。这样的饮食根据指南来说是健康的，但依照证据来看，其可能给人带来健康问题。

以“营养评分”（Nutri-Score）体系为例，这是广泛应用于欧洲食品包装的另一种“交通信号灯”标签体系。其根据营养质量将食物从高到低排名，但足足有四分之一的所谓“高质量”（high-quality）食物是 UPF，[35] 它们通常以植物为基础，并经过重新配方，以降低脂肪、糖和盐的含量。因此，依照包装上的说法，你可能吃得很健康，实际上却摄入了大量的 UPF。对于很多食用了声称可以促进减重的减肥奶昔和减肥饮料的人来说，情况确实如此。

从山姆展示的大量研究连同霍尔的临床研究一起来看，对我而言，NOVA 分类体系以一种传统营养分类体系无法解释的方式解释了健康效应（health effect）。但必须指出的是，NOVA 分类体系一直没有被普遍接受。

有几篇论文是批判性的。其中著名的一篇题为《超加工食品对人类健康的影响：一项批判性评估》，2017 年发表于《美国临床营养学期刊》（*American Journal of Clinical Nutrition*）。[36]

作者的主要异议是，NOVA 分类体系太粗糙、太简单。这可能是真的，尽管我会提出质疑——用三种常量营养成分（碳水化合物、脂肪、蛋白质）和盐来描述食物也是相当简单的，这是我们当前的做法。

该论文开篇即断言："在过去的半个世纪里，通过确定非传染性慢性疾病的潜在饮食因素，公共健康营养服务已经做得很好了。"我不确定这是不是真的。毕竟，肥胖和代谢性疾病的发病率持续上升，而标准的食物营养要求在缓解这种状况方面收效甚微。减少脂肪和糖并没有解决这个问题。

作者很快就开始直接批评 NOVA 分类体系，声称："没有提出任何论据来说明，食品加工是怎样或者是否有可能通过不良营养摄入，以及微生物影响构成风险，从而危害消费者的健康。"这对我来说似乎也不真实。在本书的后面几章中，我设法填满了关于加工处理为何及如何对健康产生不利影响的证据。而且，在 2017 年之前已经有数十篇关于该主题的论文发表了，2021 年的一篇综述文章将它们做了汇总。[37]

事实上，文中对 NOVA 分类体系的批评根本没有真正涉及任何流行病学文献。它是一篇评论文，但不是山姆写的那种正式的科学评论文章。不过，作者确实设法挖掘出了一篇未能显示 UPF 与肥胖之间存在明确关联的论文。

那么，我为何要首先谈到这篇评论文呢？原因在于它的“利益冲突”（conflicts of interest）部分——科学论文的组成部分，作者在其中披露了有可能使结果产生偏差的关系。文中承认作者之一迈克·J. 吉布尼（Mike J. Gibney）“在雀巢公司（Nestlé）和全球谷物联盟有限公司（Cereal Partners Worldwide）的科学委员会任职”，但其他作者宣称他们没有任何利益冲突。这很奇怪，因为其中一位作者希亚兰·福德（Ciarán Forde）以前曾在食品行业的各种职位上工作过多年，最近 5 年是雀巢研发中心（Nestlé Research Centre）的高级研究科学家。他关于儿童饮食行为的一些研究得到了雀巢公司的部分资助，他还是嘉里集团有限公司（Kerry Group plc）科学顾问委员会成员，这是一家年收入近 90 亿欧元的食品公司，生产大量的 UPF，譬如和路雪的香肠和名为 Yollies 的增稠酸奶棒棒糖产品。[1] 福德后来确实在该文发表约 4 个月后提交了一份更正文件，称他直到 2014 年还是“雀巢研发中心的员工”，他“收到过在嘉里口味与营养公司（Kerry Taste and Nutrition）报销的差旅费，而且，他关于儿童饮食行为的一些研究部分由雀巢研发中心提供共同资助”。[38]

在某种程度上，这是小事情，不重要。你不必特别费力就能发现福德在雀巢公司工作过。但是，完全清晰、透明地对所有利益做出声明是可信度的最低限度，而且了解行业是否会影响研究结果是非常必要的（这确实有用）。

---

[1] 和路雪的香肠配料是：猪肉，水，面包干（小麦），植物蛋白（大豆），土豆淀粉，盐，右旋糖，调味剂，稳定剂（焦磷酸盐），香料，香草（herbs），酵母提取物（yeast extract），洋葱粉，香草提取物（鼠尾草），防腐剂（焦亚硫酸钠），抗氧化剂（抗坏血酸 / 维生素 C、α－生育酚），肠衣（casing）（牛肉胶原蛋白）。和路雪的 Yollies 配料是：奶油，酸奶，浓缩乳清蛋白（牛奶），葡萄糖浆干粉（dried glucose syrup），糖，浓缩草莓酱，淀粉，菊粉（inulin），稳定剂（琼脂、槐豆胶、关华豆胶），磷酸钙（calcium phosphate），天然调味料，柠檬酸（citric acid），色素（胭脂红），维生素 D。

这种影响普遍存在。另一篇[39]反对 UPF 观点的论文声称,“NOVA 分类体系未能体现膳食指南所要求的标准:可理解性、可负担性、可操作性、实用性”。该论文的正式作者是朱莉·米勒·琼斯(Julie Miller Jones),但有一则声明藏在最后,说明这篇文章实际上是如何写就的:“本论文的理念和诸多背景信息均来自‘特设食品与营养科学解决方法工作组’(Ad Hoc Joint Food and Nutrition Science Solutions Task Force)的研究工作。”

原来,这个“特设工作组”代表了美国营养与饮食学会(Academy of Nutrition and Dietetics)[其赞助商包括雅培(Abbott)和贝利优(BENEO)等主要营养品公司,后者是世界上最大的糖业公司的子公司]、美国营养学会(American Society for Nutrition)[其“持续性合作伙伴”包括雅培、达能(Danone)、玛氏(Mars)、亿滋(Mondelēz)、雀巢、百事和通用磨坊(General Mills)]以及另外很多由生产 UPF 的公司提供资助的机构。

而且,即便琼斯是唯一作者,这也不是无可非议的。她是桂格燕麦(Quaker Oats)和金宝汤(Campbell Soup Company)等公司的科学顾问,并一直为国际玉米小麦改良中心(International Maize and Wheat Improvement Center,位于墨西哥)和糖业巨头英国泰莱集团(Tate & Lyle)撰写论文、发表演讲。

还有一篇批评 UPF 及 NOVA 定义的论文认为,像 UPF 这样的术语更具误导性而非解释性,作者是赫里伯特·瓦茨克(Heribert Watzke),其在瑞士雀巢设立了食品材料科学部门。[40]克里斯蒂娜·萨德勒(Christina Sadler)及其同事撰写的一篇论文提出,UPF 占比很小的饮食也可能超过热量的推荐量。[41]萨德勒和其他作者中的一位受雇于欧洲食品信息委员会(European Food Information Council),该委员会三分之一的资金来自食品和饮料行业。萨德勒的研究部分由亿滋和麦肯食品(McCain Foods)提供资助。

UPF 公司参与挑战 UPF 与健康状况不佳之间关联的难题不足为奇。但

是有大量关于制药业及其他行业的数据显示，当一个行业资助科学研究时，其会使结果偏向有利于该行业的方向。[42–47]

当然，并非每一篇批评 NOVA 的论文都存在可识别的利益冲突。但所有这些批评性论文均引用了由存在利益冲突的作者所撰写的证据，而且没有一篇给出了能够削弱证明 UPF 与健康不良相关的有力证据的解释。

在和雷切尔及山姆交谈时，我已经吃了一周的实验饮食，我似乎已经清楚地知道了关于这样一种类别的食物——更不用说单个的了，我很高兴认识到，其边缘处有一个巨大的灰色地带——有三个强有力的证据来源与健康不佳有关。

首先，有基本的生物学证据证明这种关联是合理的。一些越来越有分量的证据表明，惯常用于生产 UPF 的某些特定配料可能有害，而且 UPF 的一些独有的特性（比如其柔软性和能量密度）与体重增加及健康不良有关。我们将要谈到所有这些。

其次，凯文·霍尔的临床研究——规模虽小但无懈可击，由一位以严谨著称的持怀疑态度的人完成。

最后，还有所有的流行病学证据：数十项精心开展的、独立于行业资助的研究显示，UPF 与一系列健康问题（包括早亡）存在令人信服的关联。

我现在了解了 UPF 有危害的证据，在与保罗·哈特讨论过之后，我也明白了为何它会接管我们的食物体系的逻辑。不过保罗所讲述的关于制造合成脂肪（synthetic fat）历史的一些内容让我走了弯路，我也想带你去走一走。我一直在寻找能够被证明确实是 UPF 的物质，这种物质可以帮助我了解我们货架上的产品所构成的世界中一些全新的东西。我将倒着讲这个故事。

第 4 章
我不敢相信它不是煤黄油——终极 UPF

假如你回到 1989 年 2 月，拿起一份《纽约时报》，就会看到商业新闻史上最引人注目的开篇之一："一家被怀疑在利比亚毒气工厂建造事件中发挥关键作用的联邦德国公司今天证实，其生产并向美国运送了一种名为摇头丸（ecstasy）的非法药物。"

这家被怀疑的公司是名为伊姆豪森化学（Imhausen-Chemie）的德国公司。一位发言人证实，他们确实制造并运输了该药物，但他们并不知道该物质在联邦德国毒品法律覆盖范围之内。

当然，化学公司会为其他公司制造一系列的分子，但不一定完全了解它们的预期用途，而且直到 20 世纪 90 年代中期，公众才认识到摇头丸是一种危险的毒品，所以你可能倾向于暂且相信其无辜。或者，如果不是那个被提到的令人不安的事实——它是一家毒气工厂，你本来已经相信了它是无辜的。

就在一个月前，同一家报纸还刊登了另一篇关于这同一家公司的报道，标题是《德国人被指控帮助利比亚建造神经毒气工厂》。伊姆豪森化学公司的总裁尤尔根·希佩恩斯迪尔-伊姆豪森（Jürgen Hippenstiel-Imhausen）[朋友和同事称其为"嬉皮"（Hippi）] 在一次采访中承认存在这一争议，表示其公司曾在利比亚寻求生产塑料袋的合约，但他否认了与他所称的"被推测在利比亚制造化学武器的那家工厂"有任何关联。[结果发现，它是世界上最大的化学武器工厂之一，估计每天产出 2.2 万 ~8.4 万磅（1 磅≈ 0.454 千克）芥子气和神经性毒剂。]

嬉皮不是那种会退缩的人，当然也不是会为了他的交流团队而让事情变得简单的那种人。他宣称其公司的名字被误用了："一切都基于猜疑和谣言。利比亚人没钱买这样的东西。我们完全否认与此事有任何牵连。利比亚人太愚蠢了，运营不了这样的工厂。所有的阿拉伯人都很懒，他们召集外国奴隶来干活。"[1] 第二年，他被判处 5 年监禁。控方将嬉皮描述为"超级死亡推销员"。

然而，非同寻常的是，这段经历还不是该公司历史上最丑陋的事件。为此我们需要回到 1912 年，当时嬉皮妻子的祖父亚瑟·伊姆豪森（Arthur Imhausen）在第一次世界大战期间接管了一家肥皂公司，开始制造化学品，[2] 包括炸药。战后，该公司不可思议地将其新款肥皂命名为瓦尔塔（Warta，波兰的一个城市名），在整个德国流行起来。

在瓦尔塔常常被抢购一空的同时，威廉皇帝研究所（Kaiser Wilhelm Institute）的两位科学家弗朗茨·菲舍尔（Franz Fisher）和汉斯·特罗普施（Hans Tropsch）正在研究一种加工方法，以使德国摆脱对外国石油的依赖，坦克、飞机和汽车都需要石油。[3] 德国本土缺乏石油，但是确实拥有储量巨大的低质煤——一种叫作褐煤（lignite）的东西，碳含量仅为 30% 左右。

菲舍尔·特罗普施的想法足够简单：他们用蒸汽和氧气粉碎煤，将其转化为一氧化碳和氢气，因为这些是制造范围近乎无限的有用分子所需的基本成分。接下来，他们将催化剂作用于这些气体，使碳、氢和氧重新结合成液体燃料。他们逐步完善了这种方法，❶ 结果到 20 世纪 40 年代初

---

❶ 1925 年，他们取得了突破。他们利用氧化锌（zinc oxide，防晒霜和尿布疹膏中也含有这种物质）制造出甲醇。然后，通过简单地添加一些铁和钴，就可以制造出更复杂的分子。

期，9 个生产基地每年用煤生产 60 万吨燃料。这一加工过程留下了一种副产品——叫作“粗蜡”（slack wax，德语为 Gatsch）的物质，我们称为石蜡（paraffin）。[4]

那时，亚瑟·伊姆豪森仍然在做着瓦尔塔肥皂的大生意，他听说了石蜡废料的事情，觉得自己也许能够为纳粹党好好利用它，他是该党成员。他的想法基于这一事实：除了燃料，德国还缺乏可食用的脂肪。到 20 世纪 30 年代，该国每年消耗约 150 万吨脂肪，但国内只能生产一半左右的量。他们依靠从南美进口亚麻籽（linseed），从东亚进口大豆，从南极进口鲸油。[5, 6] 伊姆豪森当时正在研究将石蜡转化为肥皂的技术，他意识到，因为肥皂在化学上很像脂肪，如果他能造出一种，那就能造出另一种。❶

他联系了政治家威廉·开普勒（Wilhelm Keppler），后者是连通德国公司与纳粹政权的关键人物。[7] 开普勒负责德国自给自足计划的一个特定方面：实现工业脂肪和油类的自给自足。他热切地听取了伊姆豪森的提议——利用将煤转化为液体燃料过程中的石蜡副产品制造可食用脂肪。[8]

伊姆豪森与宝丝（Persil，洗衣产品）的发明者雨果·汉高（Hugo Henkel）合作，他们于 1937 年创立了德国脂肪酸制造厂（Deutsche Fettsäure Werke）。该企业与规模庞大的德国化工巨头法本公司（IG Farben）合并，到 1938 年，他们开始生产高质量的脂肪酸。有了脂肪酸，只需一个简单的步骤——添加甘油，就能生产出“Speisefett”——可食用的脂肪（edible fat）。

“Speisefett”呈白色、无味、蜡状，离黄油还有很长的路要走。但是对于像伊姆豪森这样的化学家而言，解决这个问题不费吹灰之力。黄油的味道来自一种叫作丁二酮 / 双乙酰（diacetyl）的化学物质，它还被用来制作

---

❶ 两者均始于一个叫作脂肪酸的分子，这是一条由碳和氢构成的长链，末端有几个氧。脂肪酸与碱反应会得到肥皂。将其与甘油结合，就能得到甘油三酯（triglyceride）——动物和植物中都有的脂肪。

微波炉爆米花的调味剂。[1] 将这种脂肪与丁二酮、水、盐和少量用于着色的β-胡萝卜素混合在一起，使得伊姆豪森完成了从德国煤到“煤黄油”（coal butter）的转化——这是第一种完全靠人工合成的食物。

开普勒很高兴，希望将这一成就作为增强信心的宣传内容。但是有两个问题。首先，伊姆豪森的母亲是犹太人。回到 1937 年，当德国脂肪酸制造厂将要投入运营时，开普勒曾写信给纳粹领导人赫尔曼·戈林（Hermann Göring）询问，考虑到伊姆豪森是“非雅利安血统”，他能否参加该工厂的开业典礼。戈林向希特勒问了这件事，据说其回答道：“如果这个人真的制造出了这种东西，那我们就要把他变成雅利安人！”[10，11]

因此，后面的事情就是，戈林给伊姆豪森写了这么一封信：“鉴于你在研究开发用煤合成肥皂及食用脂肪方面所做出的巨大功绩，在我的建议下，元首批准了，认可你为纯正的雅利安人。”[12–15]

这就是要处理的第一个问题。第二个问题是煤黄油的安全性：假如它要成为部队的食物，就不能影响军人的表现。

1943 年，伊姆豪森在《胶体与聚合物科学》（*Colloid and Polymer Science*）上发表了一篇文章，标题为《脂肪酸合成及其对确保德国脂肪供应的重要性》。[16] 该文极其详细地描述了合成脂肪酸的制造过程，并间接地提到了安全性测试：“由弗勒斯纳（Flössner）博士领导的数千次测试证实，合成食用脂肪具有很高的价值，使其成为世界上第一种被批准供人类食用的合成食品。”

奥托·弗勒斯纳（Otto Flössner）是帝国公共营养工作组生理学部（Physiological Department of the Reich Working Group for Public Nutrition）的负

---

[1] 爆米花工厂的工人会患上一种破坏肺部的疾病，被称为“爆米花工人肺”，正式的名称为闭塞性细支气管炎（bronchiolitis obliterans）。一些电子烟液体中也检测出了含量很低的丁二酮。[9]

责人。虽然他确实对合成脂肪做了大量的测试，但这些实验的背景鲜为人知——它们是在集中营里的6000多名囚犯身上进行的。[17–19]❶

最终，该政权批准了这种脂肪供人类食用，但是，第二次世界大战后，英国情报部门挖出了纳粹没有公开宣传的数据：例如这个事实——一些研究显示，长期摄入这种合成脂肪会导致动物出现严重的肾脏问题和骨骼脱钙。据说狗拒绝吃它。[20, 21] 当时在北大西洋游弋的德国U型潜艇（U-boat）上的船员食用这种脂肪，因为在战争快结束时，从登艇算起，这些船员平均只活了60天，所以说，长期安全性数据当时可能被认为是无关紧要的。

战后，同盟国发现了伊姆豪森在鲁尔山谷（Ruhr valley）运营的合成黄油厂。《芝加哥论坛报》（*Chicago Tribune*）的一篇报道显示，[22, 23] 庞大的机器是在生产过程中停下来的，1英尺（30.48厘米）宽的香肠状脂肪从挤压机的嘴里伸出来。巨大的圆柱状合成黄油卷盘绕着躺在一个铝制桶里。该文引用了一位英国官员的话："相当好的黄油，我怀疑没有人会猜到它是合成的。"

从煤到黄油的转化揭示出，制造合成食品存在不可避免的问题。将复杂的新型分子混合物的摄入作为热量的来源有内在危险——我们之前从未接触过的物质可能会对我们的生理机能产生无法预测的影响。这意味着，它们需要在人类和动物中开展广泛的试验，如果没有任何其他生产食物的方法，那么最好的情况就是只存在伦理问题。为了让这些合成食品能吸引广大公众，它们似乎需要欺诈性营销——无论是关于发明者的血统，还是现代添加剂对健康的益处。不过最重要的是，在我看来，煤黄油的故事似

❶ 1944年，这些测试的结果在柏林举行的一次会议上被展示了出来。与会者包括多位营养专家，比如1938年诺贝尔化学奖得主里夏德·库恩（Richard Kuhn），当然也有弗勒斯纳。经投票，全体与会者一致赞成继续开展这些实验。

乎透露出一些关于公司性质的东西。

战后，军事占领了德国的同盟国许可伊姆豪森化学公司继续经营，并任命亚瑟·伊姆豪森为德国工业与贸易协会（Association of German Chambers of Industry and Commerce）主席。[24] 他的儿子卡尔-亨氏（Karl-Heinz，嬉皮的岳父）接管了这家化学公司，该公司以各种形式一直存活着。最初的肥皂公司几经易手，现在是赢创工业（Evonik Industries）的一部分，❶ 赢创工业是全球领先的特种化学品公司之一。[25]

赢创并非伊姆豪森名下各公司的唯一后继者。你会记得，其最初的合作伙伴是法本公司——或许是最声名狼藉的德国公司。第二次世界大战期间，该公司在奥斯威辛集中营经营一家合成橡胶厂，劳动力全部由奴隶组成。就在这同一个集中营，纳粹使用的齐克隆 B（Zyklon B）毒气是由法本公司的子公司德格施公司（Degesch）生产的。[26-28] ❷ 相比其他任何公司实体，它在支持纳粹战争方面发挥了更大的作用。法本公司被拆分成多个公司后，很多员工继续在这些公司坚守岗位，它们的名字至今依然家喻户晓：巴斯夫（BASF）、拜耳（Bayer）、赫斯特［Hoechst，现在是法国公司赛诺菲（Sanofi）的一部分］。[29-32]

法本公司解体后留下了一家上市空壳公司，目的是给受害者提供一个可以提出赔偿要求的实体。在 20 世纪 50 年代支付了大约 1700 万美元的第一笔款项后，该公司再也没有支付过任何赔偿金，拒绝加入 2001 年设立的国家赔偿基金项目，该基金旨在向其他遭受灾难者支付赔偿金。该公司的

---

❶ 在赢创的官网上，有很大一块内容涉及他们在所谓“国家社会主义时期”（National Socialist era，即纳粹时期）的投入状况。除此之外，该公司还组织员工前往奥斯威辛集中营，帮助他们了解大屠杀历史，并正视赢创的各个前身公司在其中扮演的角色。

❷ 人们普遍认为，管理层和员工都知道这些以及公司的其他活动。战后，24 名法本公司员工受到了审判，其中一半被无罪释放，最长的刑期只有 8 年。

律师指责前奴隶劳工拖延了公司的解散。[33, 34]

从第二次世界大战结束到2011年，该公司的股票在法兰克福证券交易所（Frankfurt stock exchange）上市。所以说，这些公司的存在与否取决于你是想通过股票交易来赚钱（当它们确实存在时），还是想为奴隶劳工取得赔偿（当它们不存在时）。但这些公司创造的财富是的的确确存在于某个地方的。

1993年春天一个阳光明媚的周一，嬉皮——亚瑟·伊姆豪森衣着时髦的孙女婿——从布鲁赫萨尔（Bruchsal）监狱获释。[35–37] 据公诉人计算，在20世纪80年代，他从与利比亚的交易中赚取了约9000万马克。他欠德国税务当局约4000万马克——约2500万美元。但是在一场对抗法律的军备竞赛中，嬉皮充分利用了他的经济学博士学位。通过运用检察官所描述的“巨型资金转盘”（giant money carousel）——由瑞士中心账户和5家在列支敦士登（Liechtenstein）注册的空壳公司构成，这些钱都消失了。

***

正是在研究这所有一切的时候，我开始将这些公司理解为由金钱驱动的生态系统中的有机体。这些公司是纳粹政权直接传下来的，谴责、抨击它们感觉是徒劳的：羞耻和愤怒显然不足以限制参与暴行的公司的生存。生态系统理论似乎可以解释其中的原因：只有当能量（金钱）的流动转向时，它们的行为才会改变。羞耻或许能中断金钱的流动，但如果不能，那它在限制企业行为方面将不会起到任何实际作用。

经济学家要描述经济军备竞赛中的企业存亡问题，生态学家需解释生物军备竞赛中的物种生存、灭绝现象，而事实证明，两者使用的是同一组方程式。对于公司和生物群体（物种、家族等），无论驱动其生态系统的是金钱还是能量，都要受到相同法律 / 法则的约束。[38–42]

关于用煤或实际上通过任何工业合成过程制作食物的影响，我感觉还存在另一个更模糊的想法。在维持生命的能力这一范畴之外，它毁坏了食物的意义（但对于煤黄油和U型潜艇船员的案例，这是暂时性的）。食物必须成为一种技术物质，没有文化或历史意义——这是营养主义最极端的情况。

从1949年汉斯·克劳特（Hans Kraut）的一篇论文来看，情况似乎确实如此。该文发表于《英国营养期刊》（*British Journal of Nutrition*，目前仍可免费下载），[43] 标题为《合成脂肪的生理价值》，是当时胡乱塞满科学文献的几篇论文之一，这些论文引用了弗勒斯纳的实验，但没有提及它们是在集中营的囚犯身上进行的。该文作者继续为合成脂肪的持续生产辩护：

> 重体力劳动者无法摄入足够的热量，除非有相当一部分来自脂肪……这对于现代工业中那些长时间轮班工作而无法暂停休息吃全餐的人来说尤其重要。因此，在过去的100年里，所有工业国家的脂肪消费量都在增加，这不仅仅是口味问题，还是现代生活必然存在的现象，所以我认为，继续研究合成脂肪是一件好事。

与所有工业化食品必然相关的逻辑是：为了减少工作者用餐所需的时间。每次看到午餐套餐（meal deal），我就会想到这一点：UPF薯片，UPF汽水，UPF三明治。

巴西团队提出过UPF的定义，并在这个概念上做过相当多的工作，在采访他们时，我询问了他们自己的饮食习惯。他们全都专门谈到过午餐，反复说到这一事实——他们每天坐下来吃午餐，吃的是米饭和豆子。我在巴西工作时也是这样的。在现代世界，坐在餐桌旁吃午餐是健康而美好生活的标志。

过去几十年间，就我们的进化史而言，UPF取代传统食物的速度快得近乎不可想象。这令人担忧，因为在生物生命活动的层级中，进食（连同繁殖）恰恰处于最顶层。我们所做的几乎所有其他事情都是为这些项目服务的。为了搞明白 UPF 的影响，我不得不回到过去，提出一些以前从未太过困扰我的问题：“吃”到底是一件什么样的事情，我们究竟是如何进化出这件事情的？让我们回头看看最初始的地方，当石头还是食物的时候，我称其为“饮食的第一个时代”（the first age of eating）。

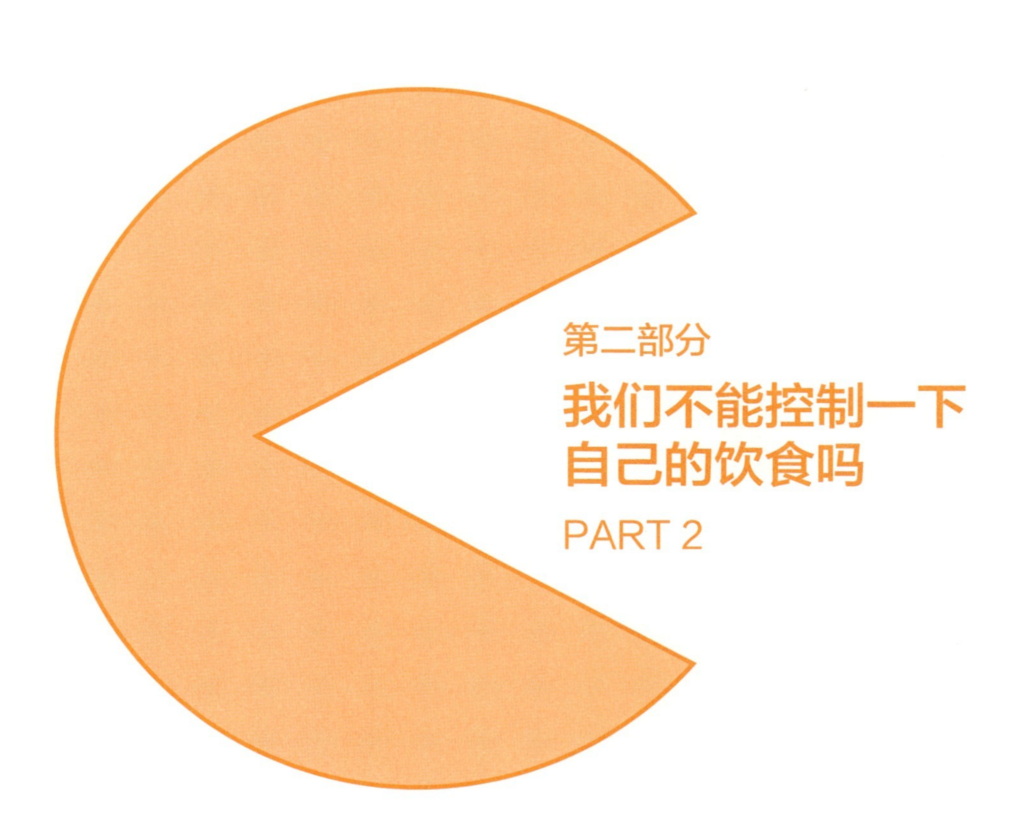

第二部分

我们不能控制一下自己的饮食吗

PART 2

第 5 章
饮食的三个时代

我发现，将饮食视为发生在三个不同但重叠的时代是有帮助的，所有这些如今依然在继续进行。

在饮食的第一个时代，生物开始吃从未有过生命的东西，比如岩石和金属。这个过程从远古时代一直持续到今天。在饮食的第二个时代，生物开始吃其他生物，也许会先加工一下。这种情况已经延续了数亿年（对人类来说大约是 200 万年）。

在饮食的第三个时代，单一物种（人类及其宠物和家畜）开始吃 UPF，这种 UPF 是用以前不存在的工业技术和新型分子制造的。相比之下，这个时代只有短短几十年。所以说，把 UPF 放在有关我们生存方式的漫长历史背景下思考，从而考虑其影响，这是有益的。

让我们回到最初始的地方。

地球大约有 45 亿年的历史。前 7 亿年左右是一段令人兴奋的时期——小行星持续不断地撞击，其中一颗与形成月球的行星大小一样。地球的液体内核一直在改变着地球表面，即使到现在也还是这样，所以这些撞击的证据已经丢失了，不过，如果想要对撞击有一个整体的感受，你只需要看看月球的陨石坑表面。前 5 亿年被称为冥古宙时期（Hadean period）不是没有原因的。

然而，能让人联想到熔岩沸腾的地狱般景象的“冥古宙”一词或许并不完全准确。早期地球表面的东西留下来的不多了，但在西澳大利亚州（Western Australia）发现的一些微小的硅酸锆（zirconium silicate）晶体给了我们一条线索，说明当时的环境可能比我们之前想象的要温和。这些可追溯到约 44 亿年前的“锆石”（zircons）显露出液态水的存在，表明海洋可能是在地球诞生后的 1.5 亿年内形成的。[1]

应当承认，早期地球环境的温度一直相当高。早期地球稠密的二氧化碳大气层会形成一个压力盖，这意味着，尽管海洋处于液态，但其可能一直过热，温度超过 200℃。所以，在某种程度上算是地狱，但肯定不是由液态岩石构成的海洋。而且大气层也更加温和，主要由火山释放的气体组成——二氧化碳、氮气和二氧化硫，最缺的是氧气。

另一种可追溯到 40 亿年前的澳大利亚锆石留有更令人惊讶的痕迹：具有“生物成因”（biogenic）明显特征的碳①——这是生命存在的首个间接证据。[2]

我们确信，单细胞生物在 35 亿年前就出现了。以下线索虽小但明确无误：加拿大北部铁矿带中的微体化石，格陵兰岛西南部含有非常像真的碳的物质的叠层石微生物群落遗迹，西澳大利亚州砂岩中的细菌沉积物层（表面粗糙无光泽）。

到 32 亿年前，生命在复制并改变着地球的地质状况，形成巨大的铁矿带，面积达数百平方千米，是早期细菌作为废弃物沉积下来的。[3-6] 最大的铁矿带被发现于澳大利亚，它们提供了关于饮食的第一个时代的线索，该时代始于这第一种生命的出现。

当时，海洋充满了海底火山释放出来的溶解铁，这种铁是早期细菌生命的食物。我们吸入氧气，但这些细菌却吸收二氧化碳。铁锈是释放出来的废物。那些巨大的条状铁矿带为我们周围看到的如此之多的物体提供了

---

① 碳元素存在几种不同的类型，当细胞制造蛋白质时，其会以特定的比例使用这些不同类型的碳元素。

金属，它们或许是大量细菌排泄物的沉积物。[7-9]

如果你觉得将金属作为食物这个想法很有挑战性，请不要焦虑，这一切均与原子有关。

万物皆由原子构成，而原子又是由质子和电子组成的。[1]不同的物质拥有不同数量的质子和电子，这赋予了它们不同的性质（一些物质是透明的气体，另一些是不透明的固体，等等）。但每种物质必须总是保持相等数量的质子和电子，氧有 8 个质子和 8 个电子，碳有 6 个质子和 6 个电子。不过并非所有的原子都对自己的生活状况感到满意。[2]譬如，碳想要把电子送出去，而氧则渴望得到更多电子。[3]这两个不满意的原子可以聚在一起并分享，从而使双方都变得更快乐——这是一桩形成二氧化碳的完美婚姻。在结婚典礼上，一些能量被释放出来——这就是驱动汽车的化学反应。

很容易想象，当莱拉在那天傍晚泪流满面时，她有点像一辆耗尽燃料的汽车。基本原理是一样的。莱拉从她的食物（比方说一片比萨中的碳原子）中获取电子，并将其传递给她从空气中吸入的氧气，呼出的是二氧化碳。在汽车中，这种反应会引发一声巨响，不过“生命”则非常需要确保

---

[1] 还有中子，它们不带电荷，所以在很大程度上不会影响原子的化学行为。

[2] 一些化学家宁愿不使用像“满意 / 快乐”这样的词，但另一些并不介意。在亚原子层面，词语的含义相当缺乏活力。而这个体系表现得好似它们有这些愿望一样，所以，我觉得“满意 / 快乐”之类的词能够表达近似的意思，可以被接受。

[3] 这种捐赠电子的行为被称为氧化（oxidation）。事实证明，氧气想要的电子数量正好是生命可以利用的数量。尽管它的名字叫氧，但它并非最强大的氧化剂：氧会礼貌地请求得到一个电子，而像氟或氯等其他气体则会不经询问即强行拉走几乎任何其他原子的电子。这就是为何它们是如此强效的毒素的原因——若吸入氯或氟，它们会氧化你体内的一切（夺走电子）。因为化学方面的特性，氧气可以燃烧地球上所有的有机物，但它需要一个火花来做到这一点。在细胞中，酶（enzymes）可以提供这个火花，使反应以受控的方式发生，并有效地提取能量。

能更加谨慎小心地提取反应所释放出来的能量。

在莱拉体内几乎所有的细胞中，电子被小蛋白质（little proteins）从比萨碳原子（在小麦粉的糖分子中）上摘下来。这些蛋白质将捕获的电子传递给她细胞内称为线粒体的小器官中的一系列其他蛋白质。当电子沿着这些蛋白质跳跃前行时，它们就像轻微的脉搏一样移动，填满电子的线粒体像带电荷的气球。这会产生每米 3000 万伏的电压，大致相当于能驱动天地之间闪电的电压。到达最后一个蛋白质后，电子被传递给氧，没有任何的火或烟。

这个线粒体气球现在充满了电荷，但它有一些小孔，以及允许电荷在巨大电压的驱动下逃逸的微工厂。当电荷流出时，这些微工厂会提取能量，以制造新的分子 ATP（三磷酸腺苷），然后 ATP 将被用于为你的身体的每个细胞内的每个反应提供动力。在 ATP 与蛋白质的共同作用下，DNA 被复制，小孔打开，肌肉收缩，细胞移动。单个细胞每秒使用大约 1000 万个 ATP 分子。我们的每克线粒体产生的能量是太阳的 10000 倍。

这就是生命，所有的生命。从生活在海底火山口上的细菌，到正用手指在键盘上敲下这些词语的我，这就是正在发生的事情：从食物到呼吸，电子的传递释放出能量，而生命捕获这些能量。[1] 所以，食物可以是任何比呼吸更少需要电子的东西。

因此，在地球最初几亿年的某个时刻，地球化学变成了生物化学，饮食的第一个时代开始了，单细胞生物靠吃岩石来创造生命。我们现在将地

---

[1] 现在，你可以摆出一副洞悉一切的样子对人们说，“生命不过是一个寻找休憩之所的电子”，这是匈牙利诺贝尔奖得主阿尔伯特·圣捷尔吉（Albert Szent-Györgyi）的话。假如你希望更好地理解这一点，但又不想攻读生物化学学位（或者，如果你像我一样已经忘记了曾经了解的生物化学知识），那么可以阅读我的伦敦大学学院同事尼克·连恩（Nick Lane）所著《生命之源：能量、演化与复杂生命的起源》（*The Vital Question*）一书。

球化学和生物化学完全分开了，让它们分属互不相干的教学部门，通常设在不同的建筑里，但岩石化学变为生命化学的确切时刻不得而知。然而，就像所有模糊不清的边界一样，它依然是一个边界：生命与非生命迥然不同。给食物分类也一样。

在饮食的第一个时代，食物从来都是没有生命的，那个时代一直延续到今天。细菌仍然在吃岩石，我们依然在努力了解其基本过程。但在某一时刻，也许是当获取生铁等资源的竞争变得过于激烈而令生物不适时，一条捷径就演化出来了：让别的东西从岩石或太阳那里获得能量，然后用吃它们或它们产生的废物来作为获取能量的替代方法。自从这第一条捷径出现以来，所有的动物都以同样的方式构建自己的身体：吃其他生命。这就是饮食的第二个时代，吃食物（有生命的）的时代。

这第二个时代的确切开始时间尚不清楚，相关科学文献中充满了恼怒和怨恨，写得很有趣。在一系列论文和已发表的通讯类文章中，枯燥的学术语言几乎不加掩饰作者对 5 亿年前岩石上痕迹的成因的怒气：是远古动物的主动进食行为带来的，还是浅水中连着海藻的附着器（holdfasts of kelp）的石头形成的，还是被风浪拖过沙滩的起皱的桉树叶子造成的。[10, 11]

但人们普遍认为，大约 5.6 亿年前的一天，在海底，远古的罗迪尼亚大陆（Rodinia）边缘，确实有一种小生物在淤泥中缓慢爬行。[12] 大约有你手指那么长，扁平的椭圆形，上面有一个从中央山脊向外辐射的脊状图案。若将其放大，则可成为一幅有吸引力的小地毯图案。虽然这个小生物没有骨骼、四肢、眼睛，除了最基本的神经系统，什么都没有，但按照当时的标准，它也已经复杂得令人难以置信，达到了数十亿年进化的巅峰。淤泥本身是有生命的，就像所有的淤泥一样：无数单细胞生物分泌的黏液将沙子紧紧地结合在一起。当这块后来会被命名为狄更逊水母（Dickinsonia）（背上的脊状图案显示出它有肋）的“小地毯”爬过这种微生物淤泥时，身后留下了一条小路，有时它会往下钻进泥里再爬出表面，那样就会留下一

个个小隧道。[13，14]

毋庸置疑，当时有很多生物在做着同样的事情。但是只有这一个得到了全部的荣耀，那是因为，它是突然之间被杀死的，而且它死亡时所处的某种环境条件——几乎立即被一层具有保护作用的沙尘或灰烬覆盖——以及接下去 5 亿年间发生的地质事件都意味着，它被保存了下来并等到了被人发现的那一天。1946 年，在南澳大利亚州埃迪卡拉山（Ediacara Hills）工作的地质学家雷格·斯普里格（Reg Sprigg）发现了它。[15]

在一份科学类出版物中，这块“小地毯”在淤泥中的移动被描述为“与微生物垫进行适度复杂的互动，以充分利用营养物质和氧气资源”。不过，它真正的意义在于，它是进入饮食的第二个时代的首个有记录的遗迹。

这些小小的狄更逊水母地毯提醒我们，进食是生态系统的组成部分。除了进食，它们也在准备着被其他生命吃掉，而且在开展生态系统工程——积极改变它们与自己生活在其中的沉积物之间的关系，围着沉积物四处移动，像耕地一样在上面耕作，并用废物给它施肥。这些是最早投入彼此之间军备竞赛的生物，竞相从系统中提取能量。

***

随着饮食的第二个时代的展开，情况变得复杂多了。在这段时期里，能量军备竞赛的演化将我们的祖先从单细胞生物变成了多细胞生物，接着从多细胞生物变成了原始鱼类，然后，经由鼩鼱类生物（不论灭绝恐龙的是什么，这种生物幸存了下来）变成了你和我。

进食演变成一个比我们倾向于相信的要复杂得多的过程。它必须同时满足两种不同的需求：提供我们维持生存所需的能量；提供我们构建身体所需的建造材料、元素和分子。

地球上的一切生物几乎全都仅仅由 4 种元素组成：氧、碳、氢、氮。

在人类和其他哺乳动物中，它们约占体内原子的 99%。但另外 20 种左右的元素也是众所周知的重要成分；由于我们无法自行产生，所以需要吃它们。

除了这四大元素，我们的身体还含有大约1000克的钙和1000克的磷。[1]然后是硫和钾各约 200 克，钠和氯各 120 克，镁 40 克左右。除了这些，我还含有不到 5 克的铁——一枚小钉子的含铁量就能让我们的血液变红、鼻涕变绿——几毫克的氟能让我们的牙齿保持坚固，还有锌，用于制造 DNA、构建蛋白质，以及为各种各样的免疫功能提供支持。

最后几种维持我们生命的元素总重量不到 1 克：锶主要存在于骨骼中；碘是合成甲状腺激素必不可少的物质；铜是种类繁多的酶发挥作用所需要的物质；然后是含量几乎无法测量的微量锰、钼和钴。缺乏其中任何一种元素都可能致命，但过量也同样有毒。

这是一份非常精确的需求清单，它显示出，对于所有复杂的生物，进食是多么棘手的项目。但是，与人类可以设法搞清楚其中的科学问题并精确地测量事物不同，动物只需要靠进食生存下去。如果你是食肉动物，那么另一种动物已经为你完成了艰苦的工作——奶牛与吃它们的动物基本上是由相同的物质构成的。但食草动物的生活就非常不同了。食草动物必须追逐雨水、避开食肉动物、摄入适量的元素（比如硒）。它们是怎么做到的呢?

为了弄明白这一点，我去拜访了牛津郡（Oxfordshire）第四代养牛人埃迪·里克松（Eddie Rixon）。埃迪和他的三代家人及大约 100 头奶牛住在其农场中间的一座小山上。这听上去很有田园牧歌的味道，事实就是如此——尽管我们谈话时他的确在不停地工作，把袋子装满饲料并检查牛蹄。

埃迪强调了他的奶牛饮食习惯的复杂性：“包括我的奶牛在内的食草动

---

[1] 对于吹毛求疵的人来说——因为不同的原子质量不同，我们体内钙的质量约占 1.5%，但所有原子中只有 0.2% 是钙原子。

物所吃的许多植物都含有很多毒素，但也满是能量和营养。奶牛必须精确地平衡能量摄入与毒素负载，同时还要获取适量的营养。”

在与植物的军备竞赛中，奶牛不得不进化出令人惊叹的解毒机制。毒素会被它们肠道中的细菌或肝脏中威力强大的酶摧毁，或者被它们的肾脏完全清除出去。不过奶牛在进食时也会学着了解每一种植物。它们尝一点点，记住味道和气味，然后将这种记忆与植物对它们身体的影响建立关联。埃迪的奶牛不断地在记忆库中添加植物如何与它们的身体相互作用的信息——有多少能量以糖和蛋白质的形式释放，毒素是否让它们感到恶心，等等——它们甚至能够知道哪些植物组合在一起效果更好。

正如埃迪所指出的那样，认为奶牛和其他食草动物只吃草而不怎么吃其他东西是个错误。相反，通过模仿它们的母亲及试吃少量不同的植物，食草动物构建了极其多样化的饮食。[16, 17] 在一些研究中，科学家在自由放养的山羊和牛的颈部、胃部打洞（这听上去很过分，不过动物对此的耐受力很好，而且该过程是在麻醉下进行的）。这使得科学家能够准确地收集、采样动物选择吃的东西。[18] 这些研究显示，它们往往会在一天内吃 25~50 种不同的植物，这些植物中的所有化学物质都会相互作用，对所有这些植物的记忆都被记录了下来，以备将来参考。

埃迪和我交谈的时候，奶牛们走到田边和我们打招呼，它们用鼻子闻着我们，用嘴吹着气，顺从地接受我们在它们的耳朵后面挠痒痒。埃迪有意让他的树篱保持多样性：“如果你观察奶牛，你会看到它们吃田边不同的植物。我们不十分清楚它们在做什么，但知道它们正在做出目标明确的决定。”

例如，蠕虫（在肠道里的而非土壤中的）对奶牛来说是个大问题。埃迪在树篱中种植的很多植物都含有能够杀死肠道蠕虫的单宁（tannins），这意味着，他可以少用一些驱虫药。这也是好事，因为驱虫药会杀死蚯蚓，从而降低土壤的健康状况。

单宁的作用不只是杀死蠕虫，它们还可以结合并中和其他毒素。如果将富含单宁的红豆草（sainfoin，一种会开粉红色大花的多年生植物）作为开胃菜来吃，其中的单宁会中和主菜三尺艾（sagebrush）中的有毒萜烯（terpenes）。假如吃一满口鸟足三叶草（bird's-foot trefoil），其所含的单宁可以结合并灭活感染了真菌的高羊茅（tall fescue）中的有毒生物碱（alkaloids）。这样的组合有数千种甚至可能数百万种之多。[19，20]

或许关于奶牛最值得关注的事实是，它们无法消化植物中的主要能量来源：像纤维素（cellulose）、木聚糖（xylan）和果胶（pectin）这样的结构性糖（structural sugars）。任何哺乳类动物都消化不了这些东西。不过有替代办法，我们招募细菌来为自己做这项工作。我指的是微生物群（microbiome）——生活在我们体表和体内数以万亿计的细菌、真菌和其他微生物。这些微生物大多数存在于我们的肠道中，不论你是奶牛还是人类，它们做的事情几乎一样。（稍后我们将探讨 UPF 对微生物群的影响，这可能是它造成伤害的方式之一。）奶牛的微生物群对其生存极为重要，你可以把自己对奶牛的认知反转一下，这样想——它只是自己拥有的微生物群的载体，一个四条腿的容器，将微生物运送到它们所选择的植物上。一旦你这样做了，就能够以同样的方式想象自己。

奶牛会花很多时间磨碎植物，然后将植物材料放入细菌发酵室并存在那里，在发酵室中，细菌分解淀粉和纤维素，产生能量及称为“挥发性短链脂肪酸”的废物分子。你会在其他背景下一直听到这些信息的某些部分——你自己肠道中的细菌也会做这些事情中的一大部分。

醋酸（Acetate）是醋中的主要酸。丙酸（Propionate）用作食品防腐剂。丁酸（Butyrate）用作食品和香水添加剂。戊酸（Valerate）存在于药用植物缬草（valerian）中，用作食品添加剂，以产生肉的味道。奶牛可以利用这些脂肪酸来获取能量、构建身体（我们也可以）。奶牛和所有的反刍动物（ruminants）均以细菌在它们的肠道中产生的废物为生。①

在第二个时代的军备竞赛中，生物之间展开吃与避免被吃的竞争，推动了像微生物群这样极其复杂的体系的进化。离开埃迪的农场时，我对草食动物表现出的饮食复杂性有了新的敬意，满脑子都是关于人类与奶牛及其他所有生命形式在饮食习惯方面的差异的想法。

在饮食的第二个时代的几乎整个时期内，所有不同物种吃的都是生的、新鲜的、往往是仍然活着的食物。然后，大约 200 万年前，某个物种开始从外部对食物进行加工：粉碎、研磨、碾磨以及——最重要的——烹饪。

如今人们普遍认为，烹饪对于让我们成为人至关重要。这一点在当下看来似乎显而易见，但仅仅在几年前，相当数量的人类学家依然声称，烹饪具有纯粹的文化意义。依我看，这件事也许本可以通过一个简单的进食比赛（使用生牛排和土豆）来了结。不过这个问题在 2007 年得到了更科学的解决，那年，哈佛大学的一个团队［包括雷切尔·卡莫迪（Rachel Carmody）和理查德·兰厄姆（Richard Wrangham）］在……蟒蛇身上测试了这一假说。确切地说是缅甸蟒。[21]（相关文章没有解释他们用蟒蛇的原因，但在所有其他方面几乎都过于详细。）这些蟒蛇被喂食生牛肉、熟牛肉、生牛肉碎、熟牛肉碎。熟牛肉碎使可用能量增加了 25%，这一点儿也不令人奇怪。② 凭借这个实验，卡莫迪和兰厄姆几乎说服了所有人相信他们的假

---

① 其中一些被用作食品加工剂，而你自己的身体内也会制造这些东西，但这一事实并不意味着它们是无害的。在人体内，这些分子在准确的时间于准确的位置释放，大量食用它们不会产生同样的效果。

② 肌肉蛋白质在温度刚刚超过 40℃时就会开始分解——这是中暑如此危险的原因之一。达到 70℃左右时，所有耐嚼的结缔组织胶原蛋白（connective collagen）——肌腱、筋腱、韧带——都会开始融化成凝胶，使肉更容易被牙齿咬断。除此之外，烹饪还可以杀死寄生在肉里的寄生虫，它们能消耗宿主大量的能量。没有什么食肉动物能避开这些寄生虫，这使得掌握了火的早期人类比起所有其他想要吃食草动物的动物来说都具有了惊人的优势。

说——人类的消化道延伸出了身体并进入了厨房。① 热处理和机械加工不只是我们文化的一部分——它们也是我们生理机能的一部分。

这种对烹饪的需求意味着我们占据了一个独特的饮食生态位（dietary niche，生物在饮食环境中的位置及与其相互影响）。2015 年的一篇论文提出，人类是唯一的“不得不进行烹饪活动的动物”。[22] 实际上，我们也是唯一的“要加工食物的动物”：我们不仅需要烹饪食物，还需要加工食物。自史前以来，我们一直在研磨、捣碎、发酵、脱水、腌制、冷却、掩埋食物。我们的身体见证了食品加工的悠久历史。[23] 从我们消化淀粉、牛奶、糖和酒精的酶相关的基因数量，以及我们的进食器官的大小可以明显看出，相比其他哺乳类动物，我们的牙齿、下颌和肠道都很小，差不多是我们体重的一半。[24] 加工对我们的生存来说是必备技能，而且使我们成了人类，② 它也是饮食的第二个时代的组成部分。

第二个时代依然在我们周围各处继续。你可以在超市购物（购买肉类、水果和蔬菜），继续做第二个时代的生物——不过当然了，这么做很花钱而且耗时间。在英国和美国的大多数人类都已经进入了我所说的“饮食的第三个时代”，在这个时代中，我们的大部分热量均来自含有新型合成分子的食品，这些分子在自然界中从未发现过。

---

① 兰厄姆假定，相比有证据记录的关于炉灶和受控火最早出现的时间点［20 万～40 万年前，在以色列的凯塞姆洞穴（Qesem cave）］，拥有小臼齿、嘴、胃和大肠的直立人能够控制火的时间一定要早 100 多万年。在非洲、法国、西班牙、中国和英国都发现了具有相似年代烹饪证据的炉灶。不过兰厄姆的理论是令人信服的。由于腿长以及躯干的形状，直立人大概不擅长攀爬。黑猩猩使用树巢主要是因为豹子，古代大草原上的捕食者会让现代豹子看上去像我的猫“温斯顿”。对于不会攀爬的早期原始人来说，火是对付捕食者的必不可少的威慑、遏制力量。

② 目前存在一种生食（raw diets）时尚——根据相关证据，生食通常效果不佳，会导致极端的体重减轻和生育问题。[25]

公元（Anno Domini）是一个有争议的问题。

1879 年是选举年。一位名叫康斯坦丁·法勒伯格（Constantin Fahlberg）的博士后化学家在美国约翰·霍普金斯大学的一个实验室工作。后来在 1886 年,《科学美国人》(*Scientific American*）杂志采访了他，将其描述为高大、健壮、英俊。他在德国的纪念碑上的半身像似乎证明了这一点：他看上去每一英寸[1]（彻头彻尾）都像 19 世纪的实业家，眉头紧锁，头发和胡须相当整洁，唇上的小胡子打了蜡。接受采访时，虽然是一位大名人，但据采访者说，他一直保持“谦虚羞怯、矜持内敛”的态度。

法勒伯格试图用煤焦油生产医用化合物，呈黑色黏稠液体状的煤焦油是煤炭加工过程中的有毒副产品。它仍然用在洗发水和肥皂中，以对付银屑病（psoriasis）和真菌感染。我也用了一款来治疗自己的头皮屑，效果时好时坏，它确实让我闻起来像新近铺好的柏油路面。没有人确切地知道煤焦油是如何起作用的，不过它的效果或许可以归因于这一事实——其含有大量毒素：酚类化合物、多环芳烃类化合物和其他有毒物质。小剂量使用时，它们能杀死人体不需要的细胞和病原体。若是大剂量使用，则有充分证据表明，它们会导致癌症。

有关法勒伯格的研究发现的故事，有版本说他在实验室里舔自己的手，但这并不十分准确。我怀疑，就算是 19 世纪的化学家也比这更谨慎小心——不过他自己的解释也很勉强：[26]

一天晚上，我特别有兴趣待在自己的实验室里，以至于忘记了吃晚饭，直到很晚才冲出去用餐，中间没停下来洗手。我坐下来，掰下一块面包放到嘴边。这面包吃起来甜得无法形容。我没问为什么会这样，可能是因为我当时以为那是蛋糕或甜食。我用水漱了口、擦干了胡须，让我惊讶的是，餐巾纸比面包还甜。这令我突然想到，我就是所有这些异常甜味的原因，

---

[1] 1 英寸等于 2.54 厘米。——编者注

所以我尝了尝拇指尖，发现它胜过我曾吃过的任何糖果糕点。我一下子明白了整个事情——我发现或制造出了比糖的含糖量更高的某种煤焦油物质。我放下晚餐跑回实验室，兴奋地品尝了桌上每个烧杯和蒸发皿中的物质。对我来说幸运的是，哪一个里面都没有任何有毒或腐蚀性液体。

法勒伯格制造出了糖精，这是第一种问世的人造甜味剂，因为第一次世界大战造成的糖短缺，它也是第一种被大规模添加到我们饮食中的完全合成的化合物。它比糖甜 300 倍，是合成化学的胜利。法勒伯格变得极其富有。它至今仍在使用——如果你曾去过美国的餐馆或汽车旅馆，应该会注意到每张桌上都有的熟悉的粉红色 Sweet'N Low 牌糖精小包。

糖精的发明正值合成食品化学的新纪元。当时合成碳水化合物的研究已经进行了半个多世纪。1885 年的一篇论文开篇即坚称，改性淀粉研究已经吸引到了比其他任何化学领域都多的工作者。[27] 在接下来的一个世纪里，成千上万的新型分子进入了我们的食物。

我们吃了大量的这些新型分子。在像英国这样的工业化国家，我们每人每年会摄入 8 千克的食品添加剂。看到这个统计数据时，我感觉这似乎是不可能的事。从这个角度来看，相比之下，我们平均每年只购买 2 千克的面粉用于家庭烘焙。但这完全符合卡洛斯·蒙泰罗的观察结果：随着我们越来越多的食物经过工业预制和加工，我们购买的原始食材越来越少。

显然，每年吃进 8 千克的合成分子是一件令人不安的事情，更不用说还有合成改性的脂肪、蛋白质和碳水化合物。不过，大多数对添加剂的焦虑都用错了地方，就像我稍后要谈到的那样。主要的问题不在于它们本身有害，而在于添加剂是 UPF 的代表。它们是一种信号，标志着一种我们现在知道与疾病有关的食品生产方法和目的。UPF 中每种单独的配料可能都有害，但它们结合起来才会造成最大的危害。我将消费 UPF 的时代称为“饮食的第三个时代”，因为它是我们进化史上如此新的一个变化。[28]

***

即使你继续吃完整的、经过最低程度加工的食物，就像人类数百万年来所做的那样，你在进食方面也会比生活在几百年前的人有营养意识得多。

在某种程度上，进食已经变成了一种智力活动，而非纯粹的本能行为。我们中的很多人都会考虑热量、分量大小、好食物和坏食物、维生素，等等。对许多人而言，如果纯靠本能进食，就像奶牛那样，而不是试图遵循食品包装上或营养学家的建议，那会是一种几乎不可想象的方法。鉴于当局是多么的不信任我们能够在没有指南的情况下很好地进食，这个观点似乎不大可能被接受——正如埃迪的奶牛那样，人类可能有一个内部系统，可以让我们自我调节和平衡我们的饮食。人类真的能将进食交由本能决定吗？

1928 年，这个问题有了第一个可信的科学答案，其间得到了三位婴儿的帮助——唐纳德、俄尔、亚伯拉罕。他们是 20 世纪最重要，也是最不知名的营养研究之一的研究对象，该项研究由一位名叫克拉拉·戴维斯的芝加哥儿科医生进行。

戴维斯一定是一位非凡、杰出的人，尽管我们对她了解不多。她是 1901 年从其所在医学院毕业的 10 名女性之一，到 1926 年，她在芝加哥的西奈山医院（Mount Sinai Hospital）工作，忧虑医生应该如何为父母提供喂养孩子的建议。在整个“饮食的第二个时代”，所有哺乳类动物的孩子都或多或少吃过成年人的食物。可能会做一些额外的捣碎、软化工作，以及或许会少放一点儿香料，但完全没有“婴儿食品”——只有奶类，然后是食物。

然而，到了 20 世纪 20 年代，喂养孩子在美国已经演变成一门准科学。“没有人能为不具备食物成分知识的婴儿开出令人满意的食物处方。”《美国医学会期刊》（*Journal of the American Medical Association*）上的一篇文章如此宣称。[29] 美国母亲会常规性地得到基于最新营养科学的饮食清单，但孩子们似乎并不关心这些数据，拒绝吃这些食物。这变成了一个如此严重的问题，以至于在 20 世纪 20 年代，大多数去儿科医生处就诊的孩子生病都是因为挑食。[30] 儿科界做出了明智的回应……建议父母让孩子挨饿，并"坚定地"对待他们。阿兰·布朗（Alan Brown）于 1926 年出版的《正常孩子及其护理与喂养》（*The Normal Child, Its Care and Feeding*）一书提供了一个很好的例子："对于那些吐出食物或随意呕吐的孩子，强制是必要的。给这样的孩子少量的食物，如果他呕吐，就给他更多，一直这样做，直到他把食物咽下去。"

戴维斯不喜欢这种威权倾向。她知道，历史上没有支持这种方法的证据。她还知道，野生动物似乎在没有被告知科学饮食方法的情况下也能保持健康。她觉得，应该反过来，医生应该倾听孩子们试图告诉他们的事情。

但这并不是戴维斯唯一担忧的问题。她还担心 20 世纪 20 年代的现代食品。在某种程度上，这种食品在将近 100 年后仍然让人感觉很现代。在一篇论文中，她描述了婴儿的营养不良情况，"他们断奶后吃的都是成人餐桌上常见的东西——糕点、果酱、肉汁、白面包、糖和罐头食品"。她认为这些食物是"不完整的、改变了的"，并观察到它们"在 100 年前的饮食中并不占据相当大的部分"。事实上，她怀疑，那些加工程度更高的食品或许是她作为临床医生正在看到的很多饮食问题背后的原因。[31]

不知用了什么方式，戴维斯设法说服了很多母亲，让她们的孩子在她的实验室里一次待上几个月——有一次待了 4 年多——参加有史以来持续时间最长的饮食临床试验。该计划很简单，但相当具有突破性。戴维斯会让婴儿自己选择食物，然后衡量他们是否能像那些按照当时最好的营养建议喂以"预先设定的"饮食的婴儿一样健康。她选择了在实验开始前一直用纯母乳喂养的孩子，这样他们就"对食物没有任何经验，也没有对食物先入为主的成见和偏见"。

她的假说是，既然人体具有可以调节水和氧气的摄入、心率、血压、体温以及所有其他生理变量的内部调节机制，那么身体成分（脂肪、水、骨骼、肌肉等的占比）和营养摄入也应该会受到调节。

俄尔·亨德森（Earl Henderson）是戴维斯招募的第一个实验对象。他9个月大，其妈妈是一位“瘦弱且营养不良的年轻女性，饮食一直并不最适合哺乳”，他整个短暂的一生几乎都是在室内度过的。进入实验室时，他身体状况不佳，腺样体（adenoids）肥大，鼻涕黏稠，胸壁上有一圈骨样突起——由于缺乏维生素D所引起的典型的“佝偻病串珠”（rickety rosary）肋骨畸形。然而，这个体弱多病的9个月大的婴儿被赋予了对自己饮食的完全控制权（“该实验会询问他是否可以管理自己的美食事务”）。

俄尔每天可选择的食物达34种，全部由实验区的厨房烹饪制作，“包括从市场上新鲜采购的各种各样的动植物食物。只有全天然食物，没有非天然食物或罐头食品”。

以下是完整清单（请注意，几乎没有任何种类的加工——甚至没有任何奶酪或黄油）：

- 肉类（瘦肉块）：牛肉（生的、熟的），羊肉，鸡肉
- 腺体器官：肝、肾、脑、胸腺
- 海鲜：海鱼［黑线鳕（haddock）］
- 谷类：全麦（未加工）、燕麦（苏格兰）、大麦（全谷物）、玉米粉（黄色）、黑麦（Ry-Krisp牌）
- 骨制品：骨髓（牛排、小牛排），骨胶（可溶性骨质）
- 蛋类
- 奶类：A级生奶、A级全脂生乳酸奶（类似酸奶）
- 水果：苹果、橙子、香蕉、西红柿、桃子或菠萝
- 蔬菜：生菜、卷心菜、菠菜、花椰菜、豌豆、甜菜、胡萝卜、芜菁、土豆
- 杂项：海盐

在研究戴维斯时，我记录了自己喂给莱拉（3岁）和萨莎（1岁）吃的东西。我试着让她们的饮食多样化，但这很难，甚至只搞出10种不同的食物都很少能做到。

对于每一餐，俄尔和其他实验对象的面前都会摆上12种食物，而且总是有奶、发酵酸奶和盐。每种食物单独放在不同的碗里，从不混在一起。护士们得到指示，要仔细谨慎地行事：他们不能主动将食物递给孩子；只有当孩子指明自己想要哪种食物时才能给他们。他们还被告知，不要做出反对或赞同的表示，并且只有在这些男孩们停止进食后才能拿走托盘。如果孩子们在某一餐中吃光了某种特定的食物，那么他们会在下一餐中得到更多的这种食物。

俄尔获准住进了克拉拉·戴维斯的实验病房，在开始的3天里，他完全由其母亲用母乳喂养。实验室给他做了详细的测量检查：体格、血细胞计数、尿液、钙和磷的水平。还用X光查明了他的骨密度。“第四天，停止母乳喂养，实验正式开始。”

很难想象，这在一开始对俄尔及其母亲造成了多大的创伤，痛苦是肯定的。也许他实在是太饿了，也就不介意由护士代替他母亲，因为护士能够给他足够的食物。这些情况没有任何记录，在阅读这个实验的资料时，该问题确实让我很困扰。

戴维斯描述了俄尔的第一餐——他是如何“看了托盘几秒”，然后伸手去拿“一个盘子中的生胡萝卜，并且把手伸进整个胡萝卜堆里抓取”。不过似乎抓一把还不够。“他将手伸回盘子，”一遍又一遍，“直到大部分胡萝卜都被吃光了。”

戴维斯很高兴。“3天之内，他几乎试遍了所有的实验用食物。”她写道。“他已经回答了我们的第一个问题：他能够并且会指明自己对食物的选择……而且会吃够量。”

在接下来的几年里，实验室又招募了12名婴儿，他们全都同样热情地适应了这种饮食。几乎所有婴儿都至少尝试过一次他们提供的每一样食物，而且他们的胃口“好得很一致”：他们常常“在床上手舞足蹈”地迎接拿近的食物托盘。一旦坐到桌旁，他们就会镇定地专心致志地吃上 15~20 分钟，然后断断续续地继续吃，“摆弄摆弄食物，试着使用勺子，给护士一点儿吃的”。

读到这一点的那天晚上，我在餐桌旁喂萨莎时注意到，就像戴维斯的那些孩子一样，她时不时给我一大块食物，甚至在我喂她的时候也是这样。戴维斯记录了这一细节，让我确信她真的在现场，观察着，关心着，而不仅仅是远距离监督着。

戴维斯实验用的食物是无盐的，不过每个孩子每一餐都会得到一盘盐。他们会用手抓着吃，放进嘴里后，他们会呛咳、哽咽甚至哭泣，不过经常会再去抓更多的来吃，“重复发出同样的呛咳声”。

实验取得了巨大的成功。只有两个孩子不愿意吃生菜，一个不肯尝菠菜。所有的婴儿都成功地管理了自己的饮食，并且都满足了他们的营养需求，就好像他们一直在阅读所有最新的教科书一样。实验结果显示，他们的平均热量摄入量落在当时营养标准规定的范围内，而且他们没有出现任何常见的与喂养有关的问题，这些问题仍然是当今儿科临床实践的重要内容。没有婴儿在进食后出现绞痛、不适或腹痛。他们从不便秘，事实上，没有一个婴儿出现连续 2 天不大便的情况。在 15 个孩子身上，很多个月里，能有这样的数据简直令人震惊。而且也没有出现挑食现象，所有孩子都胃口极佳，用戴维斯的话来说，所有孩子都“茁壮成长”。

也许支持存在内部营养调节一说的最有力的证据与俄尔的佝偻病有关。他是带病来到实验室的——骨骼又软又脆。论文中有他刚到时拍的小手的 X 光片，足以看出骨密度下降、坚硬的骨外皮质（cortex）缺失。[1] 骨末端

---

[1] 顺便说一句，你还可以在 X 光片中看到抱着孩子的成年人的手骨——提醒大家这是多么久远以前的事了，那时还没有任何人知道 X 射线的危害。

的生长板（growth plates）模糊不清，在随附的一张照片中，俄尔看上去是罗圈腿，表情痛苦。

因此，戴维斯立即为俄尔提出了一个治疗方案："实验有限制，我们承诺不做任何事情，但什么都不做对他不利，所以我们在他的托盘上放了一小杯鳕鱼肝油，如果他选择了，那就可以吃。"当时，鳕鱼肝油是维生素 D 的唯一食物来源。[1] 在实验的头 3 个月里，俄尔"不规律、不同量地"喝这一小杯鱼肝油，直到他的血钙和磷达到了正常水平，并且 X 光片显示他的佝偻病已经痊愈，就在此时，他完全停止了喝鱼肝油。当鱼肝油在托盘上放了两个多星期都没有被动过后，护士就不再提供它了。

其他孩子也遵循同样的模式。根据戴维斯的说法，无论他们刚到实验室时有什么问题，一旦控制自己的食物，就全都会很快达到最佳健康状态。所有孩子都吃了大量、不同数量的食物，但吃的方式千奇百怪、不可预测。他们都会选择提供饮食的厨房所谓的"食物狂欢"（一段时间内餐餐只吃一种或很少几种食物）——蛋类狂欢、谷物狂欢、肉类狂欢，等等。

这是我在自己孩子身上看到的模式。莱拉将要断奶时非常喜欢西红柿，会一连数周每天吃十几个小西红柿。然后某一天停下来，连续几个月莫名其妙地拒绝再吃。我会把西红柿煮熟藏在她的食物里，但她总是把它们吐出来。她会很高兴吃花坛中的猫屎，或者一把地毯绒毛，所以这不是传统意义上的反感和厌恶。她就是不想吃西红柿——直到有一天，她又开始吃了，一天 20 个。如此这般，反反复复。

刚开始阅读关于戴维斯的实验资料时，我对她的动机和职业道德有一些疑问。毕竟，这些都是让母亲处于绝望境地的可怜孩子——在某种程度上，这是一种剥削吗？但是，当我继续读下去时发现，各种各样特征的孩子都出现了，角色种类远远超过现代科学论文中的。在我看来，她显然非

---

1 我们可以从阳光中获取大部分维生素 D，阳光会使维生素 D 在皮肤中合成。

常关心这些孩子，她最终收养了她照料的最早那批男孩中的两个，唐纳德和亚伯拉罕，他们一生都很亲密。唐纳德的遗孀记得，她婆婆对他们俩都爱得深切。[32]

那么，我们究竟应该从戴维斯的实验中学到什么呢？存在曲解的风险——将“让孩子喜欢吃什么就吃什么”作为结论。戴维斯说得很清楚，这不应该是定论——成年人需要教孩子吃什么，以避免中毒等——不过她确实认为，一旦确定了哪些食物是安全的，我们就应该认识到，孩子应该学着自我调节他们的饮食，以回应自己的需求，在大脑和肠道之间来回发送信号。她对那些“食物狂欢”思考了很多，觉得或许这就是如此之多“挑食”现象存在的根源，并指出，这种行为倾向可能是复杂得像杂要一样保持内部平衡的结果。她提出：“随着不同食物因素（food factors）供应的耗尽，会出现这样的结果——对可以提供这些因素的食物的胃口增加了。”她还将这一推理做了进一步的延伸：“这样的解释可以断言食欲中心（center for appetite）的存在，并将完全是理论上的。”

最后一句是如此耐人寻味的想法，戴维斯对此做了扩展：“该实验中，婴儿的选择性食欲很准确地满足了已知的营养需求，这种准确性表明，食欲是很多自我调节活动中的又一种，其功能是为细胞营养做准备，与之需求相适应，既不需要营养知识，也不需要大脑指示。”

戴维斯提出，就像埃迪·里克松的奶牛那样，人类能够根据自身的需求精确地改变自己的饮食——我们也有可以在没有任何营养知识的情况下进食的整套装备，在某种程度上，这将使我们能够构建、维护自己的身体。也许我错过了，不过在我就读医学院的 6 年中，控制这一点的体系没有被提及。

第 6 章
我们的身体如何真正管理热量

饮食的第二个时代经历了 5 亿年或更长时间，其遗产是一个可以精确调节食物摄入的内部系统。长期以来，以其他生命为食的物种一直在以超乎寻常的严谨和细致来解决两个同时存在的问题：适量摄入所有必需的微量营养素，同时适量摄入能量。

该系统中调节能量摄入（从而调节体脂）的部分是我们最了解的部分。体重受到严格控制，每个物种都有相当一致的体脂率。在整个一年之中，体脂率可能会随着冬眠、迁徙和妊娠等不同状态而有所变化，但它会像所有动物身体的其他部分一样受到内部控制。

相比大多数其他陆地哺乳动物，人类的天然身体成分中脂肪占比更高。雄性大象携带约 8.5% 的身体脂肪，雌象差不多是 10%。[1] 黑猩猩和倭黑猩猩等类人猿的不到 10%。[2] 相比之下，即便是以狩猎采集为生的人群，女性和男性的体脂率也分别达到 21% 和 14% 左右。[3] 即使在食物相当充足的情况下，依然生活在饮食的第二个时代的人群中的肥胖现象也非常罕见，而且野生动物（也是饮食的第二个时代的组成部分）似乎也不会发展出肥胖症。[1]

当然，人类的肥胖症在第二个时代确实存在过，而且自古就有。所以，在我们继续之前，让我澄清一下这一点。维伦多夫的维纳斯（Venus of Willendorf）是一尊小雕像（约 11.1 厘米高），表现的是体脂率很高的女性身体，雕刻于 2 万 ~3 万年前。有证据表明，这位雕塑家并不是凭想象创作的，而是可能一直在描绘他们自己。[7]

据传说，公元前 305 至公元前 30 年，统治埃及的托勒密王朝（Ptolemaic dynasty）的几位成员肥胖到夜间呼吸中断这种程度。亚历山大港（当时首都）的人给托勒密八世（Ptolemy Ⅷ）起了个绰号“Physcon”，意思是“大泡泡”。[8] 古希腊、古埃及和古印度的著作均承认肥胖和代谢性疾病的存在。还有《旧约全书》、《新约全书》、早期基督教著作和《塔木德》也都提到了肥胖——几乎总是负面描述。[9] 近几百年里的肖像和绘画全都有对肥胖的表现。1727 年，英国医生托马斯·肖特（Thomas Short）写道：“确实没有哪个时代比我们这个时代有更多的肥胖实例。”[10]

---

[1] 我在写本书的时候，各种各样的朋友都给我发来了文章，提出形形色色导致肥胖的原因：其中有几个人说到他们的体重也正在上涨。有两篇文章引用了大卫·艾里逊（David Allison）的一篇论文：《煤矿中的金丝雀：肥胖流行病多元化的跨物种分析》。[4] 事实上，这项研究调查了来自 8 个物种的动物群体，它们均非野生种群。该论文没有提供任何证据说明这一点——人类的肥胖是由 UPF 的兴起以外的任何因素直接引起的。大卫·艾里逊是美国阿拉巴马大学（University of Alabama）的学者，一直有诸多报道称，该校与可口可乐公司有着广泛的联系。2008 年和 2011 年，《纽约时报》和美国广播公司新闻部都报道了可口可乐、卡夫、百事可乐、麦当劳及美国饮料协会（American Beverage Association）对大卫·艾里逊的资助。[5, 6] 这种资助或许对他发表的文章内容没有影响，但最近的一篇（《法式炸土豆摄入量与能量平衡：一项随机对照试验》）是个例外，说明由行业资助的科学研究是如何经常做出与资助者利益一致的研究成果的。该研究得到了马铃薯研究与教育联盟（Alliance for Potato Research and Education，APRE）的资助。以下内容来自结论：“结果不支持法式炸土豆摄入量的增加与负面健康研究结局之间存在因果关系。”

所有这些实例均早于UPF的问世。不过那时人们体重增加的情况极为罕见，在儿童中更是几乎闻所未闻。在处于“饮食的第三个时代”的当代人类社会中，我们大多数人的体脂率与那些出了名的肥胖的海洋哺乳动物相当。蓝鲸是所有野生动物中体脂率最高的动物之一，约为35%，请注意——剧透警告——在我的实验饮食结束时，我的体脂率已经接近这个比例了。因此，虽然在很长一段时期里一直有一些人肥胖，但正是从1900年到现今，尤其是20世纪70年代以来，绝大多数国家才都出现了国人体重快速增长的现象，还有儿童肥胖日益流行的问题，这才是本书大部分篇幅所关注的焦点。

不过，尽管事实上直到较近期的时候肥胖现象才多起来，之前都非常少，但是以下这个想法相对来说也是比较新的——对于人类或任何生物，都存在一个可以调节体重的系统。在很长一段时间里，包括我自己在内的很多医生和科学家都认为，从前，因为食物通常很难弄到，所以人类的体脂率一直较低。在这种模式下，我们已经进化到能够发现对人有益、可以满足人的需求的食物，所以我们被驱使着尽可能多地消费。因此，在一个食物充足、安全、美味的时代，体重增加是必然的事情。

但是这个观点——体重是通过食物供应从外部调节的——会使体重成为诸多生理参数中的一个例外。譬如，考虑一下你体内水分的含量。你可能会觉得这个量受控于你的意识，你确实可以选择及时或延时喝水，但在你的整个一生中，你体内的含水量，以及构成你的数以十万计的溶解态化学物质的浓度，都受到内部的精确控制，即使在你喝酒、出汗、小便的时候。对体液平衡的有意识控制充其量是暂时的，而且在很大程度上是一种幻觉。假如你试图停止呼吸，那么呼吸状态就会表现得更加明显。相比呼吸或饮水，人们对食物摄入的有意识控制要少得多，这就是为什么限制食物摄入与限制水或氧气的摄入差不多同样困难的原因。关于我们吃什么、何时吃以及怎么吃，是由远在我们意识层面之下运作的复杂系统决定的。

***

野生动物是如何在平衡营养需求的同时保持健康体重的，这是一个复杂到令人昏乱的问题。我们欠大鼠（rats）一大笔债，因为它们帮我们找到了答案。

1864 年，一位名叫保罗·伯特（Paul Bert）的德国生理学家将两只大鼠连接在了一起，使它们共享血液循环。这不需要高超的技术，他只是简单地从两只大鼠的身体侧面取下几条皮肤，然后将它们缝合在一起。随着伤口的愈合，血管自然而然地从一只大鼠身上延伸到了另一只身上，这样它们就变成了一对“联体共生大鼠”。

是的，这很残酷，但确实能够让科学家们梳理出血液中各种物质的影响。在一项早期实验中，联体大鼠中的一只被喂食了糖，另一只则没有。结果两只都出现了高血糖——尽管只有一只有了蛀牙，这说明，是口腔中而不是血液里的糖腐蚀了牙齿。在另一些实验中，老年小鼠（mice）和年轻小鼠被连接在一起，这延长了老年小鼠的寿命，缩短了年轻小鼠的寿命。[1]

将近一个世纪后的 1959 年，一位名叫 G. R. 赫维（G. R. Hervey）的英国生理学家开始了一系列实验，利用联体共生技术来了解体重控制问题。该研究的资料读起来很艰难。93 对大鼠被缝合在一起，只有 32 对存活得足够长，可用于实验。[13] 然后这些大鼠的头骨被插入一根小的电探针，用于专门破坏大脑中被称为下丘脑的部分。如果你将一根手指直接伸进鼻孔，一直向里，穿透后面的骨头，最终会触及你的下丘脑。下丘脑能维持体内平衡状态，控制体温、水的摄入、出汗量等。

赫维发现，下丘脑受损的大鼠失去了对进食的控制，往往会变得肥

---

[1] 这些实验最终催生出若干硅谷初创公司，它们试图将年轻人的血液输给日渐衰老的亿万富翁，以延长他们的寿命，但均未能成功。[11, 12]

胖。因此，他开始只破坏每对联体大鼠中一只的下丘脑，结果变得更加可怕。那些下丘脑受损的大鼠吃得如此之多如此之快，以至于有时候会被自己的食物噎死：它们不再能检测到来自身体的“停止进食”信号。与此同时，另一只大鼠——完全正常，除了和下丘脑受损的那只大鼠连在一起——开始日渐消瘦。它通过共享的循环系统得到一个信号，告诉它停止进食。

这是第一个强有力的证据，证明存在体重反馈机制，正如身体内所有其他系统那样。赫维的研究结果表明，动物具有“合适的”生理性体重和体脂率，就像它们具有“合适的”血压、体温、血钠水平等一样。

我们现在知道，告诉大鼠停止进食的信号之一是一种叫作瘦素/瘦蛋白（leptin）的激素，其产生于脂肪组织，可被大脑中的下丘脑检测到。[14]瘦素也是一种应该会微妙地改变我们如何看待自己身体脂肪的激素。有一种倾向认为，脂肪差不多算是死亡组织——一层多余的油，一个可膨胀的燃料箱——但实际上，它是一种复杂精妙的内分泌器官，能产生一系列的激素，作用于大脑来调节体重。

瘦素是参与长期体重控制的几种激素之一。它能让大脑知道体内有多少脂肪。当瘦素的分泌减少时，这是一个饥饿信号，会对大脑的不同部分产生广泛的影响，从而推动食物摄入量的增加。假如一个人的体脂率很高，那么瘦素就应该会告诉大脑：“这里的脂肪足够多了，没必要过于关注食物。”

瘦素和其他激素均参与食物摄入的长期控制，但也存在短期控制系统。进食完成后，你的肝脏、胰腺、胃、小肠、大肠、微生物群、脂肪组织及很多其他器官都会检测肠道和血液中的糖、脂肪、蛋白质和其他分子。它们借助由神经、血管和激素构成的网络向大脑发送信号，并从大脑接收信号。器官与器官之间会展开对话，它们持续不断地在你体内叽叽喳喳，喋喋不休地谈论你应该吃什么、什么时候吃、什么时候停止。[1]

这些长期系统和短期系统的作用是对食物和能量、实现基本功能所需的燃料和营养物质的量进行某些生物力学调控。但在科学文献中，对它们的描述往往忽略了有意识的进食体验。直到最近，科学论文才开始将进食描述成一个伴有快乐和满足的过程，或者可用诸如“奖励”“美味”等词语来描述。毕竟，这些措辞与另一个系统有关——享乐系统，与驱使我们想要、喜欢、享受事物的古老回路混合在一起。

了解“对燃料和能量的调节”与“快乐和满足”之间的相互作用方式可将我们带到情绪层面，其介于“我们对世界的有意识体验”和“就像机器一样的我们身体的运作”之间，它位于哲学和科学之间的边界处。

我们知道，这两个系统——一个引导为愉悦而进食，一个监督进食以获取营养和燃料——经由一连串的进化压力而紧密联系在一起，这些进化压力可追溯到数亿年前。3 亿年前，作为我们远古祖先的原始鱼类似乎已经拥有同样的奖励回路的一个版本，这种回路激发了我们今天的很多行为。[15]

很长一段时间里，就连研究这些系统的科学家也觉得这两者处于彼此竞争状态：饥饿和奖励会增加摄入量，而饱腹感则会减少摄入量。这种思维方式立马引出我过去一直在做的假定——如果食物足够美味，它就会直

---

[1] 甚至在进食之前，你的胃就会分泌一种叫作生长素释放肽（ghrelin）的激素——“饥饿激素”——它会从血液中流向下丘脑，告诉下丘脑，需要开始进食了。饥饿激素也会刺激“想要”神经元——边缘系统（limbic system）中的多巴胺能神经元（dopamine neurons）。当食物自己移动到肠道时，还会有更多的激素释放出来。有胆囊收缩素（cholecystokinin），它向位于脊髓顶端的大脑无意识中枢发送神经信号，其后该信息被传递给下丘脑，让你有饱腹感。然后还有酪酪肽（peptide YY）和胰高血糖素样肽-1（glucagon-like peptide-1），它们也从血液中流向下丘脑，降低进食的乐趣，还有一整套其他名字很有吸引力的激素和神经递质，它们相互配合、协同作用，以决定食物的摄入。这些都是在我们认识到禁食或挨饿时分泌的激素之前就存在的。

接压倒那个拼命设法告诉我们已经吃饱了的系统。这是那个“如果再吃一片我真的会吐，哦，好吧，再来一片”的问题。

但这真的是问题所在吗？美味到不可思议的食物？

凯文·霍尔——在马里兰州的贝塞斯达做蒙泰罗验证实验的那个人——以前和我一样觉得，这只是一个美味战胜了饱腹感的例子。霍尔怀疑，超加工、重奖励或让人上瘾的食物会直接凌驾于我们体内的平衡系统之上。他现在不再那样想了。他用了一个类比来向我解释其以前的想法——一个关于我们如何无法对付 UPF 的美丽而吸引人的解释，但他现在认为这是错的。

“想象一下，美国加州北部有一座小房子，里面会有一个适合暖冬的小型加热器和一个恒温器。随着季节变化，气温会上升、下降”，霍尔说，“恒温器和炉子协同工作，根据屋外的温度打开、关闭。房子内部全年保持相同的温度。”

这座配有适合当地气候的加热器的房子就像处于饮食的第二个时代的人类身体或任何生物身体。食物有时候很充足，有时候供应短缺。该系统会维持必要的摄入量。

“但是，”霍尔接着说，“假设说，我把这房子搬到加拿大北部的埃德蒙顿（Edmonton）。”埃德蒙顿冬天的严酷人所共知，对霍尔来说，这是个有特殊意义的地方——在很艰难的几年里，他都住在那里，经常坐飞机，为一家似乎要倒闭的距离很远的公司工作。“在埃德蒙顿，炉子依然运转良好，恒温器设置在让人感觉舒适的温度，但它根本无法与环境对抗。炉子一直开着，可是外面的温度如此极端、如此寒冷，房子里也不得不变冷了。”

天气太冷，所以房子变冷了。

在这个类比中，当我们被极其美味的食物包围时，体重就会增加，就像我们的房子被极其寒冷的天气包围时，它们就会变冷一样。在直觉上，这种说法当然有一定的道理，但霍尔对此不再满意：“我不再认为这就是它的运作方式。”他认为 UPF 确实会扰乱我们的能量摄入系统，但对于其实现的方式，他并没有一个巧妙而简单的类比。“现在我觉得，在某种程度上，食物环境——UPF——以某种方式重置了恒温器，或者绕过了它，或者可能就是完全损坏了它。”

霍尔的理论并不是简单地指出，UPF 美味可口，因此会产生“享乐过度”现象，使我们更喜欢进食而不是讨厌吃饱。确切地说，其指的是，新的 UPF 食物环境正在影响我们的自我调节能力。

确实，虽然这一点尚不清楚——我们目前的食物体系究竟是如何破坏或绕过我们进化而来的体重调节方法的，但越来越多的研究显示，UPF 的每个方面都会扰乱我们具有数百万年历史的调节神经元和激素构成的网络。

霍尔的理论物理学直觉使他开始综合考虑各种因素。和其他人一道，比如剑桥大学的萨达夫·法鲁奇（Sadaf Farooqi）和斯蒂芬·奥拉希利（Stephen O’Rahilly），他已经将很多想法和研究都带入了接近有关体重调节的大统一模型的东西：能量平衡模型（energy balance model）。在 2022 年的一篇论文中，[16] 霍尔及其合著者开始描述大脑的享乐区和营养检测区之间的联系，在那里，我们的情绪意识体验与我们的内部生理机能会合了。

或许借助这一现象能对这种联系做最好的理解：我们中的许多人几乎每天都能感觉到，我们无法停止进食，即使想要这么做。食物中或血液、大脑内的信号中的某些东西与另一个区域发生了冲突。经常性地，身体和营养方面的饱足似乎不足以制服欲望回路。

影响这些过程的不仅仅是食物本身。我们知道，所有那些关于进食的外部诱因——广告、店面、价格、包装、气味——都对我们的大脑和身体有重大影响，而我们才刚刚开始了解这一点。

该模型强调，身体内外的强大信号对食物摄入和能量平衡的影响远在意识层面之下，这一层面涉及一些模棱两可的相关概念，比如凸显性、需求、动机、奖励。我们给所有这一切都涂抹上了一个意识层，但进食远不像它看上去的那样是一种选择。

这就是像“少吃多动！”这样的简单建议对持续减肥不起作用的众多原因之一。这和对着感觉口渴的人说“少喝水！”一样疯狂。

我们并非只要感到饥饿就会吃东西。我们受到古老的神经内分泌反馈系统的控制，这种系统进化出来的目的是确保我们能进食所需要的一切，以传递一些基因下去。该系统非常复杂、精细，在某种意义上可谓格外强大。但对我们中的很多人而言，其无法应对不断以新的方式呈现的新型食品。这个系统还没有进化到可以处理随着饮食的第三个时代而到来的混合物。

然而，对于 UPF 是否真的是造成肥胖水平上升的主要原因，我心中依然有一些挥之不去的疑虑。现实中还存在如此之多其他可能的原因，我们中的许多人已经开始将其作为显而易见的因素接受了下来，比如个人责任或日益普遍、严重的久坐不动的生活方式。当然，还有糖。我们摄入的糖比过去要多得多，那么，这一事实肯定与全球体重增加有关。

第 7 章
为何与糖无关

关于 UPF 是如何以很多种方式颠覆这种体重控制系统的，我们将在第三部分讨论。不过在最近 20 年里，人们一直将导致越来越多的人体重增加的原因归咎于另一个罪魁祸首：糖。本章探讨的是，为何糖和碳水化合物不应受到指责。

或许加里·陶布斯（Gary Taubes）就是你意识到碳水化合物是问题所在的原因。你听说过生酮饮食（keto diets）吧（高脂肪、低碳水化合物），甚至可能还尝试过减少糖和其他碳水化合物（比如淀粉，会在体内迅速变成糖）的摄入。或许他也是这方面的原因。

我还是一名医学生时，第一次读到他的著作，于我而言，陶布斯就像营养学界的伽利略——典型的天才异端者。如果有一部关于他人生的电影，他可以出演他自己。现在他已年过半百，但依然拥有当年作为物理学本科生在哈佛橄榄球队时的同样体格。毕业后他去了斯坦福大学研究航空航天工程——确切地说是火箭科学——因为他想成为一名宇航员，但因为他的身高，以及自称与权威打交道有困难，后来他转向了新闻业。

对于成为 21 世纪营养学领域最有影响力的人物之一的人来说，他的起步显然算慢了。到 1997 年，41 岁的他已经完成了两本广受欢迎的科学史图书的创作，但仍然是自由职业者，为支付房租而苦苦挣扎。然后，他开始撰写关于公共健康的文章，其中一篇有关盐和血压。这充分发挥了他的性格特点——从反对权威的欲望到对细节和数据的执念，并强有力地挑战了惯常医学建议的支柱之一——盐对血压不利。这篇文章让他赢得了美国社会科学新闻奖。当时，它激励了我想吃多少盐就吃多少盐（或多或少），它的成功也让陶布斯受到启发，从而将其注意力转向膳食脂肪。

他花了整整一年的时间为《纽约时报》写了一篇文章，标题为《假如这一切都是弥天大谎，该怎么办？》，该文成为2002年阅读量最高的文章之一。它出现的时候，人们似乎已经准备好接受关于自己体重的新观点。也许总是会有那样的时刻，不过陶布斯拥有促成一场运动的魅力和资历。肥胖水平逐年上升，而过去40年的全球饮食建议——避免摄入脂肪，尤其是饱和脂肪——似乎并没有带来任何改观。在20世纪80年代，美国超重儿童的数量增加了两倍，儿童患2型糖尿病（饮食相关）的报告量不断增长，特别是在原住民社区中。

根据陶布斯的说法，公共机构认为摄入脂肪会使人变胖。而且，尽管这种说法在多大程度上是真实的还存在争议，[1]但从直觉上来说，它还是有一些令人满意的地方。第一，相比蛋白质或碳水化合物，每克脂肪确实含有更多的热量。第二，那些肥胖者的饮食中似乎的确包含大量的高脂肪食物。然而，即使“脂肪是罪魁祸首”的观点在20世纪80年代得到了非常广泛的宣扬，并且人们饮食中的脂肪日益被糖取代，而肥胖人口仍在继续

---

[1] 很多人觉得，陶布斯夸大了正统观念的影响力。关于该营养建议是否像他宣称的那样，这一点还不太清楚。美国医务总监（US surgeon general）的报告建议减少脂肪摄入，该报告由玛丽恩·内斯特尔（Marion Nestle）编辑，内斯特尔是过去50年里全球营养学领域最重要、最缜密、最受尊敬的人物之一。她很清楚，该报告从未说过要避免摄入脂肪——它只是承认，脂肪比蛋白质或碳水化合物含有更多的热量，因此，除非你限制其他热量来源，否则脂肪会使人发胖。不管“低脂好”这一信条是否真的属于正统观念，陶布斯是对的，到20、21世纪之交，人们普遍承认，无论是在临床上，还是在真实世界试验中，低脂饮食基本上都没有对参与者的长期体重产生重大影响。

增多。看来这建议大错特错。

陶布斯提出了一种替代假说——他现在依然称为“异端”的低碳水化合物假说：[1] 罗伯特·阿特金斯（Robert Atkins）始终是对的。

你可能听说过阿特金斯，他在 1972 年出版了《阿特金斯博士的饮食革命》（*Dr Atkins' Diet Revolution*）一书，推荐近乎零碳水化合物的饮食。[2]

陶布斯的替代假说是这样的：美国人（和其他所有人）吃得更多是因为他们更饿，他们更饿的原因是“胰岛素”这个激素。胰岛素由胰腺分泌到血液中，可以去除血液中的糖，让它作为燃料进入细胞。如果摄入碳水化合物，你的血糖就会开始升高，但胰岛素会把它降低到正常水平。当胰岛素水平高时，比如饭后，它会降低食欲，并将糖转化为脂肪储存起来；当胰岛素水平低时，比如有一段时间没进食了，你就会转而开始燃烧脂肪。

这个思路是，当摄入大量碳水化合物时，它们会导致我们的胰岛素水平急速升高，以应对糖分。这种急升不仅能促进脂肪的储存，而且会将血糖降到低于餐前的水平。这将使我们的肌肉缺乏能量，意味着我们也不会那么有活力了。此外，肌肉感到饥饿的事实会使机体向大脑发出信号，要求消耗更多的食物。当胰岛素水平高时，其会抑制食欲，但当它达到峰值后猛地下降时，你也会感到饥饿。陶布斯提出，假如我们不摄入碳水化合物，则会发生相反的情况：我们的胰岛素不会飙升，我们会储存更少的脂

---

[1] 同样，这一观点到底有多“异端”也存在争议。例如，就连陶布斯也承认沃尔特·威利特（Walter Willett）在饮食界算不上反正统文化的人物，威利特当时担任哈佛大学公共卫生学院营养学系主任，曾对近 30 万人开展了一项耗资 1 亿美元的研究，反驳了“低脂有益”这一思想。

[2] 阿特金斯是一个有争议的人物，尤其是因为他似乎至少发作过一次心脏病，根据《华尔街日报》的报道和一份泄露出来的法医报告，他是摔了一跤后去世的，当时体重高达 117 千克。

肪，我们的能量消耗会增加，我们的食欲会下降。但是胰岛素在多个身体组织中具有很多不同的其他功能，而且有许多其他激素会与之一起发挥作用，帮助确定我们是否储存脂肪，或者我们是燃烧脂肪、蛋白质，还是碳水化合物来获得燃料。[1]

用于证明糖可能是超重和肥胖的唯一原因的证据总是存在巨大漏洞。陶布斯的理论基于这样的观点——自从低脂饮食得到推荐以来，每个人不仅吃了更多的糖，而且脂肪摄入也更少了。陶布斯用低脂酸奶作为例子，因为它们往往用糖来增甜，用碳水化合物来增稠，以使其美味可口。他引用了美国农业部经济学家朱迪斯·普特南（Judith Putnam）关于碳水化合物消费量增长的数据：1980—2000 年，谷物的人均年消费量增长了 27 千克，糖的人均消费量增长了约 14 千克。

然而，尽管美国人确实摄入了更多的精制碳水化合物，但他们吃进的脂肪并没有更少。他们吃得更多了。根据美国农业部的数据，从 20 世纪 70 年代末到 2002 年陶布斯的文章发表之时，脂肪的摄入量有所增加。在由公共利益科学中心（Center for Science in the Public Interest）发布的一份关于陶布斯文章的报告中，普特南声称，她已经向陶布斯解释了所有这一切，但他选择性地引用了她的话。[2]

陶布斯用二分法（dichotomy）来呈现可能造成肥胖的原因：要么是脂肪，要么是碳水化合物。其他可能的解释——锻炼、工业的作用、加工、空气质量，或所有这些因素的某种组合——均被置之不理。

不久之后，糖就是那个饮食问题的观点几乎成了正统观念，陶布斯决心要证明这一点。他设计了一项实验，该实验后来成为近代营养学史上最具影响力的实验之一，尽管没有按照陶布斯预期的方式进行。2012 年，他与魅力超凡的加拿大医生彼得·阿提亚（Peter Attia）合作，共同创立了“营养科学倡议”（Nutrition Science Initiative，NuSI）组织，并筹集了数百万美元的资金。该组织旨在解决美国的肥胖问题。他们将开展一系列的实验，以彻底证明，来自糖的热量比来自脂肪的热量更能促进体重的增加。

值得称赞的是，他们招募了对整个假说持怀疑态度的杰出科学家。其中一位是凯文·霍尔。“营养科学倡议”组织采取的是一种具有对抗性的方法，有点像诉讼案件。资助者期望实验科学家得出不同的结果，但都同意测试他们的方法。

霍尔的第一个实验是对 17 名志愿者进行的先导研究（pilot study）。“营养科学倡议”组织和霍尔的团队都同意，假如该研究能得出意义重大的结果，那么他们将继续进行更大规模的研究。志愿者会开始为期 4 周的高碳水化合物饮食，结束后转为超低碳水化合物饮食，再持续 4 周。两种饮食的热量会保持同样水平。他们将处于高度受控的实验室环境中，身体的一切都会受到监控。每个人都同意采用这样的饮食和方案。

低碳水化合物饮食确实导致所有志愿者分泌的胰岛素减少了，这意味着，实验条件足以检验陶布斯的假说——胰岛素水平很重要。但当分析整体数据时，却出现了令人惊讶的情况：在对新陈代谢的影响方面，脂肪组和糖组没有任何差异。热量就是热量，不论它来自碳水化合物还是脂肪。这是一项小型研究，但严格进行的小型研究依然可以推翻假说。霍尔发布了他的研究结果，[3] 并在《欧洲临床营养学期刊》（*European Journal of Clinical Nutrition*）上发表了相关评论文章。[4]

这篇文章是关于营养学的，但也同样探讨了科学哲学。霍尔利用自己的物理学背景展示了证伪原则（principle of falsification），文中回顾了 19 世纪末的一件事情——科学家提出，光是一种波，在一种叫作“光以太”（luminiferous ether）的东西中传播。该模型在直觉上是有道理的，但它是错误的，有几个实验证明了这一点。

霍尔一再强调，我们无法决定性地证明任何科学模型是没问题的。代之需要做的是，科学家开展一系列的实验并进行观察。只有当模型经得起这些测试时，它才会得到广泛接受。但对于任何模型或理论，最重要的部分是其应该做出预测，如果预测错误，就会使模型失效。尽管我们都喜欢自己是对的，但好的科学就是要努力证明自己是错的。霍尔觉得，不管“营养科学倡议”组织是否承认，陶布斯的碳水化合物–胰岛素模型都已经被证明是不正确的——该模型过于简单化。

“营养科学倡议”开始瓦解，最终于2021年关闭。我打电话给加里·陶布斯，想了解他对所发生的事情以及有关碳水化合物争论的现状的看法。一天晚上，我们借助视频通话进行了交谈。这时间对我来说太晚，而对他来说太早。他在一间墙壁镶木板的房间里沐浴着加州明媚的阳光，这和我预想的有点不一样。他文静、谦逊、风趣。由于8小时的时差和时令变化，我搞砸了通话时间，但他安慰我说：“别在意。我的一位好朋友是哈佛大学的数学教授，他每次打电话给我时都会弄错时差。”

他给我的第一及长久印象都很温暖。人们一直在网上说一些关于陶布斯的很可怕的话，但我发现他正派而真诚。我们谈了3小时，他对每个人都很好，似乎毫不费力。这真的很酷。[1]

我问他是否厌倦了撰写有关碳水化合物的文章。“我妻子说，如果我看到有人过马路时被车撞了，会想办法把责任归咎于碳水化合物。”他回答道。“不过我确实认为，这是对我极其不公正的对待。我感觉自己像个告密者。数以亿计的人正在获取错误的饮食建议。这很难让人轻松放下。”

关于实验细节和他与霍尔之间的分歧，我们将其暂时搁置一旁。大家

---

[1] 然而，这些批评有时会让他夜不能寐。我总是好奇为何人们在凌晨4点起床，因为我常常在这个时间醒着，焦躁不安。“在凌晨时分，我试着对自己说，‘别把所有这一切看得太严重’”，陶布斯告诉我。“我喜欢开玩笑说，有些犹太人进化成了一到凌晨4点就醒来担心。毕竟，很多在20世纪幸存下来的欧洲人当时应该是醒着的，他们要随时准备着，当深更半夜传来敲门声时，马上离开……”

在方案和统计结果方面已达成一致，但在陶布斯看来，这只是一项先导研究，他认为，只有当研究数据出来时，该方法存在缺陷的问题才会变得清晰起来。

我明白这一点。对于一项实验，在真正完成之前，没办法看到其可能出错的所有地方。在我还是实验室研究员时，我参与过包含数十个甚至数百个阶段的实验，所有的东西都是不可见的，即使在显微镜下也是如此——不可见的分子以不可见的方式被修饰。我们会考虑尽可能多的变量，有时候会出现负面结果，但这只是意味着我们搞砸了，并不一定是我们的假说错了。

成为一名优秀的实验研究员的部分素质是，要能在以下二者之间寻求平衡——一是在每个阶段都保持足够偏执、多疑的态度来考虑一切事情并将其做好，二是不要过于偏执、多疑，以至于不能相信自己的实验结果。在某些时候你需要说："我做了这个实验。这是结果。我想的就是这个样子。"其后你需要足够强大，让其他人把它撕成碎片，然后弄清楚，他们这样做是因为你错了，还是因为你刚刚证明了他们毕生的努力都是错的。

但似乎不仅仅是霍尔的先导研究反驳了碳水化合物-胰岛素假说的重要部分，也不乏其他与之相矛盾的证据存在。这个假说已经被检验了很多次，对生活在真实世界中的人进行的开展时间最长的研究发现，低碳水化合物饮食和高碳水化合物饮食之间的热量摄入量没有持续的差异。[5]

在另一项实验中，志愿者采用两种饮食，顺序随机——一种包含 10% 的碳水化合物和 75% 的脂肪，另一种包含 75% 的碳水化合物和 10% 的脂肪。与碳水化合物-胰岛素假说的预测相反，研究发现，采用高碳水化合物饮食时，参与者实际上每天少摄入了 700 卡路里，而且只有高碳水化合物饮食者才显示出身体脂肪显著减少的情况。[6, 7]

在真实世界中，人们发现，似乎真正的低碳水化合物饮食非常难坚持，而且效果不佳。早在2003年就有一项为期一年的饮食研究发表在《新英格兰医学期刊》（*New England Journal of Medicine*）上，其将低碳水化合物饮食和低脂肪饮食做了直接比较研究。结果显示，虽然3个月后低碳水化合物组的体重减轻得更多，但12个月后二者没有显著差异。这两种饮食都能降低血压并改善胰岛素对摄入糖的反应，但不管哪种，很多人都没能坚持下来。[8]

哈佛大学的研究人员开展过的“营养科学倡议”研究，于2018年发表，其似乎的确证实了碳水化合物–胰岛素假说。[9]在该项研究中，164名超重的大学生、教职员工接受了低碳水化合物饮食，这对新陈代谢产生了有益的影响。凯文·霍尔是第一个发现数据分析中存在重大问题的人：哈佛团队分析的结果似乎与他们开始调查的结果略有不同。

在设计一项研究时，你必须在开始进行该研究之前决定要测量什么以及如何报告它。假如你改变了正在测量的东西，这就有点像已经掷出飞镖后却移动了镖靶。正如霍尔在一篇评论中温和地指出的那样：“根据预先设定的分析计划来报告研究结果有助于减少偏见。”[10]

当霍尔按照哈佛团队自己的原始计划重新分析数据时，他们所声称的效果消失了。事实上，这项研究似乎支持了人们普遍持有的观点——饮食中脂肪和碳水化合物所占比例的变化不会显著改变能量消耗情况。

我自己尝试过生酮饮食，发现我可以吃很多自己喜欢的东西，会有饱腹感，而且确实体重减轻了。但我终究还是非常渴望吃意大利肉酱面、鸡肉米饭、牛排和薯条，所以我放弃了。我的经验得到了针对采用生酮饮食来治疗癫痫的人的大量研究的证实（生酮饮食似乎确实可以降低癫痫的发作频率，尤其在儿童身上）。你可能会想，遵循低碳水化合物饮食以减少癫痫发作的成年人会非常有动力坚持采用这种饮食。然而，相比参与标准药物治疗研究的人，他们退出研究的可能性大约是其5倍。[11]不过我们应该注意到，这些饮食有时与标准的阿特金斯饮食（Atkins diet，低碳水饮食）不同，在某种程度上，这可能会使它们更难坚持。

我并非想说，低碳水化合物饮食对某些人的减肥没有帮助或对健康没有任何好处，也不是说，胰岛素不是身体脂肪的重要调节剂。我要说的是，从各方面的可用证据来看，假如你一直摄入相同数量的热量，减少碳水化合物所带来的胰岛素下降似乎并不能使你储存更少的脂肪或燃烧更多的能量。

的确，对于那些能够坚持下去的人来说，我怀疑低碳水化合物饮食确实奏效[1]——只是人类已经进化到将摄入碳水化合物作为我们饮食基础的地步，无碳水化合物的食物很难吃。蛋白质和脂肪可以让你饱腹，以免吃进大量的热量。不过所有饮食都存在的问题是，我们并不是真的在选择吃什么，而是在受到那个内部系统的指引。你可以像屏住呼吸一样避开碳水化合物，但最终，大多数人都会崩溃。

最后，陶布斯不是伽利略，但他的确有点像教皇乌尔班八世（Pope Urban Ⅷ）——伽利略的朋友和资助者。毕竟，正是乌尔班八世邀请了伽利略来比较太阳系的地心说模型和日心说模型，就像陶布斯邀请霍尔来调查研究以碳水化合物为中心的肥胖模型，结果发现，两种情况下的结果均与他们希望得到的结果不符。

所以说，糖似乎不会因为它会升高胰岛素水平而促使体重增加。但在人类的健康与 UPF 故事中，它是如何参与其中的呢？

---

[1] 有报道说（很大程度上是传闻轶事），有人因为采取低碳水化合物饮食而实现了持续的体重显著下降。我想知道，这其中的原因是不是较少来自低胰岛素水平，而更多的是因为生酮饮食几乎排除了所有的 UPF，而 UPF 通常基于碳水化合物和糖。

***

长久以来，人类食用了巨量以糖和淀粉形式存在的碳水化合物。饮食将我们与周围的人联系在一起——或至少应该如此——在历史上和史前时期（以文字出现为界），这些联系通常依靠少量富含淀粉的植物形成，基本上每个社会有以下一种：玉米，土豆，大米，小米，小麦。我们真的很擅长吃淀粉和糖（在水果、甘蔗或蜂蜜存在的背景下），这似乎是人体可以处理并享受的东西，即便摄入量相当大。[12，13]

蜂蜜是一个真的很有趣的例子，因为它是自然界中能量密度最高的食物之一。但在化学上，它几乎无法与高果糖玉米糖浆（均为不同比例的葡萄糖和果糖的混合物）和蔗糖（均为葡萄糖和果糖的结晶分子对）区分开来。[①] 但在整个史前时期，人类获得的热量中相当大的比例来自蜂蜜——在某些群落中平均高达 16%，另外，根据一项对生活在刚果（金）雨林中的姆巴提人（Mbuti）所做的研究，在雨季，他们饮食中高达 80% 的热量源于蜂蜜。[②] 没有关于这些群落中的人普遍超重的报告（而且，很多现代觅食与狩猎采集社会依然食用大量蜂蜜）。[16]

---

① 人类的身体对枫糖浆（Maple syrup）、龙舌兰花蜜（agave nectar）、蔗糖、金黄糖浆（golden syrup）的处理方式基本上都一样。人们将葡萄糖和果糖对比讨论，但蜂蜜与高果糖玉米糖浆如此相似，以至于将后者掺入前者来作假都很难被发现。[14] 在商业蜂蜜生产方面，以下做法也已经有很长的历史——如果蜂箱所在地没有足够的野生花蜜，人们就用高果糖玉米糖浆来喂养蜜蜂。[15] 这就引出了一个问题：是否有很多——甚至大部分——商业蜂蜜实际上是由蜜蜂制造的 UPF。

② 在对坦桑尼亚哈扎人（Hadza）所做的研究中，狩猎者每天从蜂蜜中获取 8%~16% 的热量。肉类、猴面包树果实和块茎提供的热量分别占 30%~40%、约 35% 和 6%~22%。这种蜂蜜和蜂巢一起食用，蜂巢充满了半消化（semi-digestible）脂肪和大量的软蛋白质（soft protein），这些软蛋白质来自生活在蜂巢中的蜜蜂幼虫和卵。蜂巢蜂蜜是一种营养全面的食物。

还有一个事实，卡洛斯·蒙泰罗在他的研究中发现，桌上有一包糖是健康的标识，因为它标志着这是一个会做饭的家庭。然而，这并不意味着糖是健康的。它只是表示，我们的饮食如此糟糕，以至于买糖在家自己做甜食比购买在生产源头添加糖的预制工业 UPF 更健康。

我知道，这看上去像是我希望两头都占，既要说糖是健康的标识，又要说糖是不健康的标识。不过我是这样看的：糖（包括蜂蜜）会伤害身体，不是因为它会升高你的胰岛素水平，而是因为它会腐蚀你的牙齿并让你吃更多的食物。

一天清晨吃早餐时，我在莱拉和萨莎身上测试了这第二个观点。[1] 如果你身边有小孩或者无节制吃东西的人，也可以做这个测试。你需要糖、牛奶、碗和一些脆米花（Rice Krispies）。首先，倒出两碗数量一样的脆米花——比如都是 30 克。然后，从其中一个碗里舀出一勺并加入一勺糖代替。最后，加入牛奶。

从营养的角度来说，加糖那碗和没加糖那碗里的东西几乎完全相同。两碗中的碳水化合物、脂肪和蛋白质的含量一样，对血糖的影响也将一样。[2]

---

① 杰弗里·坎农（Geoffrey Cannon）是第一位以这种方式为我描述糖的人。他是卡洛斯·蒙泰罗的朋友及长期合作者，在了解、理解行业在 NOVA 分类中所扮演的角色方面发挥了至关重要的作用。

② 脆米花本身比蔗糖更能升高血糖。假如用数值来表示对血糖影响的大小，若葡萄糖是 100，则白面包也是 100，脆米花是 95，家乐氏的玉米片（Corn Flakes）（在美国销售）是 92，欧倍是 55，全麦维（Special K，在法国销售）是 54，麦片粥（在美国销售）是 70，彩虹糖是 70，士力架（Snickers）只有 41，胡萝卜从 32 到 92 不等，蔗糖大约是 60。很难知道造成这些差异的原因，它只是体现了从升糖指数（glycaemic index）的角度来考虑食物的界限。可能是由于甜食对血糖的影响较小，因为它们一进入嘴里就会刺激胰岛素的释放，从而降低血糖水平。

然而，女孩们对这两碗东西的反应大不相同：她们把加糖的那碗全吃光了，然后又要了一些。对于没加糖的那碗，她们也不介意吃它，但都没有吃完。糖使女孩们摄入了更多来自牛奶的脂肪、蛋白质的热量，以及更多来自谷物淀粉的热量。在增进食欲方面，糖和盐是两种最有效的食品添加剂，这就是为什么几乎所有 UPF 都会用到它们的原因，无论是豆类还是比萨。所以说，高含糖量是推动体重增加的 UPF 特性之一。

糖的另一个明显问题是它会破坏你的牙齿。牙釉质的硬度介于钢和钛之间，但其强度来自矿物质含量，尤其是钙，而钙会被酸析出。现在，膳食酸的主要来源是碳酸饮料，碳酸饮料还提供糖，滋养生活在口腔中的细菌。这些细菌将酸直接排泄到牙齿表面，溶解它们。

几乎所有的果汁和碳酸饮料的酸性均足以溶解牙齿。优鲜沛（Ocean Spray）蔓越莓汁的酸碱值（pH 值）约为 2.56，经典可口可乐的是 2.37，零度可口可乐的是 2.96，百事可乐的是 2.39。[17] 刚喝完酸性饮料后，口腔内酸度会相当高，如果马上刷牙，实际上是在刷去大量牙釉质。你需要彻底漱口，然后等待至少半小时，让 pH 值重新调整到正常水平。

我们都懂得这一点，但它仍然是一场持续存在的公共健康灾难。即使在英国，我们拥有庞大且资金相对充足的公共健康基础设施和糖含量标识，蛀牙依然是儿童接受全身麻醉的最常见原因。[18] 让我们仔细想想，充分理解这其中的含义。在英国，超过 10% 的 3 岁儿童和 25% 的 5 岁儿童患有龋齿。对于 5 岁以下的儿童，在去医院拔掉的牙齿中，近 90% 是可预防的蛀牙，拔牙是 6~10 岁儿童最常接受的医院手术。[19] 我们最常给儿童做的手术——排在修复玩蹦床摔坏的骨头的手术、疝修补术和阑尾切除术之前——是治疗龋齿。美国的统计数据甚至更糟糕。[20]

这场牙齿危机几乎完全是 UPF 造成的。用餐时摄入的蔗糖量并不大。真正腐蚀牙齿的糖是我们在两餐之间与酸一起食用的东西：碳酸饮料、糖果等。[1] 这些 UPF 产品会损害我们的牙齿，因为我们经常吃。它们的市场定位是点心和零食。在工业化国家，UPF 是导致多达 90% 的学龄儿童遭受龋齿之苦的原因。[27]

世界上任何地方的任何罐装碳酸饮料包装上都没有关于口腔疾病风险和早逝风险的警告。雀巢、可口可乐、百事可乐或任何其他销售含糖饮料（或任何含有高比例添加糖的东西）的企业都应该在包装上标注有关龋齿的警示，我看不出有任何理由不应该强迫它们这么做。

---

[1] 就像肥胖一样，蛀牙的出现先于 UPF 的发明。甚至在野生灵长类动物中都发现了蛀牙，但比例非常低。[21] 关于原始人类蛀牙的一些最早的证据来自生活在 150 万 ~180 万年前的南方古猿，但在某个单一地点发现的大约 125 具骨架中，有蛀牙的不到 3%——低于在同一地点发现的直立人骨架的这一比例。[22] 不过总的来说，前农业时代人口的龋齿率很低，蛀牙空洞也相对较浅。我们之所以知道这一点，部分原因是古代骨骼的龋齿率很低，但也因为，目前还没有发现任何关于新石器时代之前存在牙医学的证据。到了新石器时代，人类开始建造永久性家园，而不仅仅是从一个洞穴流浪到另一个洞穴。也是在那时，我们开始在中东驯化、种植小麦和大麦等谷类作物。在这个时期，人类骨骼残骸上出现的骨溃疡多了起来。任何经历过牙痛的人（我们大多数都经历过）都可以理解，为了摆脱疼痛，新石器时代人类是如何有可能被迫走上极端的。在 9000 年前的巴基斯坦，一些大胆果断的人——拥有最初由熟练工匠开发的（有孔）珠子生产技术——以一种想必很痛苦的原始牙医学方式做了牙齿钻孔的最先尝试之一。[23] 随着我们开始摄入更多精制的可发酵碳水化合物和糖，龋齿率直线上升。雕刻于 4000 年前的楔形文字泥板上有明确的特定咒语，要求巴比伦神伊亚（Ea）“抓住虫子并将其从有问题的牙齿里拉出来”。古代民间传说认为，牙虫导致了蛀牙。这种想法要么产生于不同的地方，要么传播于世界各地，一直到中世纪及之后。[24–26]

第 8 章 也与运动无关

英国雷丁（Reading）的甲骨文购物中心（Oracle Shopping Centre）有三层自动扶梯。作为一名医学生，我曾在那里轮班，当时我的老板是一位对肥胖感兴趣的医生，经常在他的课上讲到那个扶梯。他说，这是“一座关于肥胖危机的纪念碑”。他有一小组关于它的幻灯片，其中有一张是他偷偷拍的照片，上面是一个体脂率很高的人，正“懒懒散散”地“乘着”扶梯，为的是逃避走楼梯。

当然，这种自动扶梯的存在是为了让人们更容易到达某些地方——而不是因为人们懒惰。不过，有一种看法很普遍——肥胖是由于缺乏运动（由此引申开来，则认为肥胖的人都很懒惰），甚至在治疗这种疾病的医生中也是如此。

在某种程度上，这不足为奇。如今我们燃烧的热量比过去的要少，这似乎很明显，由此可以说，不活动是体重增加的主要推动力。有价值的重要期刊上有大量的论文反驳“UPF 是重大贡献者”这一假说。这些论文声称，不活动是体重增加的主要驱动因素，而热量摄入量的增加则没有那么大的影响。[1-12]

有几位作者在这些论文中反复出现，包括史蒂文·布莱尔（Steven Blair）、彼得·卡茨马齐克（Peter Katzmarzyk）和詹姆斯·希尔（James Hill）。希尔在 2012 年的一项研究中提出，增加身体活动可以“减少严格限制食物摄入的需求”[13]——这对像我这样爱吃的人来说真是好消息。

布莱尔在2014年与人合著了一篇题为《是什么导致了全球体重增加》的论文，其指出，“虽然大多数人认为（肥胖的流行）是由于人们吃得更多，但支持这一假说的证据并不多。”[14]该论文还提到，增加身体活动可能比减少热量摄入更容易，而且它可以“抵消过量摄入的后果”。换言之，你可以逃脱不良饮食造成的影响。布莱尔成立了一个新的机构来研究这一理论：全球能量平衡网络（Global Energy Balance Network）。在一份新闻稿中，他说，当谈到将体重增加归咎于快餐和含糖饮料时，“几乎没有令人信服的证据表明这真的是原因”。

2015年，卡茨马齐克与人合作开展了一项针对6025名儿童的研究，该研究结果清楚地表明，缺乏身体活动是儿童期肥胖的主要预测因素。[15]

我们似乎不可避免地要得出这样的结论——运动对于预防和治疗体重增加很重要。毕竟，这是一条有关新陈代谢的铁律——而且我不想推翻它——如果你摄入的热量比燃烧的多，那你的体重就会增加。研究人员已经在不同的实验室用不同的方法对其证明了很多次。因此，从逻辑上讲，不活动必定——肯定——会导致体重增加，尤其因为在整个工业化世界，我们现在的活动量要远远少于过去。[1]

确实，美国的一项大型研究表明，1960至2006年能量消耗的减少几乎

---

[1] 在20世纪之交的英国和美国，大约一半的工作者从事需要体力劳动的工作，比如农业或制造业。在家里也有更多的体力劳动要做，因为洗衣机、滚筒干衣机和真空吸尘器这些家电要么还没发明出来，要么还没能得到广泛使用。[16, 17]相比之下，到了21世纪初，大约75%的英美工作者在服务业工作，即使是那些仍然从事制造业或农业工作的人，他们每天所做的体力劳动也少得多了，一部分原因是自动化程度的提高，另一部分原因是生产的产品的不同（例如，船造得少了，微芯片造得多了）。小汽车和公共交通降低了通勤对体力的要求。据英国心脏基金会（British Heart Foundation）估计，人均年步行距离从20世纪70年代的250英里（约402.5千米）缩减到了2010年的180英里（约289.8千米）。[18]

完美地解释了同期人们体重的增加。[19]根据2011年的一篇论文，很多人过去做的体力类工作（如采煤）比坐在办公桌旁的工作劳动强度高5倍左右。[1]不仅如此，我还发现了另一篇论文，其认为“不活动”一定是罪魁祸首，因为在英国的人总体上摄入的热量比过去少了。[22]如果人们摄入的热量少了，但体重仍在上升，那他们的活动量必定比以前要少得多。这篇论文是克里斯托弗·斯诺登撰写的，他是英国经济事务研究所（Institute for Economic Affairs）的记者（及“生活方式经济学负责人”，他在本书第2章中也嘲笑了关于UPF的观点）。该文标题是《肥胖谎言》，或许是借鉴了加里·陶布斯的文章。

斯诺登的立场很强硬：“所有证据都表明，几十年来，英国人均糖、盐、脂肪和热量的摄入量一直在下降。”如果这是真的，我们的热量摄入量确实下降了几十年，那么这整个想法一定是错的——UPF（就此而言，或者是任何种类的食物）是我们体重增加的重大驱动因素。

我继续读下去。根据斯诺登的说法，以下这个传统观点“没有事实依据”——英国的肥胖流行是由高热量食品和饮料的供应增加引起的。文章声称，自2002年以来，英国成年人的平均体重增加了2千克，另外，同期热量和糖的摄入量分别下降了4.1%和7.4%。该文总结道：“肥胖率的增长主要是因为人们在家庭和工作场所的身体活动量的减少，而不是糖、脂肪或热量摄入量的增加。”

斯诺登使用了英国政府部门的官方资料，比如环境、食品和乡村事务部（Department for Environment, Food & Rural Affairs），它们自1974年以来

---

1 英国财政研究所（Institute for Fiscal Studies）利用这些数据做了一些建模工作，并给出了一个简单的示例。假如一个中等身材的男性从事需要久坐的工作，每周工作40小时，他每年将燃烧约30千克的脂肪。如果他从事的是繁重的体力类工作，燃烧的脂肪将达到近70千克。为了弥补久坐造成的差距，该人必须每周额外增加慢跑10.6小时，这和奥运会马拉松选手要保证的锻炼时间差不多。[20, 21]

一直在做英国饮食的年度调查。[23]我查看过他们的数据，确实显示出，人均每日热量的摄入量从1974年的约2500减少到了1990年的仅1990——降幅达到惊人的21%左右。斯诺登的热量摄入量图表看上去像华尔街股灾（1929年）时的股票走势图。[1]

在美国和英国，如果我们吃得少了，那么一定是活动量更少了才导致我们更重了。这和有些情况相吻合，比如使用屏幕（电脑、手机等）更多，体力劳动更少，儿童在户内待的时间更长，以及三层自动扶梯数量的激增。

这种解释会产生重大的政策影响：假如热量摄入量在没有政府活动的情况下下降，那就没有理由出台旨在减少消费的政策。而且让我震惊的是，即便是热量消耗量下降了21%，食品行业依然能够赢利。

***

斯诺登的那篇文章产生了巨大的影响，英国电视台第四台新闻（Channel 4 News）、《太阳报》（*Sun*）、英国广播公司广播二台（BBC Radio 2）及其他媒体都做了专题报道。现任《星期日电讯报》（*Sunday Telegraph*）编辑的阿利斯特·希思（Allister Heath）于2016年在《电讯报》（*Telegraph*）上发表了一篇文章，标题为《我们太胖了，但对糖征收罪孽税于事无补》。

斯诺登的数据会让蒙泰罗的观点变成错误，也会让很多其他人的观点变成错误，例如贾尔斯·杨。杨是国际知名的剑桥大学遗传学家，专门研

[1] 斯诺登用其他来源的数据证实了这一点，这些来源包括英国国家饮食和营养调查数据（UK National Diet and Nutrition Survey Data）、英国生活成本和食品调查（UK Living Costs and Food Survey）、英国心脏基金会。美国国家健康与营养调查（United States National Health and Nutrition Examination Survey）也显示出同样的信息，即自20世纪70年代以来，人们平均购买和消耗的热量一直在下降，也就是说，我们吃得比以前少了。

究肥胖。我曾和他没完没了地谈论过体重，但他从未提到过这个热量摄入量下降的问题。不过我以前问过他，我们如何确定是我们吃的东西推动了体重增加，他给出了两个原因。

第一，他说，存在剂量效应（dosage effect）问题："让我们以巧克力棒为例，一根巧克力棒的热量大约是240卡路里（杨对糖果糕点非常熟悉）。如果我有动力（我经常有动力），我可以在不到一分钟的时间内吃完一根巧克力棒。不过我总是需要在跑步机上花上20或30分钟来燃烧掉这些热量。"摄入热量很快，而燃烧热量很慢。这就是为何我们不需要连续不断进食的原因。但快速摄入也会使得我们有可能吃得比需要的多。

第二个原因与我们的基因有关："到目前为止，我们所了解的所有作用于肥胖的遗传因素都会影响饮食行为。"换言之，如果肥胖是因为活动得太少，那我们会期待，我们所发现的与肥胖相关的基因会与"活动行为"之类的事情或新陈代谢有关，但事实并非如此。

然后我又查看了斯诺登论文中的数字，猛然觉得它们有些怪异。在英国，人们平均消耗的热量约为2500卡路里。然而斯诺登引用的调查数据显示，我们每天摄入的热量少于2000卡路里，这意味着，平均每天缺了约500卡路里。根据这些数据，我们现在的卡路里摄入量如此之低，可是体重却在上升，所以我们整个国家的人都应该减肥——即使我们以前什么都没做。而且什么方法都没有，我真的认为什么方法都没有。

依靠每天2000卡路里的热量，我可以活很长时间，但体重会下降。为了在摄入如此少的卡路里的情况下保持或增加体重，我将不得不大大减少自己的活动量，以至于甚至不能下床小便。事实上，我不仅必须卧床，我还需要停止一些维持生命所必需的高耗能身体机能，包括将我的肾功能交给透析机，以及使用呼吸机来帮我呼吸。[24]

那么，这到底是怎么回事？我在国家饮食和营养调查报告的附录10中找到了答案，[25]其详细介绍了涉及一些人的子样本，这些人也参与了名为

“双标记水法（doubly labelled water）子研究”的项目。

这项技术发明于 20 世纪 50 年代。参与者喝下其中的氢原子和氧原子被“标记过”的水——这些原子的原子核中有额外的中子，这意味着它们可以被追踪。你可能听说过“重水”（heavy water）——指的就是这个。身体会根据热量消耗的多少而以不同的比率排出氧和氢。[1] 它并不完美，但每年的情况都非常一致，而且被广泛认为是测量人们消耗了多少能量的最佳方法。

这些双标记水法数据显示，人们每天大约燃烧 2500 卡路里，与预期的完全吻合。如果我们每天摄入的热量少于 2000 卡路里，燃烧的却超过 2500 卡路里，那么我们整个国家的人根本不可能增加体重。这打破了每个人都认可的物理法则。

双标记水法研究表明，接受调查的人低估了自己 30% 以上的热量摄入量。美国的一些研究支持了这一点。研究人员将美国国家健康与营养调查的双标记水法数据与实际数据进行比较后发现，人们一贯少报饮食量，多报活动量。[26]

假如人们一直以来都在低估自己的饮食量，则斯诺登的论点可能是有效的。如果我们总是低估自己的热量摄入量，那么不活动或许仍然是引起体重增加的主要问题。而双标记水法实验的结果显示，相比几十年前，其实我们如今在很大程度上低估了自己的饮食量。

对于这种少报的现象，存在几种解释，而且都得到了充分的证明。第一，有研究显示，肥胖的人会在调查问卷中谎报信息，然后，如果他们的体

---

[1] 当人们喝下重水时，其会在整个身体中被稀释，然后逐渐被尿出来。标记过的氢只能以水分流失的形式离开身体——大多是尿液和汗液。标记过的氧离开身体的方式有两种：和氢一起以水分流失的方式离开，以二氧化碳的形式呼气呼出去。你燃烧的热量越多，呼出的二氧化碳就越多。通过查看氧和氢离开身体的不同比率，就可以估算出热量消耗的多少。

重降下来了，就会停止谎报，并承认自己之前做过不准确的应答。[27]不需要太多同理心就能想象到，在回答食物相关的调查问卷时，为什么肥胖的调查对象可能会提供低估了的信息。人们经常少报他们觉得丢脸的事情。❶

第二，有研究表明，减肥的愿望使得少报现象增加了，自20世纪90年代以来，人们的饮食意识、节食和减肥愿望都有了大幅度的提高。譬如，我们知道，在2003到2013年，想要减肥的男性数量几乎翻了一番。[28]

第三，人们在家以外吃的零食比以前多了，而且这种食物很容易被遗忘，也更难被记录下来。零食已经成长为一个价值4000亿美元的产业。[29，30]

第四，总体而言，我们对调查的回应越来越差了。经济学家对此感到不安，所以他们一直在做这方面的研究。[31–35]

第五，我们所吃食物的分量比参考数据库所指的更大，能量更高。英国心脏基金会发现，在1993年至2013年的20年间，单个牧羊人派（shepherd's pie）即食食品的尺寸大了一倍，同时家庭装薯片的分量增加了50%。[36]这意味着，如果有人在调查中回答说他们吃了一个现成的鸡肉派或一份坚果，那么参考数据很可能会低估他们摄入的热量数量。

第六，人们浪费的食物越来越少。2012年的一份报告估计，自2007年以来，家庭食物浪费量减少了约20%。[37，38]假如食物浪费在减少，那么对于人们所报告购买的食物，被摄入的比例将更大。

第七，虽然官方热量摄入数据有所下降，但来自某商业来源——凯度消费者指数（Kantar Worldpanel），一个针对3万个英国家庭的持续报告小组——的数据显示，过去10年中，热量购买量有所增加。[39]

斯诺登的《肥胖谎言》一文曲解了数据：热量摄入量并没有下降——长期以来，它一直在上升。虽然由其他作者撰写的指出这些错误的论文没有得到任何报道，但这仍然是一种耻辱，因为关于体重和饮食（以及人类

---

❶ 例如，有对比指出，报告的酒精消费量有可能比实际情况低40%~60%。

痛苦）的政策会受到媒体谈论、书写的影响。

***

所以说，双标记水法研究（以及很多其他数据）告诉我们，我们确实吃得更多了。但是，英国财政研究所的模型显示，采煤（不出所料地）比办公室工作辛苦 8 倍，这要怎么看呢？毕竟，有可能的是，由于久坐不动的生活，我们处于双重危险境地：做得少，吃得多，这意味着，我们吃什么只是故事的一半内容。

要想了解锻炼和活动是如何影响体重的，我们需要求助于赫尔曼·庞泽（Herman Pontzer）等人的研究。他是美国杜克大学（Duke University）进化人类学副教授，他的研究正在改变我们对饮食和新陈代谢的看法。庞泽希望计算出狩猎采集者、农民和久坐的办公室工作者之间每日热量消耗量的差异。为了做到这一点，他花时间与哈扎人相处，哈扎人是生活在坦桑尼亚北部草原林地中的狩猎采集者群落。他们使用弓箭、小斧头和挖掘棒徒步进行狩猎和采集。男性捕获猎物并采集蜂蜜，女性采集植物。野生食物为哈扎人提供了 95% 的热量，包括块茎、浆果、大小猎物、蜂蜜和猴面包树果实。

庞泽测量了 30 名成年人 11 天内每日的总消耗能量。[40] 他的团队使用了双标记水法和便携式呼吸测量系统，参与者佩戴一个面罩装置来测量他们消耗的氧气量和产生的二氧化碳量。该团队还为参与者配置了全球定位系统（GPS）设备，以收集准确的行动数据。

测量结果如此令人惊讶，以至于该团队一次又一次地做了重新计算，采用了很多不同的方式并控制了不同的因素，以确认他们肯定错了。因为，与预期大相径庭的是，研究发现，成年哈扎人燃烧的热量数量与美国和欧洲人口的非常相似，即使在母乳喂养或怀孕期间也没有区别。

事实上，这些结果得到了其他研究的支持。洛约拉大学（Loyola University）的艾米·卢克（Amy Luke）和卡拉·埃伯索尔（Kara Ebersole）的研究显示，生活在尼日利亚农村的一组女性和在芝加哥郊区的另一组女性的总能量消耗没有差异。[41] 实际上，这一模式对于所有研究过的人类种群都适用。而且在猴子和类人猿等非人类灵长类动物中也有同样的研究结果：圈养的种群与其野生同类燃烧相同数量的热量。[42–51]

这些发现挑战了我们对身体如何利用热量的所有认知。无论是步行 10 英里（约 16 千米），还是坐在办公桌前，人们每天燃烧的能量似乎都是一样的。这其中的意义不容忽视：它意味着，我们不能仅仅通过增加活动量来减轻体重。体脂率的变化与身体活动水平或能量消耗无关。

那么，我们如何将这一结果与那些表明采煤燃烧的热量是办公室工作的 8 倍的数据对应起来呢？嗯，事实证明，在那些研究中，没有人真正对采煤者做过测量。相关数据都是基于对时间利用的调查和假设。

然而，假如我不是坐在我的办公桌前，而是在矿井中劳动，我似乎不可能不燃烧更多的热量。那怎么可能呢？

我一直以为，每天只是无所事事地消磨时间、呼吸、维持基本的细胞功能，我就要燃烧 2000 卡路里左右的热量，若有任何身体活动，不论是慢跑还是采煤，都会让一天燃烧的热量总量涨上去。但事实证明，如果我们积极活动，身体在其他事情上就会少用能量，以此作为补偿，从而使我们整体的能量消耗保持不变。

当我们将观察时间拉长到几天或几周时，情况尤其如此。对于哈扎人，当他们休息时，他们是真的在休息。而且对于运动员及其他任何会积极活动的人来说也是如此。我们可以在一段时间内非常活跃，但之后会补偿性地收回那些能量债。我们身体内部会以其他方式减少能量的使用，正是这种现象的存在或许可以解释，为什么运动与改善身体健康状况有关，即使其不会导致体重减轻。

庞泽的模型认为，长距离的行走或奔跑只是相应地缩减了例行的非必要身体过程，减少了花在免疫、内分泌、生殖和压力系统上的能量。这也许听起来很糟糕，但实际上有一点儿停机时间似乎有助于将这些系统恢复到更健康的功能水平。这在进化上是有道理的：在整个原始人类的历史中，应该一直会出现很严重的食物匮乏期。在传统的热量燃烧模型下，那意味着，食物最缺乏的时候要使用最多的热量，因为这种时候你将不可避免地更加努力进行狩猎和采集，以获取这些热量。而固定能量模型则意味着，即便我们确实不得不走得更远去获取食物，能量的使用状况也是始终如一的。在食物稀缺的时候，比如，从生殖系统借用能量来降低生育率是有意义的。

根据庞泽的数据，我们每天在办公室工作时会燃烧大约 2500 卡路里，与我们走很长一段路消耗的数量一样。因为我们没有把能量花在走路上，所以就用在了别处，比如承受压力之类的事情。该假说认为，办公室工作者的肾上腺素、皮质醇和白细胞水平很有可能会升高，所有这些都会让我们感到焦虑并发生炎症。[52, 53] 久坐不动的生活（若你正在阅读本书，可能就过着这样的生活——虽然也不一定）会导致更高水平的睾丸素和雌激素，这对某些人来说可能听上去不错，但会增加患癌风险。相比之下，哈扎人每天要做大约 2 小时的中等强度、高强度身体活动，比在英国和美国的典型人群多出很多倍，他们早晨唾液中睾丸素的浓度差不多是西方人的一半。[54]

这是一件好事，它或许可以解释，为何运动对于很多慢性病来说是如此重要的治疗手段，并且似乎可以缓解抑郁和焦虑。[55]

一旦你理解了这一点——即使你搬去坦桑尼亚并成为一名狩猎采集者，你也不会燃烧更多的热量，它就能解释为什么（正如许多研究表明的那样）运动无助于减轻体重。能量平衡不是我们可以有意识地去改变的东西，这一点是有道理的：我们不能将如此重要的事情留给变化无常的意识控制，就像我们不能把含氧量交给意识来控制一样。

证据确凿，我们摄入的热量比以往任何时候都多，努力改变我们的能量消耗不会对体重产生显著影响。肥胖是由食物摄入量的增加引起的，而不是不活动，最佳证据（正如凯文·霍尔和山姆·迪肯所展示的）表明，我们所说的食物，指的是 UPF。

但是，对于一个似乎相当容易解决的问题，相关科学文献为什么这么混乱、复杂呢？

以克里斯托弗·斯诺登为例，他的薪水是由英国经济事务研究所支付的，这是一个自由市场智库。他们的财务状况在很大程度上是不透明的，但他们一直得到糖业巨头英国泰莱集团的资助。[56, 57] 制糖业很有兴趣宣扬这样的说法——不活动才是问题所在，而不是食物。这种推广安排在多大程度上直接影响了克里斯托弗·斯诺登尚不清楚，但我们从其他领域的研究中认识到，人们往往意识不到自己是如何受到影响的。医生们始终否认制药公司的资助会影响临床实践或研究，但相关数据显示，影响显然是存在的。

当然，斯诺登的论文产生了影响，但它没有发表在有专家、独立同行评议的严格意义上的学术期刊上。然而那些发表在像样学术期刊上的论文又怎么样了呢？那些由史蒂文·布莱尔、彼得·卡茨马齐克、詹姆斯·希尔等教授撰写的、强调了不活动所起的作用的文章怎么样了？还记得布莱尔说过的话吗？“几乎没有令人信服的证据”证明快餐和含糖饮料是罪魁祸首。我重新查看了这些作者的论文，以寻找利益冲突相关内容，我发现，2011 年和 2012 年的论文中明确说明了没有任何利益冲突需要声明。[58–60] 但在 2015 年，当时在《纽约时报》工作的名叫阿纳哈德·奥康纳（Anahad O’Connor）的记者向雇用这些或其他科学家的大学发出了“信息自由请求”（freedom of information requests）。[61] 加拿大医生、学者尤尼·弗里德霍夫（Yoni Freedhoff）暗中向他提供信息，弗里德霍夫怀疑、积极宣传、推动“能量平衡”理念的一些科学家与可口可乐公司之间存在联系。奥康纳想到，由于这些科学家中的一部分在州立大学工作，因而可以利用州公开记录法来索要他们的电子邮件地址。作为回应，他们收到了 36931 页的文档，其中包括这些科学家与时任可口可乐公司首席科学官罗娜·阿普尔鲍姆（Rhona Applebaum）之间的电子邮件。多亏了这些请求，以及随后大量的新闻报道和研究，我们现在明白了可口可乐对有关肥胖和运动的话语的影响之深。

可口可乐公司帮助布莱尔建立了那个非营利组织“全球能量平衡网络”，[62] 该组织宣扬的信息是，没有任何令人信服的证据表明含糖饮料与肥胖之间存在显著关联。[63] 可口可乐公司资助了我之前列出的由布莱尔、希尔、卡茨马齐克撰写的所有那些论文。[64, 65] 该公司甚至还资助了一个名为“运动即良药”（Exercise is Medicine）的全国性计划，由美国运动医学学会（American College of Sports Medicine）运营。史蒂文·布莱尔曾担任该学会的副会长、会长。

2015 年，可口可乐公司公布了一份“透明的”清单，列出了其资助过的专家和项目，但事实证明它不够透明。该公司每透露一位作者，就有另外四位没有透露。[66]

一个成员来自牛津大学和伦敦卫生与热带医学院（London School of Hygiene & Tropical Medicine）的团队绘制了可口可乐公司研究资金的总体范围分布情况，其中涉及近 1500 名不同的研究人员（可能不是所有人都是直接受助者），对应于该品牌资助的 461 篇发表的论文。在可口可乐公司资助下发表文章最多（89 篇）的研究人员是史蒂文·布莱尔。他的研究机构获得了总计约 540 万美元的研究资金，用于研究能量平衡在高水平能量摄入状态下的作用。[67]

可口可乐公司于 2010 年开始资助布莱尔、希尔、卡茨马齐克等人，但在 2011 年和 2012 年发表的论文中，他们声称自己不存在任何利益冲突。[68] 可口可乐公司对健康研究的资助就构成了利益冲突，而且人们一直认为，

在学术文献中未能披露利益冲突应被视为严重的学术不端行为。[69, 70]

但信息披露并不能解决所有问题。从2013年左右开始，很多文章确实披露了来自可口可乐公司的资金，但该公司的影响力依然巨大。2009年，佐治亚州州长桑尼·珀杜（Sonny Perdue）签署了一项公告，接受5月为该州的“运动即良药月”，他做这件事情时很自豪：“特别是因为它得到了本地组织——可口可乐公司的支持。”[71]

对于任何行业，当其为相关研究提供资助时，研究结果通常会偏向资助者[72–77]——不是每一项研究都这样，但总体而言，这种模式是非常一致的。甚至制药行业也是如此，制药行业在一个监管极其严格的研究环境中运转，监管机构在产品如何销售方面拥有绝对的权力，可以检查每一个实验的每一个数据点。相比制药行业，对食品公司研究（包括这里引用的研究和论文）的监管实际上是不存在的。软饮料制造商一直非常成功地利用了这种监管的缺失。一篇关于含糖饮料（如可口可乐）与体重增加之间的关系的评论指出，行业提供资助的研究产生有利于资助企业的结果的可能性是其他研究的5倍。[78]

可口可乐公司不是公共健康机构。他们大力推销那些过量饮用会对儿童和成人造成伤害的饮料（虽然饮料罐上或我能找到的任何其他地方都没有写明何为过量）。我不希望可口可乐公司倒闭，不过，若建议有价值的重要健康类期刊不应该再发表由可口可乐公司资助的研究，就像它们不应该发表由烟草行业资助的健康研究一样，这似乎不会引发争议。[79, 80]他们资助的任何研究都应该被无视。可口可乐公司不应该资助公共健康计划，也不应该影响任何公共健康政策。可口可乐公司与健康政策制定者之间的关系应该是对抗性的，而不是合作性的。

你也许会认为，围绕可口可乐公司资助的那数百篇论文的争论解决了这个问题。但在2021年5月，可口可乐资助了拉丁美洲营养与健康研究（Latin American Nutrition and Health Study），[81]其发表的结果指出，不活动与体重状况有关，而且作者声称他们没有任何利益冲突需要声明。

发现任何科学领域的真相都像拼拼图一样。观察、论文、数据点就是一块块的拼图。随着拼图一块块地接在一起，拼起来会越来越容易，因为整个画面——真相——浮现出来了。

对于肥胖这种情况，完成后的拼图将显示，不活动并不是一个重要因素，主要原因是超加工的食品和饮料。对于那些依靠销售这些产品而存活的公司来说，这是一种生存威胁。

可口可乐公司及其他 UPF 公司的策略一直是创造看上去也许合适的拼图块，但实际上它们根本不是拼图的组成部分。这个拼图盒里装满了数以千计具有误导性的碎块——论文和数据点，使得拼装几乎不可能实现。有太多的碎块，就是无法拼接在一起。

假如你像我一样惊讶于这个观点——做更多的事情不会让你摄入更多的热量，那可能是因为像可口可乐之类的公司一直在不遗余力地推销相反的观点——你可以燃烧掉过量的卡路里，从科学论文直到政策倡议（如“运动即良药”），他们运用各种方式开展推销工作。尽管拥有医学学位，我还是花了些时间才接受了这一点，不过在某种程度上，我对自己身体及其能量需求的了解来自可口可乐公司。

第 9 章
也与意志力无关

正如我们认为我们可以通过多做运动来有意识地改变能量消耗一样，有一个几乎普遍为人接受的观点——你可以运用自己的意志力有意识地操控那个能够调节食物摄入的内部系统。它无处不在，并且与很多污名有关。出于某种原因，至少在医学上，这个观点是专门针对体重增加的。你从来没听说过患有其他饮食相关疾病（如癌症或心血管病）的人和它有关吧。

对于人们可以通过发挥意志力来逆转体重增加的观点，还有另一个让人不舒服的观点与之相关——肥胖者可能有两类，一类是有生理或遗传疾病的，因而不能责怪他们，另一类则完全是自己做出了糟糕的选择。媒体会惯常性地宣扬这一观点，[1] 所以让我们来检验一下。

肥胖在某种程度上是可遗传的。几乎每个肥胖的人体内都有驱使人肥胖的基因。遗传性肥胖有两大类。若是存在罕见的单基因缺陷，则无论环

---

[1] 仅举一例，2021 年 2 月，《泰晤士报》专栏作家马修·赛义德（Matthew Syed）写了一篇关于减肥新药的文章，并在推特（Twitter，已更名为 X）上发布了这样的信息："我在这里想说，一些肥胖的人可以凭借意志力减肥——多运动，少吃。我明确排除那些患有甲状腺和其他疾病的人。这冒犯了很多人，由此凸显了我的观点：我们已经看到了个人责任的崩溃。"[1]

境如何，体重增加基本上均不可避免。[1]但对于绝大多数肥胖的人来说，相比 BMI 较低的人，只是有很多微小的基因差异。这些差异大多存在于涉及大脑发挥作用及影响饮食行为的基因中。

贾尔斯·杨曾告诉我，基因会影响饮食行为，包括人们进食的速度和选择的食物。发现这一点的研究工作是由简·沃德尔（Jane Wardle）和克莱尔·卢埃林（Clare Llewellyn）在伦敦大学学院完成的，她们指出，遗传变异会影响儿童的饮食行为并导致其肥胖。基因能够影响饮食行为这一事实给人们带来了困惑，因为它似乎违反直觉——毕竟感觉我们是在做出有意识的选择，愿意接受意志力的作用。即使对于那些具有让他们吃得更多的基因的人，当他们无法控制摄入量时，也可能会觉得自己是丧失了意志力。我这么说是因为我就是一个有很多肥胖遗传风险因素的人。

虽然几乎每个肥胖的人都会有遗传风险，但一些拥有所谓“健康体重”[2]的人也有肥胖基因，这可能表明，他们在对自己的基因施加意志力。然而，事实并非如此。拥有相同基因但体重不同的人之间的差异在于他们所处的生活环境，而非他们的意志力。同样，我是因为自己的亲身经历而知道这一点的。

我的孪生兄弟克山德也是我的哥哥。他其实只比我大了 7 分钟，但一

---

[1] 有时，单个突变意味着疾病可以治疗。全球大约有 100 个家族被发现有一种会影响瘦素（这种激素似乎是大脑感知身体脂肪量的主要方式）的突变，他们通常患有重度肥胖（即 BMI 超过 40）。还有一些更常见的突变，比如 MC4R 基因突变。新药始终在研发中，包括 setmalanotide。制药公司都很谨慎（或者更确切地说，各个监管机构要求他们保持谨慎）。他们首先在受影响非常严重的儿童身上进行试验，以确保受益大于风险，然后在越来越多的人身上展开。

[2] “健康”对应的 BMI 介于 18.5 和 24.9，“超重”指的是 BMI 在 25.0 和 29.9 之间，而“肥胖”则指 BMI 大于等于 30.0。这种界定存在很多问题，而且，根据单一度量来标记某人健康不健康的做法当然是很荒谬的——或者也许根本就是不合理的。但在科学研究中，这是一种讨论方式，所以请谅解这里的一些粗陋。

直比我重 20 千克，这是在英国研究的所有双胞胎中体重差异最大的一对。

我们共享遗传密码，[1]意思是我们有相同的基因，而且我知道——因为我在贾尔斯·杨那里做过一个测试——我们都有很多会导致肥胖的主要遗传风险因素。如果你是一个食物痴迷者，那么不管你的体重如何，你都可能也拥有这些基因。

克山德搬到美国后体重增加了。他拿到了奖学金，去美国一所大学攻读硕士学位。差不多同时，他发现自己将要和某个不太了解的人有孩子了，这完全不在计划之内。现在的状况是不能更幸福了，但当时压力很大。那时克山德还生活在波士顿的食物沼泽（food swamp）中。

你也许听说过食物沙漠（food desert）——商店根本不出售新鲜食物和健康食品而只提供 UPF 的地方。根据美国农业部的数据，全美有 6500 多个食物沙漠。它们出现在贫困程度较高、少数族裔人口比例较大的地区。[2]在英国，超过 300 万人在离家车程（公共交通）15 分钟范围内找不到出售原材料的商店。[3]这意味着他们很难获得真正的食物——更不用说烹饪了。

总之，克山德发现自己所处的那种食物沼泽类似于食物沙漠。新鲜食物或许可以买到，但其淹没在销售 UPF 的快餐店的沼泽中。在为英国广播公司一台（BBC1）拍摄一部关于 UPF 的纪录片时，我去莱斯特（Leicester）会见了一群青少年，了解他们的饮食环境。他们向我完完整整地展示了食物沼泽的运作方式。在谈到食物时，他们往往同时表现出热情、愤怒和快乐。

他们带我去了钟楼（Clock Tower）——所有年轻人都会去闲逛的中心地标，并指出了紧邻的各种商店：麦当劳、五兄弟（Five Guys）、汉堡王（Burger King）、肯德基、格雷格斯（Greggs）、蒂姆霍顿（Tim Hortons）、

---

[1] 从某种意义上来说，我们共享一个身体。人们会认为我们是同一个人，亲子鉴定会显示我的孩子是他的，反之亦然。

塔可贝尔（Taco Bell）、另一家格雷格斯、必胜客、一家鸡肉店、咖世家（Costa）、棒薯条（Awesome Chips）——还有一家格雷格斯就在地铁旁边看不见的地方。麦当劳处于黄金位置，刚好在钟楼脚下。

莱斯特是一个食物沼泽。UPF 无处不在，而真正的食物却很难获得，无论是在地理上还是经济上。贫困与快餐店密度之间存在明显的相关性，相比最不贫困地区，最贫困地区的快餐店数量几乎是其两倍。在英格兰西北部的一个贫困地区，每 10 万人有 230 家快餐店。相比之下，全英格兰的平均水平是每 10 万人有 96 家。[4]

食物沼泽不仅仅指餐馆的密度，也指完全被浸没在市场营销中。这些青少年给我看了他们的公交车票，那也是麦当劳的代金券。他们的社交媒体充斥着这些品牌的广告，他们玩的游戏也是如此。他们没有 Spotify Premium（一种无广告的数字音乐服务），所以歌曲中穿插着广告，大部分是为快餐连锁店做的。他们使用的所有媒体均由快餐行业资助。他们被浸泡在广告中。我们知道，这些广告会起作用。

你会常常听到那些赞成放宽管制的人争辩说，广告并不会促进过度饮食，孩子们已经在买汉堡了，广告只不过是建议他们应该买哪一种。这种说法是不对的，有大量数据可以证明。

荷兰的一个研究小组研究了玩“广告游戏”（advergame）的儿童，这是一种新的广告技术，其创建整个游戏的目的是增加消费。[5] 肯德基的《面对零食》（*Snack! In the Face*）就是这样一款游戏，旨在解决澳大利亚青少年购买肯德基零食少且对其认知度低的问题。

该游戏在苹果和谷歌应用程序商店中均排名第一。当你将鸡块扔进一个迷你罗圈腿山德士上校（Colonel Sanders）的嘴里时，它就会立即播放一首朗朗上口的主题曲。假如上校吃了足够多的鸡肉，你就能赢得可以换来真正鸡块的代金券。如你所料，这样的游戏成功地让孩子们吃了更多的鸡肉，就像荷兰团队展示的那样。此外，在玩过推广 UPF 的广告游戏后，孩子们食用了更多缺乏营养的零食、更少的水果和蔬菜。[6] 即使你在游戏中给水果做广告，他们还是会吃更多的 UPF。简单的进食提醒会驱使孩子们吃更多的垃圾食品（如果有的话）。[7]

在耶鲁大学的一项研究中，小学生们观看一部要么包含食品广告要么包含其他产品广告的卡通片，并在观看时获得一份零食。在接触食品广告时，这些孩子会多吃 45% 的食品。[8]

食品营销与儿童健康教授艾玛·博伊兰（Emma Boyland）发表过一篇论文，对于食品广告（尤其是垃圾食品广告）会让孩子们吃得更多的观点，或许最确凿的证据来自该论文。博伊兰受世界卫生组织的委托进行了全面的回顾研究，为制定限制向儿童推销食品的最新建议提供信息。她查看了涉及 80 项不同研究的近 2 万名参与者的数据，确凿无疑地证明了，食品营销与儿童的食品选择、食品摄入量及食品购买需求的显著增加有关。[9]

就像我在莱斯特看到的那样，唯一向年轻人做广告推销的产品是 UPF。原因很简单：UPF 是专利产品，因而其制造商可以赚很多钱。相对于其生产成本，人们要为奇巧巧克力（KitKat）支付更多的钱。没有其他人可以真的制作奇巧巧克力，因为雀巢公司拥有其配方和商标，以及创建奇巧巧克力独特条形码（扫码可观看视频）所需的一切，这些条码会不断将我们吸引回来。

与 UPF 相比，对于销售牛肉、牛奶或红辣椒的公司来说，生产成本非常之高，尤其是高端产品，而且我们所有人都会将商家提供的不同类型的产品视为几乎一样。当然，我们可能会说，我们在乎我们的红辣椒是有机的，或者我们的牛肉是草饲的。确实，人们在走进超市时会这么说。但是当研究人员在这些顾客离开商店查看他们的包时，他们通常购买的是每种商品中最便宜的。

所以说，要想靠 NOVA 分类一至三中的食物赚很多钱是相当棘手的事情，尤其是在小规模的情况下。像美国嘉吉公司（Cargill）这样的大型食品公司可以从牛肉中赚到钱，因为其体量如此之大，但他们仍然依赖于向 UPF 制造商供应牛肉。没有任何初创公司生产优质牛奶或牛肉。这些领域几乎没有增长，增长的是 UPF，而且大量的增长源自广告推销。

在莱斯特，我看到了快餐业对我们的生活（尤其对孩子）的控制程度。麦当劳已经成为实际上的社区中心。正如一名青少年所说的："这是我们不得不去玩的地方，因为所有的青年俱乐部都被关闭了。我们还能去哪里呢？"

克里斯蒂娜·阿丹（Christina Adane）是一位年轻的食品活动家（food activist），她在伦敦南部长大，小时候有资格享受免费的学校供餐。她是 2020 年暑假期间英国免费校餐请愿活动的幕后推手，该活动得到了足球运动员马库斯·拉什福德（Marcus Rashford）的支持。我们冒雨在一个公园见了面，就在她长大的地方附近，她热情地解释了自己的观点——政府有责任保护孩子，确保他们不仅能获得食物，而且能获得健康的食物。她指着我们周围的食物环境，公园对面沿路都是鸡肉店。"我不希望任何孩子生活在食物沙漠中。"她告诉我，"年轻人有权利在健康食物是默认选项的环境中成长，在此环境中，食物有吸引力、容易获得且负担得起。"

就像我在莱斯特遇到的青少年一样，阿丹敏锐地意识到，食品行业对她和她的朋友们的影响是多么的大："垃圾食品生产公司在渗透青年文化方面的成功程度令人深感恐惧。我走到哪里都能看到。名人们不断约在鸡肉店来推广新专辑，每一场为颇有前途的年轻艺术家举办的庆祝活动都会为能量饮料做广告。"当我问她放学后能去哪里玩时，故事和在莱斯特的一模一样：快餐公司利用年轻人放学后没有安全、干燥的地方进行社交活动而获得优势。

"我们当中没有足够的人意识到，这些快餐公司不是我们的朋友。"阿丹说道，"我们生活的世界中，三分之一的 11 岁儿童面临患上饮食相关疾病的风险。足足有三分之一啊。我们不应该将这些公司视为具有亲和力的或迷人的公司。”

阿丹和莱斯特的青少年向我展示了有关他们的“食物环境”的精彩画面——物理、经济、政治、社会和文化方面的背景，影响着他们最终会购买和食用的东西，其中包括所有的广告。对于我们吃什么，食物环境的决定作用要远远大于有意识的选择。

克山德和我拥有相同的肥胖基因，但因为住在波士顿，他比在英国时陷入 UPF 消费要深得多。他还有很大的压力，离家遥远，经受着巨大的生活变化。任何来源的压力（尤其是贫困带来的慢性压力）都会对那些调节食欲的激素产生巨大的影响，增加进食的动力。确切的机制尚不清楚，但在感受到压力时，你会分泌更多的皮质醇，这似乎能影响很多参与能量摄入调节系统的激素，从而使你增加高热量的 UPF 的摄入。皮质醇可能还会导致器官周围的脂肪堆积，称为内脏脂肪，其与更差的健康结局相关。低收入环境中的慢性压力连同对 UPF 的极端营销和 UPF 的可及性一起造成了双重危境。[10, 11]

克山德和我之间 20 千克的体重差异并不是我发挥意志力造成的。将我俩中的任何一个放进食物沼泽中，我们都会倍感压力、体重增加。但由于关于意志力的想法如此普遍深入人心，其阻止了我们寻找可能存在的解决办法，比如监管、食品定价等。在这种充满 UPF 的新环境中，克山德没有觉得他的基因是罪魁祸首。相反，他每天都感到自己很失败，而且因为我担心他并开始唠叨，他就更是如此了。他说的话和很多肥胖者说的一样，觉得自己吃东西是“因为他的情绪”，他的处境给他带来压力，这在表面上是真的。但有些人用食物来解决情绪问题——这是遗传造成的。

关于相同的基因在不同的环境中表现大相径庭的问题，克莱尔·卢埃林有了重大发现，其有助于解释克山德和我之间的这种差异。她利用双胞胎来研究肥胖的遗传性，并领导了“双子座”（Gemini）双胞胎研究，这是有史以来规模最大的双胞胎研究之一。

我们知道，先天和后天因素对肥胖及大量其他人类特征有着不同的影响，这其中的大部分内容都在类似的双胞胎研究中得到了证实。[1]这些研究表明，体脂率具有高度遗传性——高达 90%。[12]不过，根据研究群体的不同，遗传率也可能低至 30%。这是怎么回事？

在 2018 年针对 925 对双胞胎的研究中，卢埃林证实，遗传率（heritability）依赖于食物环境。[13]她和她的同事发现，在收入有保障且粮食安全程度高的家庭中，体重的遗传率在 40% 左右。但在收入最低且粮食安全程度最低的家庭中，这一比例跃升至 80% 以上。研究显示，导致肥胖的基因同样存在于高收入和低收入的家庭中，但高收入家庭对其具有防护作用。出生在低收入家庭会面临双倍的肥胖风险。因此，通过缓解（或者更恰当地说是“治疗”）贫困，尤其是儿童贫困，我们可以在没有任何其他干预措施的情况下将肥胖风险降低一半。

我们知道，低收入家庭倾向于食用更多的 UPF，原因很多，往往都很合理：它便宜，准备起来很快，孩子们通常乐意吃，可以保存很长时间。经常也是唯一能买到且负担得起的食物。在英国，近 100 万人没有冰箱，近 200 万人没有炊具，近 300 万人没有冰柜。现在的能源价格如此之高，即便人们有设备，很多人也负担不起使用费。这使得 UPF 不可或缺，意味着，如果像我一样，这些人有体重增加的遗传风险因素，那么这些基因会

---

[1] 这些研究之所以有效，是因为双胞胎存在两种类型：一种是像克山德和我这样的同卵双胞胎（identical twins），彼此基因克隆，100% 共享遗传物质；另一种是异卵双胞胎（non-identical twins），只共享一半左右的遗传物质——差不多和普通的兄弟姐妹一样。因为两种双胞胎所处的环境相当相似（这么说误差不大），所以有可能梳理出基因对其喜欢的任何特征的影响。对于那些 100% 靠遗传的特征，比如眼睛颜色或血型，所有同卵双胞胎都会共享，但只有一部分异卵双胞胎会共享。相比之下，那些更多由环境决定的特征在两种双胞胎中出现的频率相同，比如你是否摔断了右臂。双胞胎研究使我们能够确定某种特征是否可遗传。

发挥它们的作用。[14-16] 卢埃林的发现恰当地将大部分责任转到了“贫困”上——这是导致肥胖的更直接的原因。

***

在我的饮食实验进行到差不多一半的时候，我和雷切尔·巴特汉姆一起去吃午饭。我们表面上是庆祝拨款申请获得通过。我追问雷切尔我们应该去哪里用餐，但显然她根本不在乎。尽管我知道遗传学会影响我们对食物的思考程度，但仍然觉得对食物漠不关心很难理解。我会在早餐时计划晚餐吃什么。参加婚礼时，我会把注意力完全集中在开胃菜上。我的假期行程单上列的都是餐馆和超市信息。

挨过一个睡眠中断的夜晚后——莱拉做了噩梦，我被吵醒后再也没能睡着——我觉得筋疲力尽。我询问了雷切尔，她是否认为自己比我和她的病人们苗条是因为她能够对自己的进食欲望施加更大的控制力，这么问时，我大概表现出了非同寻常的不客气。她毫不犹豫地反驳了这个想法：“我的一些病人已经好多次减掉了你整个体重的分量。”她是对的，这样的减肥效果需要惊人的意志力（每次努力都要增强意志力），而雷切尔还能有更强的意志力吗？毕竟，她是个高成就者。

她也拒绝接受这一点。“在不吃饼干这件事上，我没有发挥意志力。”她解释道，“我或许能够想到它会很好吃，但我基本上不想要吃。”她漫不经心地一小口一小口吃着自己的午餐。“如果你让我吃饼干，我会不太高兴。食物根本刺激不到我，这就是我的基因。”

我边听边想，我和她的交情是否深到足可以要求她吃完自己盘子里的食物。因为我的基因构成与她的不同。旧石器时代的范·图勒肯家族（本书作者的家族）是如何幸存下来的这一点很显而易见，因为对食物很感兴趣，但巴特汉姆家族（雷切尔的家族）在对食物毫无动力的情况下做了什么：不断减少吃猛犸象的量？（据说猛犸象是早期人类的主要食物）当谈到像进食这样受数百种不同基因影响的复杂行为时，我们并不了解历史上某一组特定基因的优势。当然，一种特定的行为是否有益与特定的背景高度相关，这种背景包括你周围人的基因构成。假如你生活在一个对食物着迷的社区，你的同伴们痴迷于采集、猎取食物，那么，相比同样痴迷于食物的状况，做一个追求其他任务的人或许会让你对社区更有用。

***

雷切尔也许是这样的人——搬去美国或转而采用 UPF 占 80% 的饮食却依然不会长胖（尽管她还是很容易遭受 UPF 带来的很多其他不良影响的侵害），就像某些人有这样的基因构成——他们可以在 60 年中每天抽 20 支香烟也不得癌症。雷切尔具有不受食物刺激的生活经验，但我也希望和一位在另一个方向上有生活经验的肥胖领域专家谈谈。于是，我转向求助于我的朋友莎朗·纽森（Sharon Newson）。

莎朗和我是在拍纪录片时认识的。当时，她的体重是 149 千克，我曾经以一种我现在感到羞愧的方式给她提出过减肥建议。在我们建立友谊的过程中，莎朗设法佯装没听见我毫无帮助的评论和提示，并开始做私人教练、积累资历。然后她被录取为研究运动科学的博士研究生，一点儿也没张扬。她将她周围的肥胖领域专家组织起来构建了一个网络，成为我最信任的关于体重和个人转变方面的建议来源之一。尽管拥有专业知识和技能，莎朗依然难以接受“体重增加不是她的错”这一观点。在理智上，她理解基因和环境具有缺陷，但就像克山德一样，她的经验是，她自己是罪魁祸首：“感觉我很懒惰，那是我的错。这就是媒体每天告诉我的。我觉得我吃东西是因为自己的情绪问题。”

但是，虽然从表面上看，很多人（比如克山德和莎朗）是真的用食物来解决情绪问题，但其实他们这样做是一种“饮食行为”——卢埃林（以及其他人）已经证实了这种行为具有遗传性。不过理智地了解事物并不能帮助改变莎朗所说的“数十年来内化了的耻辱和责备”。在社会中，我们持续不断地评判、批评体重增加的人，而且这种观念已经渗透进了我们的思想。“就像有一个报纸专栏作家住在我的脑袋里。”

经过了这些年，莎朗改变了我对体重增加的人的看法，尤其是我哥哥。就像过去一直给莎朗提建议一样，我也唠叨了克山德 10 年，导致他陷入羞耻、压力和沮丧的恶性循环，驱使其体重增加得更多。他始终清楚我在评判他。“即便我在世界的另一端吃汉堡，依然会感受到你的评判正在辐射过来，这会让我异常愤怒，因而我会吃得更多。”他告诉我说。

克山德的体重增加了，可却是我来掌控他的体重。10 年来，我感觉他的高体重是我的问题。他让我感到尴尬，但我学会了将自己的尴尬伪装成对他的福祉的忧虑。不过我也真的是很担心。他感染上新冠病毒后症状比我严重得多，有可能是因为他的体重，新冠病毒损害了他的心脏，到了需要手术治疗的程度。

最终，为了强迫他减肥，我坚决要求进行某种程度上的干预，让他去见一位名叫阿拉斯代尔·康特（Alasdair Cant）的行为改变专家。阿拉斯代尔培训社会工作者和警察来帮助最脆弱的家庭，其中很多家庭因暴力或药物滥用而面临将孩子送入寄养家庭的风险。阿拉斯代尔想先和我谈谈。我告诉他关于我希望克山德减肥的方式和原因的一切想法。“因为你开始谈论你希望克山德要怎么样。”他说道，“这让我想知道，他自己可能希望要怎么样。”

阿拉斯代尔建议我问问克山德他自己想要什么，并建议我试着放下他的问题。莎朗这些年来说的很多关于羞愧和耻辱的话都开始变得很有道理。事实证明，克山德的问题主要是我的问题。我在对他实施网络欺凌，这是诊所医生、专栏作家、政府等所有人和机构在唠叨人们要去减肥时所做的事情，规模相当之大。

阿拉斯代尔用了大约 20 分钟就把事情搞定了。我不再纠缠克山德，不出所料，情况变得好多了。不过当时我并没有意识到有多好，直到一年后特意询问他时才明白。“我不再害怕见到你了。”他告诉我。我们关系的方方面面都有所改善：“不仅是你不再烦扰我了，我还知道你是真的不再担忧了。这让我抓住了我自己的问题。”

这是真的，我过去确实不停地骚扰他。阿拉斯代尔说服了我，我真的不应该像以前那样看待我的哥哥：把他当作某种形状或重物。“当我最终决定健身并好好吃饭时，我并没有输掉与你的争论，”克山德说，“我只是在经营自己的生活。”

人们体重的差异与意志力毫无关系，它就是基因碰撞和食物环境制约的结果。最著名的意志力测试恰恰证明了这一点。

最初的实验是由斯坦福大学的沃尔特·米歇尔（Walter Mischel）在 20 世纪 70 年代设计的，其更广为人知的名字叫“棉花糖实验”（marshmallow experiment）。这是一个足够简单的主意：给孩子们一个棉花糖，让其独自待在房间里 15 分钟，并告之，如果他们能够忍住不吃，会再奖励他们一个。孩子有两种选择：立马享用，或者延迟满足以获得双倍奖励。米歇尔在接下去的 20 年里追踪了 90 名测试参与者，发现那些能够选择延迟满足的人的 BMI 较低、受教育程度较高。[17，18]

不过该研究后来又对更多的受试者做了同样的测试——来自各种不同背景的 918 名孩子。[19] 这项新的分析似乎表明，预测孩子是否会选择延迟满足的最大因素是社会经济背景：来自贫困家庭的孩子更有可能选择即时奖励。

从孩子的视角来看，这是很有道理的。贫困的生活会带来不确定性，所以相比等着未来也许不会到来的奖励，一旦机会来了就抓住它可能是更好的策略。具有启发性的是，当科学家比较没有学位的母亲所生的孩子时，他们发现，孩子是否延迟吃棉花糖对生活结局没有影响。决定孩子能否获得长期成功的因素是他们的社会和经济背景，而非他们是否能够抵御棉花糖的诱惑。因此，棉花糖测试很可能只是一个贫困测试。[1]

关于我们是谁，很大程度上是由我们周围世界的结构决定的。你无法用意志力来控制体重调节系统，它是经过饮食的第二个时代中的5亿年形成的，就像你无法对长期的氧气或水的摄入施加意志力一样。不过也许存在一种对待UPF的方式，可以让一些人摆脱它的魔咒：或许最好将其看作是一种成瘾性物质（addictive substance）。

---

[1] 就像心理学研究中往往会出现的情况那样，该实验只是测试了贫困状况，其结论并不可靠。我讨论过的重新审视米歇尔的棉花糖测试的研究[20]本身在另一篇论文中也被重新审视过，[21]该论文质疑其使用的一些方法。查阅了更广泛的证据后，我的理解是，在孩子生命中的某个时刻，用一项简单的测试来预测他们个人的生命结局，这种做法充满了风险，也需要特别有效的证据。有很多证据表明，贫困会让人以理性的方式改变决策。不难想象，比如说，在极度贫困的背景下，承诺的食物有时可能永远不会送达。米歇尔本人做出了不少努力来驳斥“意志力是天生的特质（你要么有，要么没有）”这一观点，并指出，父亲缺位的孩子倾向于选择即时奖励，这同样出于理性原因。2020年的一项后续研究（米歇尔自己也是作者之一！）发现，与抵挡住了棉花糖诱惑的同龄人相比，很快屈服的孩子在财务安全、受教育程度或身体健康方面通常最多处于相同的状况或者要差一些。所以，如果你的孩子在你离开房间时吃了糖果，不要太担心……但一定要把糖果藏起来。[22-27]

第 10 章
UPF 如何侵入我们的大脑

在我的实验饮食进行到两周末的时候，我仍然很享受像“莫里森全天早餐”（Morrisons All Day Breakfast）这样的产品。这是一款经典的冷冻餐，装在一个用塑料薄膜封盖的三格塑料托盘中——含 768 卡路里的焗豆、土豆煎饼、猪肉香肠、煎蛋卷和咸肉，用烤箱烤 20 分钟就可以吃了。这让我想起小时候乘坐长途航班去加拿大探望表亲时那种难以按捺的兴奋心情。我的兄弟们和我常常能够说服乘务员给我们额外的饭菜，我们会把托盘舔得干干净净。假如我可以自己安排饮食的话，加拿大航空公司（Air Canada）1986 年的芝士意面会是我的最后一餐。

事实上，第一种全冷冻餐点用于航空配餐是马克松食品体系公司（Maxson Food Systems）的“平流层餐盘”（Strato-Plates）。之所以这样称呼，是因为它们被开发出来的目的是在当时的新客机上重新加热使用——波音公司于 1947 年推出的平流层客机（Stratocruiser）。

20 世纪 40 年代后期，一些冷冻餐被开发出来，但史云生牌（Swanson）“电视晚餐”（TV Dinners）是在 1954 年才突然开始成长并大获成功的。那时，超过一半的美国家庭拥有电视机，这是一个完美的诱因。这种晚餐的成本是 98 美分，25 分钟就能做好，在接下去的 30 年中，它们会变得无所不在。一张 1981 年的照片显示，里根夫妇在白宫里，穿着同样的红色套头衫，里面是同样的白衬衫，坐在同样的红色扶手椅里，脚下是同样的红地毯，吃着电视晚餐。[1]

在英国，无论是购买家用电器，还是消费即食餐，我们都比较落后，直到20世纪60年代，电视和冰柜才在英国家庭中普及开来。但是现在，我们吃的这些即食餐要比任何其他欧洲国家都多。根据英国《食品商》杂志的数据，2019年，英国即食餐类的市值约为39亿英镑。我们中近90%的人经常有规律地吃即食餐。[2]

当我的“全天早餐”待在烤箱里时，黛娜和我为她和孩子们做了一些鲑鱼、米饭和西蓝花。我们连续制作了20分钟，几乎是无意识地运用了从我们的父母那里传下来的技能，以及刀具、三个平底锅和一块砧板，得到的是晚餐，是的，还有一大堆待洗的餐具和满是鱼腥味的手。

我们吃饭的时候，黛娜大声读着我这一餐的配料并问道：“右旋糖，稳定剂（焦磷酸盐），牛胶原蛋白肠衣，辣椒提取物，抗坏血酸钠，亚硝酸钠，稳定剂（黄原胶、焦磷酸盐），调味剂。你为什么要吃焦磷酸盐？”

焦磷酸盐稳定剂在冷冻过程中将所有物质结合在一起，这样水就不会最终在表面形成晶体。它们只是让“全天早餐”成为如此令人愉悦的产品的一个因素，还有土豆煎饼有点脆，盐和胡椒的含量恰到好处。

最重要的是，这东西很容易吃。当黛娜还在嚼她的第二口饭时，我已经在舔那个容器了，就像我过去在那些横跨大西洋的航班上一样。[1]

我的实验饮食进行到第三周时，事情开始有所改变。我和山姆及雷切尔一起设计一项英国研究，以测试是否有可能在遵循英国营养指南的同时依然食用大量的UPF，以及这是否会产生任何可测量的效果。像这样的研究在开始之前会有大量的计划工作需要做：筹措资金，确定研究设计的细节。我与全球数十位专家交谈，询问他们UPF的影响，以及我们应该在志

---

[1] UPF包装中的任何东西都基本上不会留下来。我敢肯定，我从来没有留下过某个包装中的一片薯片或一口三明治。

愿者身上测量的东西。

在故意让自己接触某种可能有害的物质之前，我从来不了解它，而且在开始我的实验饮食之前，我甚至从未读过配料表。UPF 可能是我们将其放入嘴里之前检查最少的食物种类。

我会在给法国或巴西的专家打完电话后坐下来享用一顿 UPF 盛宴。我还会常常在打电话的时候吃东西。这就像一边抽烟一边阅读有关肺癌的信息，是我在引言中提到的那本论证相当完美的自助书的基点——《戒烟的简单方法》[3-5][该书甚至包含在世界卫生组织的“戒烟工具包”(quitting toolkit)中]。[6] 像许多已经使用过艾伦·卡尔的方法的吸烟者一样，我与 UPF 的关系开始发生变化。

到第三周时，我努力吃着 UPF，不会去想专家已经告诉我的东西。不过有两条评论很特别，一直回响在我耳边。

第一条来自妮可·阿维纳(Nicole Avena)。她是纽约西奈山医院的副教授和普林斯顿大学的客座教授。她的研究聚焦于食物成瘾和肥胖。她告诉我 UPF 如何能够驱动我们古老的进化系统去让人“想要”进食，尤其是含有盐、脂肪、糖和蛋白质的特定组合产品：“一些超加工食品可能会激活大脑的奖励系统，在某种程度上，这与人们使用酒精甚至尼古丁或吗啡等药物时的情况类似。”

这种神经科学是有说服力的，尽管其仍处于早期阶段。[7] 越来越多的脑部扫描数据显示，能量密集、超级美味的食物(经过超加工，但也可能是真正优秀的厨师可以制作出来的东西)能够刺激大脑回路和结构发生变化，很多部分与成瘾药物的影响相同。[8] 我们拥有这个“奖励系统”来确保自己能从周围世界获取我们所需要的东西：伴侣、食物、水、朋友。它使我们“想要”一些东西，常常是我们以前与之有过愉快经历的东西。假如我们对某种特定食物有过许多积极的体验，并且处在一个周围到处都是这种食物的提醒信息的环境中，那么“想要”或“渴望”几乎会是必然发

生的。我们甚至会开始“想要”这种食物周围的东西，比如包装、气味或者你可以买到它的地方的景象。[9, 10]

不过在与阿维纳的讨论中，最让我印象深刻的部分是她谈到食物本身时不经意间冒出来的那些话。保罗·哈特已经解释过，大多数 UPF 是如何对天然食物进行重构而得到的，先将天然食物变为基本的分子成分，之后对其改性并重新组合成如同食物般的形状和质地，然后加入大量的盐、糖、色素和调味剂。阿维纳推测，如果没有添加剂，这些基本工业成分可能不会被你的舌头和大脑识别为食物：“那几乎就像是吃泥土一样。”我不知道她是不是认真的，但我开始注意到，我吃的很多东西都只是表面上有一点儿像食物。对于用事先经过油炸、烘烤或膨化的糊状原料制成的零食和谷物来说，情况尤其如此。

例如，我非常喜欢将燃拓牌碳水化合物杀手巧克力涂层海盐焦糖棒（Carb Killa Chocolate Chip Salted Caramel Bar）作为上午的点心来吃。它似乎比普通的巧克力棒要健康一点儿。毕竟，我做这个实验是因为好奇，而不是想以科学的名义故意伤害自己。

与阿维纳讨论过后，我检查了配料表。这些巧克力棒和很多其他巧克力棒一样，都是由经过深度改性的碳水化合物（第一种配料是叫作麦芽糖醇的东西，是一种改性糖，本身由改性淀粉制成，热量较低，但甜度几乎与蔗糖一样）、从牛奶和牛肉中分离出来的蛋白质（酪蛋白酸钙、分离乳清蛋白、水解牛肉明胶）以及工业加工过的棕榈油制成的，所有这些靠乳化剂结合在一起。正如阿维纳所说的，其本身可能会让人觉得不合意。它变得美味可口是因为加了盐、甜味剂（三氯蔗糖）和调味剂。[1] 在吃这些用牛

---

[1] 很多饼干和巧克力棒都有类似的基本配方。马里兰迷你巧克力曲奇饼干（Maryland Minis Chocolate Chip Cookies）是工作场所茶室中最受欢迎的东西。同样，它们包含改性碳水化合物（精制面粉、转化糖浆），加上工业脂肪（棕榈油、婆罗双树油、乳木果油），再加上补充的蛋白质（乳清），由大豆卵磷脂乳化剂将这些东西黏合在一起。这种混合物再用盐、糖和调味剂来使其可口。

筋做成的零食棒时，她的话在某种程度上开始引起我的共鸣，让我无法像以前那样非常享受食物。

给我印象最深的专家是卡洛斯·蒙泰罗团队的成员费尔南达·劳伯（Fernanda Rauber）。她的研究和思路贯穿了这整本书。她详细地给我讲解了很多事情——UPF 包装中的塑料（尤其是加热过的）会如何显著降低生育能力（根据一些专家的说法，甚至可能导致阴茎收缩）；UPF 中的防腐剂和乳化剂会如何扰乱微生物群；肠道会如何因为从食物中去除纤维素的加工过程而进一步受损；高含量的脂肪、盐和糖如何每一样都会各自带来特定的危害。有一个小评论让我牢牢地记住了。每当我谈到我在吃的“食物”时，她都会纠正我：“大多数 UPF 都不是食物，克里斯。它是一种工业生产的可食用物质。”

这些话开始在我吃每顿饭时都萦绕在我心头。它们呼应并强调了阿维纳的想法——如果未经着色和调味，其非常有可能无法食用。

就在一顿火鸡肉麻花（Turkey Twizzlers）家庭餐开始之前，我和劳伯谈了谈，这是一种声名狼藉的产品，十多年前就在英国被禁止用于学校供餐，因为食品活动家认为其太不健康了。最初的版本有多达 40 种配料——该麻花只有三分之一是真正的火鸡肉。新版本的火鸡肉含量依然不到三分之二，制造商已设法将其配料数量减少到仅 37 种（感觉很讽刺）。

其配方与碳水化合物杀手棒相似得惊人。火鸡蛋白，改性碳水化合物（豌豆淀粉、大米和鹰嘴豆粉、玉米淀粉、右旋糖），工业油脂（椰子油、油菜籽油）和乳化剂一起做成糊状物，再与酸度调节剂、抗氧化剂、盐、调味料及糖结合在一起，然后塑形成螺旋状物。在烤箱中，它们散了开来，变成由 63% 的火鸡肉制成的麻花。黛娜、孩子们和我都聚在一起，透过烤箱的窗户观看这一奇观：这是罕有的全家安安静静的时刻。

吃的时候，我的脑子里有一场激烈的争斗。我仍然想要这种不是真正食物的食物（根据劳伯的说法），但与此同时，我不再享受它了。[1] 餐点显得千篇一律：每样东西似乎都差不多，不管是甜的[2]，还是咸的。我从不觉得饥饿，但也从未感到满足。这种食物发展出了怪诞的一面，就像一个玩具娃娃，看着确实不像真的，但最终看起来却跟尸体似的。

到最后一周（第四周），这种饮食对身体也开始产生非常明显的影响。我没有称体重，但不得不把腰带松了两格。而且，随着我体重的增加，我的家人也长胖了。我不可能阻止孩子们吃我的可可力、比萨片、烤薯片、千层面、巧克力。如果我去偷偷地吃，莱拉会穷追不舍，直到逮住我，然后要求吃我正在吃的任何东西。

很难从日常生活中梳理出 UPF 的影响。我做了许多令人焦虑的梦，通常是关于女孩们的死亡。并不是说我以前从来不做这类梦，但从我不吃 UPF 的洗脱期开始，我就不记得它们了。

我现在吃的盐多了很多，这意味着要喝更多的水，因而不得不经常小便。也许这是做梦的原因？我时常在凌晨 3 点或 4 点醒来，或者是因为噩

---

1. “想要”和“喜欢”的首次分离是在一项用大鼠做的实验中实现的，执行者是罗伊·怀斯（Roy Wise）和肯特·贝里奇（Kent Berridge）。大鼠和我们在大脑回路方面有很多相同的地方，尤其像“动机”这样的东西。怀斯和贝里奇首先用药物抑制大鼠体内的多巴胺，然后用神经毒素破坏多巴胺通路。他们预期大鼠从糖中体验到的愉悦感会减少（贝里奇是发现大鼠有愉悦感的专家）。但与之相反，他们发现，虽然大鼠不愿意为了吃而动起来，也不再有动力，但是在将糖放到它们的舌头上时，它们似乎很喜欢，就像之前那样。
2. 吃过麻花后，我来了一份 Gü 牌巧克力流心热布丁（Hot Pud Chocolate Melting Middle）甜点，配料是：巴氏杀菌全蛋［配料是蛋，防腐剂（山梨酸钾）、酸度调节剂（柠檬酸）］，糖，黑巧克力（20%）［配料是可可液块、糖、低脂可可粉、乳化剂（大豆卵磷脂）］，黄油，小麦粉（配料是小麦粉、碳酸钙、铁、烟酸、硫胺素 / 维生素 B_1），植物油（配料是棕榈油、油菜籽油），葡萄糖浆，水，防腐剂（山梨酸钾）。我是在晚上 7 点吃的，但 Gü 网站上说：“如果你在疑惑 Gü 甜点能不能在上午 11 点吃，那么只要知道，在某个地方，每一秒都有人在尽情地吃它。”

梦，或者是需要小便，或者兼而有之。睡不着我就去厨房吃零食，这更多是出于无聊，而非别的原因。

我便秘得很厉害，因为 UPF 中纤维素和水的含量低，而盐的含量高。便秘导致痔疮和肛裂。大多数人都有这种体验 ，因为大多数人都吃 UPF。用力拉干硬的大便会将肛管的柔软内膜一点一点地拖向外面，感觉就像你的屁股里卡了一粒花生。这种不适造成睡眠更糟糕，从而加剧了我的焦虑并降低了工作效率，进而带来了更严重的焦虑——一个对身体和心理都起作用的旋涡，开始影响我们家庭生活的方方面面。

短短几周内，我感觉自己老了 10 岁。我感到疼痛、疲惫、痛苦、愤怒。颇具讽刺意味的是，人们往往觉得食物是解决办法，而非问题所在。

随着我的实验饮食的进行，我开始痴迷于分辨什么是 UPF，什么不是。我周围的每个人也都这样了。朋友们开始给我发送配料表，"'有水果浓缩物'（fruit concentrate）是不是意味着这是 UPF？"（顺便说一下，是的。）

我在一个美食节上认识了比・威尔逊，我们都在一个小组讨论会上发了言。她是一位食物方面的记者和写作者，撰写过关于 UPF 的文章。她询问我是否会将焗豆归类为 UPF。她自己认为它们不是。"对于大多数英国公众而言，这可能是一条相当重要的分界线。"她说道。

罐装焗豆是英国人饮食中的重要组成部分，其由白豆浸在番茄酱中制成。正如威尔逊所说，虽然它们显然不是世界上最健康的食物，但是，"在一般饮食中有如此之多的其他食物的背景下，这种罐头里就能算有相当多的真正食物了。"这是事实：大多数焗豆罐头真的就是豆子加西红柿。

实际上，威尔逊直接找了信息源头，她询问了卡洛斯・蒙泰罗："我不认为他真的明白我在问什么。他们在巴西没有对等的东西。但他坚决强调，罐装豆子通常经过加工，但没有经过超加工。"

这似乎是一个不重要的小问题，但并不是。那些靠近 UPF 的食物被 UPF 行业用于将"UPF"概念说得一无是处。首先，一种看上去无害的普通食品被发现含有一种添加剂，这意味着它在技术上符合 UPF 的定义。然后，有人提出，这说明 UPF 的定义肯定下得很差劲，或者那些认为 NOVA 分类体系有用的人想要像对待香烟或海洛因一样对待全麦维或焗豆。

举个具体的例子，亨氏焗豆（Heinz baked beans）其实既属于 NOVA 分类三又属于 NOVA 分类四。不同的种类具有不同的配料。有机类含有“豆子（52%）、西红柿（33%）、水、糖、玉米淀粉、盐、酒醋”——非 UPF。但最初的种类是 UPF，因为它们还含有改性玉米淀粉、香料提取物和香草提取物。二者在营养方面的差异为零，但我们有理由认为，这少数几种配料有可能推动过度消费，正如我们将看到的那样。

然而，对于我们中的很多人来说，即便是加了一些改性玉米淀粉，焗豆仍然是一种健康、人们负担得起、很容易用来做成一道主菜的食物。这就是 NOVA 分类体系的局限性所在，这个体系的设计目的是用来观察饮食模式的，而非评估单个的食物。几乎可以肯定，UPF 也存在一个范围，想要确切地判断任何一种产品如何有害或否有害，这是不可能的，因为我们不是只吃一种食物——我们会吃一系列的食物。假如你被困在荒岛上，只吃炸鸡块会比只吃西蓝花活得长，因为炸鸡块确实含有更多的蛋白质和热量。但是，比起基于炸鸡块的饮食模式，包含西蓝花的地中海饮食（Mediterranean diet）模式将让你活得长得多。

随着我开始感觉更加不适，对健康结局更加焦虑，我越来越努力地搜寻“更健康”的 UPF。我将全糖可乐换成了健怡可乐（Diet Coke）。[1] 我不

---

[1] 开始时，我只是在早餐时喝一罐健怡可乐，但渐渐地，我在每一餐及两餐之间都非常想喝。最后，我差不多每天喝 6 罐。我无法解释这种上瘾的感觉。我们认为食物成瘾在某种程度上是通过生理奖励来调节的，但健怡可乐只是甜味剂、酸和咖啡因的混合物。正如我们将看到的，或许是我对它的味道和包装罐上瘾了，但我从来没有像其他可乐那样渴望饮用健怡可乐。非常多的人都说起过这一点，不过我一直没有看到令人满意的解释。[11]

再购买改造过的炸鸡块，而是买烤箱即食千层面，至少在黛娜指出以下这个问题之前是这样——我在森宝利（Sainsbury）超市买的牛肉千层面只包含普通的厨房配料，而我一直认为其是UPF。事实证明，乐购、英国合作社集团（Co-Op）、玛莎百货（M&S）和维特罗斯（Waitrose）出售的千层面同样如此。莫里森（Morrisons）的款式也相当温和，只加了普通的焦糖色和洋葱浓缩物。但是，艾斯达（Asda）和阿尔迪（ALDI）的配方属于UPF，这一点没什么争议。艾斯达的千层面有改性玉米淀粉和多种色素（辣椒提取物、胭脂树橙提取物），而阿尔迪的含有乳糖、麦芽糊精、改性玉米淀粉、右旋糖、橄榄提取物和黄原胶。

我打了电话给蒙泰罗的另一位合作者，看看我个人最喜爱的森宝利千层面算不算UPF。玛丽亚·劳拉·达·科斯塔·卢扎达（Maria Laura da Costa Louzada）是圣保罗大学营养流行病学年轻的助理教授。她讲话时带着一种革命者般的坚定、热情、乐观的态度，并且能很轻松地深入讲解她作为证据所用到的数据的数学运算。她曾在巴西做研究，在那里帮助编写了国家营养指南，然后去了哈佛大学，一年后返回家乡。

我询问她关于这些千层面的事情，这类高端的类UPF食品在英国无处不在。它差不多是自制食品，但看上去仍然像UPF：用塑料包裹着，含有大量公认的普通配料。

达·科斯塔·卢扎达被这个问题逗乐了："NOVA分类体系是一种流行病学工具，可以告诉我们饮食模式对健康的影响。它是一种非常好的了解食物体系的方式。"但要想了解一种单独的食物，我们的思维需要超越NOVA分类体系。"有些产品在技术上不属于UPF，"她解释道，"但它们使用相同的塑料，运用相同的市场营销和开发流程，并且由制造UPF的相同的公司生产。添加剂是UPF定义的组成部分，但它们并不是食品的唯一问题。"

有些添加剂是无害的，而另一些则会造成直接伤害。但不管哪种情况，正如我们将看到的，它们的存在表明产品或许具有很多其他可能导致有害影响的特性。根据达·科斯塔·卢扎达的说法，假如你应用 NOVA 分类，那么森宝利千层面就不是 UPF，“但这些食品就像是幻想中的非 UPF，它们其实不是自制食品。”

当涉及政府干预和贴标签的问题时，围绕何为 UPF、何为非 UPF 的讨论就很重要了。我个人的经验法则是：如果我纠结于是否将某种食物称为 UPF，那么它可能就是 UPF。在我们观察身体受到的影响时，理由就会变得更加清晰，即使它没有具体的危害因素，比如说乳化剂，人们也会以促进过度消费的方式来开发、发展它。

然而，为了我的实验饮食，我要严格遵循 NOVA 分类，这意味着得改吃阿尔迪千层面。

在实验饮食结束后，我回到伦敦大学学院做检查，结果令人惊叹。我重了 6 千克。如果这个速度保持一年，我的体重将增加近一倍。此外，我的食欲相关激素完全紊乱了。让人体产生饱腹感的激素在面对大餐时几乎没有反应，而饥饿激素则在刚吃完一会儿就飙升到天际。我的瘦素（一种来自脂肪的激素）水平增加了 5 倍，同时我的 C 反应蛋白（C-reactive protein，一种指示炎症的标志物）水平升高了一倍。我容忍了自己的肥胖基因，并将其暴露在一个它们可以最大限度发挥作用的环境中，就像克山德以前在波士顿时发生的那样。

但最可怕的结果来自核磁共振扫描，我原本一直以为这是浪费时间和金钱的事情。

克劳迪娅·甘迪尼·惠勒-金肖特（Claudia Gandini Wheeler-Kingshott）是我的合作者之一，她负责实验的这一部分。她是伦敦大学学院神经病学研究所（UCL Institute of Neurology）的核磁共振物理学教授，我去那里见她，为了看我的结果。她柔和的意大利口音给本来可能会枯燥乏味的核磁共振成像讨论带来了温暖。核磁共振扫描的复杂程度人所共知，但克劳迪娅有简化它的经验："我 90 岁的外祖母住在意大利，她不是物理学家，在我读博期间，她每天都给我打电话，要我讲解我的研究内容。"

借助这些扫描，克劳迪娅构建了一张地图，展示我大脑的不同部分是如何相互连接的，以及它们的显微结构和生理特性，你还记得吧，我以前认为这些扫描毫无意义。其中一项扫描是所谓的"静息态扫描"（resting-state scan）。我只是躺在扫描仪里和缓地做着白日梦，他们每隔几秒就给我的大脑拍 5000 张照片，由此构建出一幅图像，显示有多少氧气和血液流向大脑的每个部分。相互连接的大脑区域在耗氧方面是同步的，所以它们在扫描时会同时"点亮"。"想象一下，"克劳迪娅解释道，"如果记录下整个城市的打电话情况——你就能够识别出那些相互连线、相互通话的房屋。你可以绘制出它们的位置以及它们之间联系的强度。它们每天都通话吗？还是有可能一个月只通话一次？还是从来不通话？"[1]

我的实验饮食结束后，大脑中几个区域之间的连接性增强了，尤其是那些涉及激素控制食物摄入及与欲望和奖励有关的区域。解释这一点并不容易，不过它似乎体现出我的一些经历：我大脑的不同部分之间曾进行过角力——潜意识里或多或少想要食物的部分，有意识地了解、理解相关危害的部分。

随着我对 UPF 危害的了解越来越多，它变得不那么让人享受了，但我对它的向往没有减少。我有两种相互冲突的分析性心思：完成实验的渴望、我对 UPF 及其如何伤害我的知识的增长。最重要的是，我的身体从摄入所有的脂肪和糖中获得了非常真实的生理奖励。我期待晚餐，但很难喜欢它。对此，克劳迪娅是这样说的："这就好像你大脑的一个部分（你的小脑，处

---

[1] 例如，大脑中控制运动的部分会不断检查发起运动的部分，即便在你没有运动的时候。这些连接称为"静息态网络"。我们知道，患有多发性硬化症（multiple sclerosis）和帕金森病等神经系统疾病的人具有非常不同的静息态网络连接，但对于饮食是如何影响这类网络的，我们依然知之甚少。

理习惯和自动行为的部分）在说，这完全是个错误，而你的额叶皮层却说，这没关系。”

我在核磁共振图像上呈现出来的变化是生理功能上的，而非形态学上的——我大脑中的实际线路并没有改变，但流经这些线路的信息有所变化。克劳迪娅解释道，久而久之，这种信息流的变化会导致结构的变化：“如果车辆开始沿着一条辅路行驶，那么它最终将扩展成一条主干道。新的永久连接会发展出来。”

我追问克劳迪娅，有没有可能这一切都是噪声（干扰信号、垃圾信息）——毕竟我只是一个参与者。也许我在第二次扫描之前工作压力较大或睡得太少？她说得很清楚：“不是，除非你对大脑的生理机能做了某些重大的事情，否则不会看到这些巨大的变化。这不是随机出现的。”她还做了叫作脑干光谱学分析的事情，观察神经递质的分解产物，这些数据揭示的变化与核磁共振图像中显示的变化完全一致。

在理解、接受这些研究结果时，我开始想到莱拉和萨莎。对儿童和青少年的影响真的令人担忧。他们吃的 UPF 数量会和我的一样，只是他们会吃很多年，而他们的大脑还在发育过程中。我们不知道这意味着什么。我们的确认识到，把奖励通路搞乱不是一个好主意。毕竟这是所有成瘾性药物所做的事情。克劳迪娅将其描述成一个价值百万美元的问题：“UPF 会影响他们的智商和社交表现吗？我们确实不清楚孩子的大脑会发生什么。”

不过克劳迪娅对戒掉 UPF 持乐观态度，这很好，也有点让人放心，她指出，这种情况有可能出现——如果能在超重的人戒掉 UPF 时扫描其大脑，我们最终会看到其中有益的变化。“人们想着他们打算减掉脂肪，”她说到，“但实际上戒掉 UPF 可能会以非常积极的方式改变大脑，影响生活的其他领域。我猜想，我们也许能看到人们的注意力和记忆力得到改善，尽管我们需要证明这一点。”我发现这有助于想象：健康的食物可能会以积极的方式重塑大脑中的连接。

扫描后，实验饮食结束了，我立即、完全停止了摄入 UPF。

克劳迪娅按下了某个开关，让我能够一下子戒掉了（quit cold turkey）UPF。[1] 我使用跟上瘾有关的语言“quit cold turkey”是有原因的。我开始认为，我之前对 UPF 有点上瘾了，我哥哥克山德那是肯定上瘾了。

过了不到 48 小时，我晚上能睡着了，我的内脏开始正常运转，工作也变得更轻松了。当然，生活有它自己的起起落落，但除了实验饮食结束了，其他一切似乎都没有改变。

有很多 UPF 从来没能诱惑我就范过，但也有一些类型——主要是咸味的、油炸的、辛辣的和富含味精的——我偶尔会吃到要吐的地步。我以前从来没有体验过如此混乱而又切实有效的方式：如果我暴饮暴食，但又不吃到胀爆肚子的话，这会让我更容易睡个好觉。混乱也好，不混乱也好，在我的实验饮食结束时，所有这些东西——我以前挣扎着不吃的东西——都变得不可食用了。

从科学的角度来看，“食物成瘾”这个概念非常不合时宜，这样说有充分的理由。这里有两个问题。首先，因为食物含有范围如此广泛的分子，任何一种单一的组合怎么能被认定为会让人上瘾呢？而且，关于个别营养素（如纯脂肪或糖）的最简短的思想实验会告诉你，它们不会令人上瘾。[2] 此外，将食物视为一种成瘾物质的最大问题是，从逻辑上讲，其会让人们实施禁食策略，但是，你不可能戒断食物。而且上瘾者无法有节制地使用

---

① 黛娜指出，我立即戒掉的其实是我不需要戒掉的东西，这么说时，她可开心了。

② 2018 年的一篇论文《食物成瘾：一个有效的概念？》易读且免费，两位作者保罗·弗莱彻（Paul Fletcher）和保罗·肯尼（Paul Kenny）分别持反对和支持的态度。[12] 他们都是重量级人物。我更倾向于肯尼的结论一点，不过弗莱彻主要是建议科学家们要谨慎，不要轻易相信那些尚没有证据清晰表明的观点。肯尼界定了他认为的成瘾物质：“美味可口的各类高热量食物中宏量营养素的组合不是在自然界中产生的，而当这些组合形成时，其可对大脑的动机回路产生强有力的超生理冲击，足以改变后续的完成行为。”

成瘾物质（但摄入食物是可以有节制的）。食物就是不可能使人上瘾。

因此，作为一种解决办法，一些科学家提出，食物成瘾属于“行为性的”。[13] 这是成瘾的两大分类之一。第一种是物质成瘾，定义为一种“神经精神障碍，特征是不顾有害后果反复出现服用某种药物的欲望”，其涉及烟草、酒精、可卡因等。另一种是行为或非物质成瘾，其覆盖的事情包括进食、病态赌博、网络成瘾和手机成瘾。

我觉得行为方面的解释听上去不够真实可靠。正如吸烟者有烟瘾一样，我和其他很多人都感觉对食物本身非常上瘾——或者更具体地说，对特定类型的 UPF 非常上瘾。我尝试过许多传统上的成瘾物质——在军队中令人不自在的几年里，我抽过烟；做医学生时，我豪饮狂欢——但从不曾有任何东西像我喜爱的食物那样吸引过我，食物这种东西真的能让我大脑中那些古老的部分发痒，刺激那些会激发如此之多行为的奖励中心，无论是好是坏。

现实与科学之间的这种僵局是我们对肥胖的想象方式有些混乱的部分原因：我们倾向于把问题归咎于个人，而不是食物，尽管越来越多的证据表明，食物本身就是导致肥胖的问题，而且也许是很多人饮食失调的原因。我和克山德一起通读了最新版美国《精神疾病诊断与统计手册》（*Diagnostic and Statistical Manual of Mental Disorders*）中关于“成瘾”的定义标准，这本书是精神病学领域的《圣经》。它使用 11 个诊断标准将滥用令人兴奋的物质的程度分为轻度、中度、重度。如果你符合 6 个以上的标准，那就存在严重问题。我们俩都给自己喜爱的食物（全都是 UPF）打了实实在在的 9 分。

其提出的问题聚焦于诸如“该物质的摄入量日益增长”、任何“控制使用的努力都不成功”“花费大量时间和精力获取该物质”“渴望体验”。

问题的关键是第 9 个标准：“即使知道存在可能由该物质引起或加剧的持续性或复发性的身体或心理问题，仍然继续使用该物质。”与过度饮食相关的心理效应（耻辱、羞愧、失败感和内疚）在文献中有详尽的记录，甚至在我们看到身体伤害分类数据库之前就有，而克山德和我虽然了解这一切，却还都一直在吃。

对某些人来说，某些食物似乎确实会令其上瘾，这是事实，而给食物贴上成瘾物质的标签又是不可能的事情，那么我们要如何协调这二者呢？方法是采用克劳迪娅的观点——UPF 不是像香蕉或鸡肉块那样的食物，而是一种单独分类的可食用成瘾物质。让人上瘾的通常不是食物，而是 UPF。越来越多的主流科学支持这一理念。

假如你认识的某个人正苦苦挣扎于药物滥用，那么将其与食物过量摄入相比似乎是一种冒犯，但越来越多的文献指出，这是一种有效的比较。艾希莉·吉尔哈特（Ashley Gearhardt）是美国密歇根大学的心理学副教授，她是支持 UPF 与成瘾物质相似的顶尖科学家之一。她已经在一系列的论文中概述了相关证据。[14–16]

第一，相比真正的食物，UPF 在食物成瘾量表上的得分始终较高。人们报出的问题总是和 UPF 有关。显然不是所有的 UPF——有些人吃甜甜圈出问题，有些则是冰激凌。于我而言，廉价的外卖给我带来麻烦。当谈到饮食失控和暴饮暴食时，人们摄入的物质几乎总是 UPF 产品。[17–19] 并非所有的 UPF 都会让每个人上瘾，那些确实发现自己上瘾的人可能会有特定的上瘾产品范围。莎朗·纽森和我比较过我们与之斗争过的食物的清单，全都是 UPF，但我们各自大吃大喝的食物之间没有重叠。

第二，对更多的人来说，UPF 似乎比很多成瘾药物更能令其上瘾。当然，很多人能够做到适度摄入 UPF，但可卡因、酒精和香烟也是这种情况。[20] 让我们来比较一下数字。从尝试食用 UPF 转变为无法停止摄入 UPF 的人数比例非常之高：40% 的美国人口肥胖，我们知道，他们中的大多数人会在某一年中尝试减重。[21] 停止食用 UPF 的比例低到几乎不存在。没有其他任何药物能够让 40% 的人试过之后会继续经常使用，即使知道存在负面健康后果（成瘾）。例如，美国 90% 以上的人饮酒，但只有 14% 的人患有酒精使用障碍。[22]

就算使用可卡因等非法药物，也只有20%的使用者转为上瘾状态。[23]

第三，被滥用的药物和UPF都拥有某些特定的生物学特性。两者都是从自然状态改性而来，这样就能快速递送奖励物质。递送的速度与成瘾的可能性强烈相关——香烟、可卡因、一杯杯的酒。放缓递送速度会改变效应，例如，甲基苯丙胺（methamphetamine，冰毒的主要成分）就成了治疗无法集中注意力的儿童的药物。尼古丁贴片（Nicotine patches，用来帮助戒烟）的成瘾性远低于香烟。正如我们将看到的，相比真正的食物，柔软性和摄入速度是界定UPF的特性依据。

第四，药物成瘾和食物成瘾具有相同的产生因素，如成瘾家族史、创伤和抑郁，这表明，UPF可能会在那些上瘾的人身上发挥与药物一样的作用。

第五，据报告，UPF和其他成瘾物质会带来类似的成瘾症状，包括渴望获得、反复尝试戒掉但不成功，以及不顾负面后果而继续使用。那些负面后果是严重的：对很多人来说，也许不良饮食的影响甚至比重度吸烟还要糟糕。

第六，也是最后一点，神经影像显示，食物成瘾和物质滥用在奖励通道使用方面存在类似的功能障碍模式。与成瘾药物的方式相似，这些食物似乎也会激活与奖励和动机有关的大脑区域。[24，25]

你可能会发现，我们很难将UPF等同于香烟，但相比烟草、高血压或任何其他健康风险，不良饮食（UPF饮食）在全球造成的死亡人数更多，占全部死亡人数的22%。[26] 因为风险如此之高，所以将UPF视为一种成瘾物质或许有好处。[1] 这样可能有助于减少一些由肥胖及过度消费引发的耻

---

[1] 妮可·阿维纳认为，将其与香烟相提并论是公平的，不过她承认两者之间存在差异——主要是“人们不需要香烟，但确实需要食物”。当然，有些人需要UPF，因为这是他们唯一能获得且负担得起的食物，但在生理上，我们不需要UPF。阿维纳认为，就对大脑的影响而言，香烟与许多UPF产品具有可比性，“很多人会发现，戒烟比戒掉UPF更容易”。而且对身体的影响可能也类似。“我想我们需要开始更多地关注这些食物正在杀死我们这一事实”。

辱、内疚和责备，就像几十年前活动家在吸烟方面取得的成就一样。其能够使得受影响的人看向外部，将注意力集中在造成伤害的行业上（我们知道这些行业对成瘾有帮助），而不是看向内部，聚焦于个人失败。它还突出了一些有用政策的相似之处。譬如，烟草控制为有害成瘾物质的监管提供了模板。成瘾行为是我的问题，很难调节或防范。将成瘾物质连同一只猴子（食品包装上的卡通猴子）推销给我 3 岁的孩子是监管的失败。

但最重要的是，将 UPF 视为一种成瘾物质可以解决禁食问题。戒掉食物是不可能的，但至少在理论上，戒掉 UPF 是可能的。当然这不容易做到——当代英国之于 UPF 恰如 20 世纪 50 年代的英国之于香烟。

有了这个启示后，我觉得必须让我哥哥克山德也戒掉 UPF，当时他在临床上处于肥胖下限状态。我带着新皈依者的所有福音去和他谈话，这可能相当令人讨厌。不过那时我不再打算纠缠他了（已经与阿拉斯代尔·康特谈过），我提议他试一小段时间我的 80% UPF 饮食，他同意了。这不是为了减重，而是当作一个（非学术性的）实验，会很有趣。我们会将其录成节目，放在英国广播公司播客上 [《对食物成瘾》(*Addicted to Food*)]，看看会发生什么。我们达成一致，进行一周的 80% UPF 饮食实验，我送他去和凯文·霍尔、费尔南达·劳伯、妮可·阿维纳及其他一些专家交谈，看看他们的话能否对他产生和对我一样的影响。

与此同时，根据相关证据和我自身的体验，我确信 UPF 是有害的，而现在我希望搞明白它到底对我的身体有什么影响，以及是如何实现的。

第三部分

这就是我焦虑和腹痛的原因

PART 3

第 11 章
UPF 是被预先咀嚼过的东西

安东尼・法尔代（Anthony Fardet）也许不是第一个考虑他所称的“食物矩阵”（food matrix，指食物的物理结构）的人，但对这一点，他可能比任何其他健在的人都思考得更深刻。他很严肃，灰白的头发非常浓密，我猜他和我年龄相仿。他是法国克莱蒙奥弗涅大学（Université Clermont Auvergne）人类营养学（Human Nutrition）科学家。他所说的一切都显得深奥而重要，部分原因是他使用了很多长单词，部分原因是他完美的英语带有法国电影明星的口音：“我们吃的是食物，而非营养素。因此，从哲学的角度来看，最好的办法是将整体论和还原论结合起来。我既是经验主义者，又是归纳主义者。”

我有一种感觉，我也既是经验主义者，又是归纳主义者，但不完全确定，决定留待以后检验。我打电话给他是想询问超加工如何影响食物的物理结构，以及由此如何影响我们的身体。食物矩阵的原理相当简单易懂：食物不仅仅是其各个组成部分的总和。安东尼解释道，消化系统的目的是破坏食物矩阵。他以苹果为例。使苹果保持坚硬及嚼起来嘎吱作响的纤维素只占苹果重量的 2.5%，纤维素是围绕着细胞和液体排列的，这种方式就是矩阵。

带着这种认知，1977 年，一小群科学家以 3 种不同的形式给 10 个人喂食了苹果：没有任何果肉的苹果汁（无纤维素）、整个生苹果做的果泥、整个苹果。他们让参与者以相同的速度摄入每一样东西，然后测量其饱腹感、血糖和胰岛素对三种不同苹果形式的反应。[1]

他们发现，相比整个苹果，果汁和果泥都导致血糖和胰岛素水平飙升得更高，然后跌至低于最初的水平。由于出现餐后低血糖，所有参与者更加感到饥饿。另外，整个苹果使血糖缓慢上升，之后回到基线水平——没有崩溃，整个苹果带来的饱腹感持续了几小时。我们的身体似乎已经进化到可以精确控制一个苹果形成的血糖负荷，但果汁是一种相对新的发明。❶

苹果汁（通常含糖 15% 左右）的表现非常像任何软饮料。而苹果泥也是这样，尽管它含有苹果的所有成分，包括纤维素，而且是在食用前片刻制作的。纤维素很重要，但矩阵（苹果的结构）是关键。

以可可力为例。它们被打上了松脆的标记，有一些确实保持了松脆状态——至少在一段时间内。但每一口都主要是滑溜溜的湿淀粉团。可可力和牛奶形成了一种有质感的液体。它很柔软。柔软性是凯文·霍尔认为的 UPF 几乎普遍拥有的特性之一。❷这种柔软性由制作方法决定——工业改性植物成分与机械回收肉（mechanically recovered meats）被粉碎、磨碎、碾压、挤压，直到所有纤维状组织（肌腱、筋腱、纤维素、木质素）都被破坏掉。然后剩下的东西就可以被重新组装成恐龙、字母表中的字母或品客薯片零食的双曲抛物面。

市场营销使我们做好准备，让我们注意到面糊最初的嘎吱声、膨化米

---

❶ 婴儿食品主要是水果泥，出于同样的原因，其含糖量很高，价格昂贵，非必需。

❷ 当然，世界上存在与某些 UPF 一样柔软或更软的“真正的”食物，比如香蕉、西红柿和浆果。但这些食物全都仍然具有保存完好的矩阵 / 基质，会在加工过程中被破坏。当它们变成 UPF 配料时——浆果泥、番茄粉等——会变得比以前更柔软。你永远不会在酸奶中发现整根香蕉。番茄酱中也没有整个西红柿。蓝莓就像苹果一样，根据其被做成果泥还是被整粒食用而表现有所不同。

脆的爆裂声、改良炸土豆粉片的咔嚓声，而这些都会让我们忍不住咬上一小口。这些食物的质地做得很巧妙——果冻馅外面裹着一层干的海绵般的蓬松外皮，或者汤里有大块真正的蔬菜——以此掩饰我们将在几秒内吃到糊状物的事实。

麦当劳汉堡（或者来自汉堡王或任何其他 UPF 供应商的汉堡）是另一个让人产生错觉的完美例子。第一口会奖励给你一系列的质感体验：甜面包有一层干皮，下面是含奶油的海绵状基质，肉饼跟橡胶似的，似乎和海水一样咸，小黄瓜和洋葱带来嘎吱声，芥末酱会刺激你的三叉神经，番茄酱的酸味将触发整个体验。它们有“海绵状”“橡胶感”“嘎吱声”这些特点，但实际上全都像羽绒一样柔软。结果，我可以在不到一分钟的时间内轻松吃下一个汉堡，狼吞虎咽。然后我打算再吃一个，因为我依然感到饥饿。[1]

为什么？出于同样的原因，莱拉吃光一碗可可力后还是觉得饿：会告诉你“停止进食”的信号还没有进化到能够处理这种柔软且易消化的食物，如此柔软，实质上因为它是被预先咀嚼过的。UPF 不是以刺激饱腹感激素释放的方式沿着长长的肠道缓慢消化，可能是被吸收得非常之快，以至于其未能抵达会发送“停止进食”信号给大脑的肠道处。

在我的 UPF 饮食实验进行过程中，我开始注意到，面包的柔软性是最明显的。正如“真正面包运动”（Real Bread Campaign，由致力于改善食品和农业的非营利联盟“Sustain”运营）长期以来所指出的那样，真正的面包在英国很难找到，而且非常昂贵。手工面包店仅占面包市场的 5%，很多地方根本没有非 UPF 的面包可买。酸面包的配料应该只有水、盐、野生酵母和面粉，而超市中即便是声称为酸面包的产品，实际上也往往是“人造酸

---

[1] 有证据支持柔软性问题，其指出，人们摄入 UPF 的速度要远远快于食用完整的或经过最低程度加工的食物，这意味着每分钟摄入的热量会更多。

面包”，其含有的配料多达 15 种，包括棕榈油和商业酵母。[2]

假如你能找到并买得起一些，那么将黑麦面包（rye bread）或真正的酸面包与超市里的面包进行比较是值得的。多年来我一直购买霍维斯（Hovis）牌“杂粮种子感觉”（Multigrain Seed Sensations）面包，其配料如下：“小麦粉、水、种子混合物（13%）、小麦蛋白、酵母、盐、大豆粉、大麦麦芽粉、砂糖、大麦粉、防腐剂 E282（丙酸钙）、乳化剂 E472e（双乙酰酒石酸酯单双甘油酯）、焦糖、大麦纤维、面粉处理剂（抗坏血酸）。”

很多像这样的面包都使用低蛋白面粉，然后再加入小麦分离蛋白，因为它使得制造商能够极大地控制产品的黏稠度。这些配料中有许多可以节省成本——通过减少时间、烘焙师等——而大部分节省下来的成本都传递给了我们。一条真正的酸面包的售价是 3~5 英镑。在撰写本书时，最便宜的森宝利面包是 36 便士，霍维斯的是 95 便士（1 英镑 =100 便士）。

但是不同的加工过程和处理剂意味着，我可以更快地吃下一片霍维斯面包，比我能吃完相同重量的 UPF 汉堡的速度还要快。这种面包会分解成黏滑的小团块，很容易被吞下喉咙。而真正的土豆酸面包（某供应商的价格是 5.99 英镑）则需要一分多钟才能吃完，我的下巴都要累坏了。

然而，你不会因为吃 UPF 面包而感到下巴受累，其几乎不需要咀嚼的事实或许可以解释我们当代的很多牙齿问题。在英国和美国，大约三分之一的 12 岁儿童存在覆牙合（overbite）问题——下颌相对于他们的脸来说太小了——这就是为什么如今有这么多孩子需要做牙齿矫正的原因。我也是由于这个原因而拔掉了右下智齿。看过一些 UPF 相关论文后，我意识到这是现代生活中的常见问题。来自头骨的证据显示，工业化前的农民摄入越来越多的碳水化合物，有许多蛀牙和牙脓肿，但只有不到 5% 的人有阻生智齿，相比之下，现代人口的这一比例达到 70%。[3, 4]

这其中的原因是，我们现代人的脸（尤其是下颌）比我们那些祖先的要小得多。这种变化发生得很突然：许多澳大利亚原住民在 20 世纪 50 年代硬生生地转向了现代饮食，他们的下颌甚至比 100 年前的先辈也要小得多。[5-7] 现代芬兰人的下颌比他们的古代祖先（基因极其相似）小 6%。[8]

这种面部收缩的原因与网球运动员因为打球而使其手臂的骨密度高很多是一样的。根据手臂骨骼的尺寸和密度可以识别出死在“玛丽罗斯号”（Mary Rose，16 世纪英国帆船型军舰）上的长弓手，这其中的道理也相同。[9] 骨骼不是石头：它们是活的组织，会根据施加在其上的压力而不断被重塑、分解、构建。面部与颌骨也不例外：如果你咀嚼，它们就会生长。

确实如此，有一项研究让一群希腊儿童每天嚼两小时硬质树脂口香糖，就是为了看看效果如何。结束时，研究人员发现，嚼过口香糖的孩子不仅在咬合时能产生更大的力量，而且他们的颌骨和颧骨也明显更长。[10]

我阅读了所有这些材料，然后去看莱拉的小下巴和牙齿。她的上门牙比下门牙突出很多。这正常吗？21 世纪的英国牙医真的知道人类的牙列应该是什么样子吗？我是不是已经来不及了？她在她的生命中真的曾咀嚼过什么东西吗？我下决心给她的牙医看一篇科学论文，作者是哈佛大学的教授丹尼尔·利伯曼（Daniel Lieberman），标题为《食品加工对颌后缩面部咀嚼肌张力和颅面生长的影响》，然后我买了一些胡萝卜给她当零食吃。

大量科学研究表明，在涉及热量摄入时，这种柔软性或许也是个问题。在凯文·霍尔的未加工食物与 UPF 对比试验中，参与者报告说，UPF 没有异常高的“感官吸引力”：这两种饮食同样美味且饱腹。然而，在研究的 UPF 部分，他们平均每天多摄入了 500 卡路里。

霍尔观察到，两种饮食在效应方面的主要区别是人们摄入 UPF 的速度要快得多。此外，大多数 UPF 不但柔软，而且很干，这意味着其热量密度很高。水能稀释一切，包括能量。肉类、水果和蔬菜通常含水量非常高。

这种干燥性对 UPF 至关重要。它是阻止微生物在其中生长的关键方法之一，有助于将保质期延长到不可思议的地步，从而使得 UPF 相当有利可图。这东西不会腐烂。报纸上有大量报道说，有人保存着多年不腐烂的麦当劳汉堡。加拿大麦当劳打破了所有丑闻的第一条规则（第一条规则是不要谈论丑闻），它们决定从自己的角度讲述一个这类故事："现实情况是，和所有的食物一样，如果保存在特定的条件下，麦当劳的汉堡、炸薯条和鸡肉确实会腐烂。"[11]

拼命强调食物会腐烂，这是企业市场营销帮我做了我的工作的罕见例子。但这种说法是对的：不会腐烂更多地与 UPF 的干燥性有关，而不是防腐剂的化学负荷（化学残留物）的作用。

在霍尔的实验中，柔软性加上卡路里密度意味着，与未加工饮食相比，参与者在食用UPF时平均每分钟多摄入17卡路里。[1]这些结果与芭芭拉·罗尔斯（Barbara Rolls）的研究一致，该研究显示，食物的能量密度在调节每日能量摄入方面起着决定性的作用。[12–14]

在几十个谨慎控制的实验中，罗尔斯及其同事多次证实，较高能量密度的食物和饮食会促使人们摄入更多的能量并造成体重增加。这种效应似乎与适口性或营养成分无关，无论在短期还是长期内，对男性还是女性、超重者还是健康体重者、儿童还是成人都是如此。这是关于营养得到最有力证明的事实之一。[15, 16]而且，也许最重要的是，食物中的能量是来自脂肪还是碳水化合物似乎并不重要——能量密度才是决定热量摄入量的更重要的因素。

还有大量研究表明，吃得更快会增加吃得更多、体重增加和患上代谢性疾病的风险。[17]进食速度在一定程度上与你吃的东西有关：需要在口腔中处理更长时间的食物会让你更有饱腹感。[18–20]但它也部分由遗传决定。"向着健康结局在新加坡成长"（Growing Up in Singapore Towards healthy Outcomes，GUSTO）这一研究显示，吃得更快、更久的孩子更有可能变得

---

[1] 这里的食物当然是经过烹饪等加工处理的，但在该研究中，其被称为"未加工饮食"。

肥胖。研究人员将其描述为一种“致胖进食方式”。[21]伦敦大学学院的双胞胎研究科学家克莱尔·卢埃林指出，这种进食方式是遗传的，与较高的BMI相关联。[22]“快食”基因可能会让一些人特别容易受到UPF柔软性的影响。

另一项研究比较了志愿者饮用两种巧克力奶昔的情形，一种浓稠，一种稀薄。两种奶昔在营养方面完全相同，具有相同的能量密度和适口性。志愿者可以想喝多少就喝多少，结果稀奶昔的总摄入量比浓的高47%。然而，如果志愿者被强制要求以相同的速度饮用，则他们最终喝下的每种奶昔的总量相同。[23]

每口食物咀嚼的次数对减缓和减少食物的摄入有直接影响。每一口都咀嚼似乎是减少热量摄入的好方法，但是当然，这会混淆因果关系。请记住，我们的进食速度是由食物和我们的基因决定的——这不是有意识的决定。任何试图跟上同伴的用餐节奏（快或慢）的人都知道这有多难。

所以，有大量证据表明，UPF的进食速度与其健康效应有关，但让我担忧的是，有些人会将此视为制造不同类型UPF的机会——质地粗糙的UPF，能够让人放慢进食速度。2020年的一篇综述分析了五项已发表的研究的数据，这些研究测量了来自英国、新加坡、瑞士、荷兰的327种食物的能量摄入速率。[24]研究人员指出，从未加工食物到加工食物再到UPF，每分钟摄入的热量从36增加到54再增加到69卡路里。研究人员得出结论：

工业食品加工提供了一个重要机会——人们能够完全改变食品的形式和质地，并与重新设计配方相结合，以降低能量密度，可在食品供应领域广泛改善食品的能量摄入速率、适口性和营养密度……食品加工者未来所面临的挑战是要开发出能持续吸引消费者的产品——消费者对摄入的每千卡热量都能达到最满意的程度，同时能够降低促进消费者能量过度摄入的可能性。

我不喜欢这个结论，感觉有点不对劲。人们已经找到了很多方法来证实，食品加工技术会使食物的能量密度更高、吃起来更快，而且也已经确定，任何给定食物的这两个方面似乎都是导致肥胖的核心因素，然而面对这些，研究人员不是建议转向天然食物，而是提议做更多的加工。这种“超超加工”（hyper-processing）似乎不太可能解决“超加工”（ultra-processing）的问题。

说这是“未来面临的挑战”也很奇怪，因为自20世纪90年代开始研究以来，食品工业已经了解到食用速度与热量摄入量增加之间的关联数据。[25]

我还担心，虽然这篇文章说得非常清楚——“不存在任何利益冲突”，但其中一位作者希亚兰·福德（其之前未在首次发表文章时声明利益冲突）是嘉里集团有限公司科学顾问委员会成员（该集团是价值数十亿美元的UPF制造商）；另一位作者基斯·德格拉夫（Kees de Graaf）是荷兰感觉公司（一家生产食品配料菊粉和低聚果糖的公司）的董事会成员，全部三位作者都曾因在食品和营养产品生产公司赞助的会议上做演讲而报销过费用。担任UPF公司的科学顾问与撰写有关食品加工的文章之间必然构成冲突（除非有人免费加入顾问组）。

次年，在一篇作者署名为希亚兰·G. 福德的论文中，也有表述说“作者声明不存在任何利益冲突”，但当时，他不仅是嘉里集团的顾问，而且（根据同一篇论文！）是一个学术联盟的成员，该学术联盟接受过来自雅培、鸟巢公司（雀巢子公司）和达能公司的研究资助。

不过在我看来，主要是让UPF更难吃这种方法似乎不太可能行得通。多年来，香烟制造商非常努力地设法加工他们的香烟，以降低其危险性。他们增加了一些很小的通风孔，这样吸烟者吸入的烟就少了，但结果是，吸烟者只是更用力地吸烟。我们消费令人上瘾的产品是为了享受感官冲击，而且我们知道，提高任何药物递送入体内的速度是使物质上瘾的关键方面。[26]假如你妨碍进食速率，我敢打赌，你会失去一点儿那种冲击力，而且产品也要卖不出去了。UPF 的柔软性不是偶然存在的，而是因为这种方式能够实现最大的销售量。

正如我们将看到的，由于来自食品行业的反对，要想给食品贴上 UPF 标签并非易事。但警示柔软性和能量密度的标签会得到非常有力的证据的支持。

第 12 章
UPF 闻起来很奇怪

我们可能会觉得调味料无关紧要，但有一派观点认为，在谈到肥胖和过度消费时，人造调味剂正是问题所在。自从经历了实验饮食，“调味剂”是我在食物方面最忌讳的词了。调味剂是一种信号，表明某样东西是 UPF，而对调味剂的需求清楚地说明，UPF 存在一些伤害我们的方式。

关于气味的科学文献和关于健康及肥胖的论文像被墙隔开了一样，很大程度上局限于自己的领域。这些论文由心理学家撰写，他们往往与哲学家和厨师开展合作。巴里·史密斯（Barry Smith）是这方面工作的主要贡献者，他是伦敦大学感官研究中心（Centre for the Study of the Senses）的主任，同时也是哲学家、葡萄酒专家、主播和食品科学家。

有一天我在他的办公室遇见了他。从这里可以看到对面大英博物馆后门两侧两只巨大的石灰岩狮子。我一走进去，巴里就开始用墙上一幅超真实的威尼斯画作来挑战我的感官。该画出自帕特里克·休斯（Patrick Hughes）之手。在走过它时，我可以看到建筑物的边缘和穿越市中心的运河，它们从画布中突了出来，呈金字塔状。这是一种令人不安的错觉——画面中实际上距离观者最近的部分似乎离得最远（而且我们在移动时似乎它们也在移动）。

“这叫作‘透视反求’（reverspective），”巴里解释道，“我不知道它为什么会有这种效果。”然后他告诉我何为聚敛凝视（convergent gaze）、对向视角（subtended visual angles）、视差（parallax）以及大脑关于深度知觉（depth perception）的信息与近处或远处会发生什么之间的紧张状况。这幅画很好地体现了他的专业知识——我们对世界的有意识体验与物理客观现实之间的关系是多么微弱。巴里自己也在不断地制造幻觉：他以不八卦的方式来八卦，一本正经地开玩笑，让你理解你无法理解的事情。他曾经帮助一些公司制造 UPF，是一位专家级的超加工者，比如，给食品公司提供建议：如何最好地利用我们各个感官之间的关系（这些感官并不像我们曾经认为的那么不同），如何运用它们来享受我们所吃的食物。

巴里被葡萄酒和巧克力（实验材料）围绕着，他解释道，听觉会影响风味，嗅觉会影响口味。从技术上讲，香草是一种你可以闻到的分子，若将其加入冰激凌，则冰激凌似乎会更甜，即使没有添加更多的糖。“气味甚至会影响触觉，”他说，“相比其他洗发水，苹果味的香波会让你的头发感觉更有光泽。”

事实上，口味、气味和风味在我们的思想和大脑中都是混在一起的，这一点被制造食物的公司利用。巴里举了葡萄酒领域的一些例子。

在 2001 年的一篇论文《气味的颜色》中，[1] 法国波尔多大学酒类研究学院（Faculty of Oenology）的一个团队描述了一项在 54 名葡萄酒专家身上进行的实验。研究人员为每位专家提供了两杯葡萄酒——一红，一白——并要求他们描述自己的体验。专家们发现，白葡萄酒带有蜂蜜、柠檬、荔枝、白桃和柑橘的味道，而红葡萄酒则有黑加仑、煤炭、巧克力、肉桂、红醋栗、焦油、覆盆子、西梅和樱桃的味道。

然后研究人员又给了他们一组红、白葡萄酒。但没有任何专家鉴定出其中那杯“红”葡萄酒与他们之前品尝过的白葡萄酒来自同一瓶，唯一的区别是添加了一种无味的红色染料。他们依照颜色来描述风味：有深红色、黑色和棕色物质的是红葡萄酒，有发白和黄色物质的是白葡萄酒。任何喝葡萄酒的人都会自信地认为他们能够分辨出红葡萄酒和白葡萄酒，甚至专家也会陷入这种错觉，因为颜色对我们如何感知葡萄酒的气味和口味有重大影响。这是由于我们的各个感官会相互作用。该项研究表明，在决定我们对正在品尝的东西的想法方面，颜色所起的作用似乎比气味更大。[1]

如果葡萄酒专家在仔细安排的环境中会被愚弄，那么你我也会。巴里告诉了我一个他最喜欢的冰激凌相关感官诡计："如果你从冰箱中拿出冰激凌棒，在撕开包装时，它'不会有任何气味'，因为'太冷了'。所以，很多公司会在我们用于撕开包装的肋骨排列状撕口处加入焦糖香味。"

这种香味使得我们的多巴胺奖励系统能够对打开包装的感官暗示（sensory cue）做出回应，引发人的渴望。它也会让我们对冰激凌棒中巧克力和焦糖的体验更加强烈。巴里认为这类花招是好的。"引导和误导之间存在重大区别，"他说，"对于冷冻冰激凌棒的情况，这种香味是在引导你去期待真正的焦糖和巧克力。但也存在误导性的感官体验：植物产品中的肉味、人造调味剂、替代脂肪的植物胶——所有这些让人有所期待的配料都不存在。这是我们开始看到问题的地方。"

巴里开始揭露一些 UPF 告诉我们的感官谎言。不过，要想理解这些谎言，我首先需要他来指导我了解气味、口味和风味的科学知识，因为语言就像各种感觉本身一样混杂在一起。"口味"和"风味"这两个词可以互换使用，用于描述对食物的整体知觉体验。但在科学术语中，风味包括口味和气味两者，风味分子能够被鼻腔中的感受器和口腔及咽喉中的味觉感受器探测到。因此，从科学的角度来讲，对于含糖量相同但"风味"不同的

---

[1] 该团队的成员之一弗雷德里克·布罗谢（Frédéric Brochet）离开了学术界，现在从事葡萄酒酿造工作。在布罗谢的另一项著名研究中，[2] 另一组专家品尝了中档波尔多葡萄酒，但酒瓶上的标签显示，这是一种廉价的佐餐酒。接下来的一周，同一组专家品尝了同样的葡萄酒，但来自不同的瓶子，上面的标签指出，它是一种价值高出好几倍的特级葡萄酒。品尝记录再次反映出，预期压倒了真实的感官体验。

两种硬糖，也许它们的口味完全相同（甜），气味却有所不同。[1] 你是否很困惑？不要着急。

让我们从风味开始。探究风味为何存在的问题必须从它存在的地方开始。当大脑将源自味觉、嗅觉和触觉的输入信息组合在一起时，风味就产生了。进食时，我们会使用来自眼睛、耳朵、鼻子、舌头和嘴唇的信息建立对风味的印象。我们面部的骨骼和肌肉能探测到嘎吱嘎吱咀嚼时的振动和阻力。口腔中的感受器可以检测到唾液中的化学变化和来自油脂与粉末的摩擦变化。当然，我们还会将所有这一切与其他一些东西结合起来——我们的期望、我们关于最近一次享用该食物或昨天看到它的广告的记忆（有意识、无意识两者）。

这种集成的感觉系统是数十亿年来为了从我们的生态系统中提取能量而进行的军备竞赛的产物。

嗅觉的作用就是选择安全、有营养的食物，同时避开有毒、不安全的食物。它是最早出现的判定某样东西是否可以安全食用的预警系统。毕竟，等到你可以去品尝的时候，可能已经太晚了，不过在口腔后部还存在由一些苦味感受器构成的安全网，这个我们稍后会讲到。得益于现代超市组成的全球供应链，我们中的很多人已经习惯于全年都可以吃水果，而且水果一年四季都能成熟，但在热带森林中，情况却并非如此。植物中的毒素含量在不同时期会有所变化，一块水果能够食用的窗口期可能很窄，通常取决于植物何时希望动物吃掉它并散播种子。闻一闻省去了将有毒物质放入口中而引来麻烦所耗费的时间——尽管不太频繁，但正如巴里所指出的那样，有时候我们只有在开始咀嚼时才会意识到放进嘴里的东西已经变质了。

---

[1] 如果你将食物放入口中咀嚼，分子会从你的口腔后部上升到鼻腔。这种鼻后气味感觉就像口味，你体验到这种气味是“在嘴里”——但其实不是，它对风味有极大的贡献。若用上鼻夹，两种糖果的口味会相同——都是甜。但当你取下鼻夹，气味从口腔传到鼻腔时，我们就能品尝出它们不同的水果风味。

这世界上几乎每一种物质都会散发出一组特征明显的挥发性分子。嗅觉这项功能就是运用鼻腔中的感受器来探测这些分子，而且其精准得让人难以置信。❶ 人们常说，我们可以辨识出 10000 种不同的气味，但这是错的——这个数字太低了。2014 年的一项研究[3, 4]使用不同的气味基质来测试人们的嗅觉，判断我们可以分辨超过 10000 亿种潜在的化合物，这意味着，你可以从这 10000 亿种化合物中闻出任意两种，并且能够说："是的，它们不一样。"❷

我们似乎确实用了一部分嗅觉分辨率来换取视力的改善，但在某些测试中，我们依然优于其他哺乳类动物。虽然狗几乎肯定更擅长检测灯柱上的狗尿（尽管人类尚未接受过测试），但有实验表明，我们更善于辨别水果

---

❶ 嗅觉的工作原理：空气被从鼻孔吸入或从口腔后部上升，越过长长的脊状骨骼，向上前往嗅上皮（olfactory epithelium），嗅上皮有嗅觉神经，其穿过骨骼进入覆盖着黏液的柔软皮肤，以接触被吸入的空气。嗅觉系统是大脑将自己的神经元像探测器一样送入环境中的唯一例子。这些神经覆盖着数百种不同的受体——带有小口袋的蛋白质（小口袋是用于与配体结合的空腔）。你吸入的空气中的气味分子会与这些受体结合，然后将信息发往大脑进行解码（使用几百种受体来检测 10000 亿种气味是一个编码问题）。每个气味分子与一个以上的受体结合，每个受体与很多个气味分子结合。它们结合的强度和时长各有不同，因而可能实现的编码范围比每个分子结合一个受体要大得多。

❷ 可辨识的嗅觉刺激（即气味）的实际数量可能远高于 10000 亿种。你不仅能够区分单个分子，而且能分得清 30 种不同分子的混合物。你还可以辨别出相同分子的混合物，只是比率略有不同。

要达到这样的精确度需要大量的遗传信息：嗅觉感受器基因家族是哺乳类动物基因组中规模最大的，比任何其他物种的任何其他基因家族都要大。我们拥有如此之多的基因的部分原因是存在一个基本的化学问题。所有的气味分子都大不相同，具有差异很大的特性。而味觉感受器只有几种的原因是，每一种都能检测出相似分子的相似特性。传说中的我们嗅觉不佳的说法完全是一种奇谈怪论。

和蔬菜。[1]

这种嗅觉精度意味着，我们能够容忍奶酪和袜子中的相似分子。[2]事实上，粪便、母乳、腐烂的尸体、奶酪和陈年肉类都具有相同的分子特征，但我们的嗅觉系统已经进化到可以区分它们的程度。

气味（也许）没有好坏之分。[3]相反，气味就像条形码，我们可以毫不费力地将其与我们以前摄入食物的体验联系起来。这是一种非常精确的标记某物的方法，这样我们下次就可以找到或避开它。

---

[1] 在科学上，已经确定的狗能检测到的最低阈值的气味只有15种。但人类更擅长检测5种低剂量的分子，所有这些都是水果或花朵的气味，想必对食肉动物意义不大。但毫无疑问，狗非常善于探测猎物体味释放出的低水平苯酚。有大量文献显示，对于水果中的气味，人类嗅觉的敏感度与狗、老鼠或兔子的相似或更高。老鼠擅长探测老鼠捕食者尿液中的分子（人类也不差），而人类比老鼠更善于检测人类血液的气味。人类能够闻出添加到燃气中的有臭味的硫醇，这种做法是为了在燃气泄漏时警示我们，但狗根本闻不到。另外，人类可以像狗一样学会追随气味的踪迹，只要少许训练就能大大提高追踪能力，这说明，我们的嗅觉是一种未得到充分利用的感觉功能——就像我们的骨骼和肌肉一样，它已经变得虚弱而不活跃。

[2] 对于相同的分子，从鼻孔吸进去的和从口腔到达鼻腔的可能会给人带来不同的感知。巴里解释道："臭奶酪闻起来很恶心——通过鼻前嗅觉——像臭袜子。但当那些气味从口腔传到鼻腔时——通过鼻后嗅觉——其可以有一种很令人愉悦的风味。"

[3] 我们可以了解到有些气味是甜的，但这似乎与文化有关。丁酸乙酯（Ethyl butyrate）闻起来"甜"可能是因为在体验上，这种气味通常与果汁的甜味相关。如果将其与甜味搭配在一起，则可使其感觉更甜，并且可以掩盖酸味。对于任何一种风味组合，我们会如何体验它取决于我们之前对它的体验。我们了解到某些味道和气味是相合的。很小的时候，我们就将这些关联构建成了风味，它们在文化上非常独特。肉桂在欧洲烹饪中几乎总是一种甜味香料，但在摩洛哥，他们用肉桂和糖制作鸽子派（pigeon pie），而且它在很多其他地方也广泛用于咸味菜肴。香草在西方闻起来是甜的，在那里，它往往与糖掺在一起使用。但它对东南亚人来说闻起来是咸的，在他们的菜系中，香草常常与盐和鱼配合使用。

人类和动物都将学会爱上几乎任何带有与营养奖励相关的气味条形码的风味。[5-8] 这在 20 世纪 70 年代的一些实验中得到了证实，在实验中，大鼠喝了甜的、零卡路里、经过调味的液体，同时研究人员将糖或水直接灌进它们的胃里。它们学会了喜爱在摄入糖分时所喝的风味，而不是那些与水搭配的味道。大体上来讲，如果你上次品尝了一种特殊的风味——获得了很大的营养回报且没有感到恶心的味道组合，那么你以后会更想吃这种食物。这一切几乎完全是在有意识的体验下发生的，是我们学会爱上特定食物的方式。法式炸土豆闻起来“很好”，因为身体和大脑已经将这种气味与随之而来的极大的脂肪和碳水化合物营养负荷联系了起来。我们了解到的这些气味与口味、气味与营养之间的联系非常强大，当然，也很容易被破解。

特定气味和味道的风味特征也让我们能够从我们的文化中识别食物——从历史上看，我们会知道这些食物是安全的。[1] 这一学习过程始于出生前。莫奈尔化学感官中心（Monell Chemical Senses Centre，位于美国费城）的朱莉·门内拉（Julie Mennella）做过一项实验，研究怀孕期间的食物选择如何影响未来的风味选择。[9] 在孕晚期（最后三个月），参与者每

---

[1] 我曾在俄罗斯北部的楚科奇（Chukotka）短暂工作过，当时住在一户人家里，住进去的第一天，那家的猎人谢尔盖杀死了一头海象，砍下一个鳍状肢（flipper）并将其留在小木屋外的地上，没有做任何解释。在北极灰色的秋天里，它在温度刚刚高过冰箱内温度的泥土中待了三周，然后有一天被带进厨房。上面有一层绿色的绒毛，液体从里面渗出来，散发着令人反胃的腐烂甜味。谢尔盖把绒毛剪掉，割下一团肥肉递给我，说道：“士力架。”它有一种熟悉而强烈的发酵味道——蛋白质和脂肪的酸性分解产物——就像太熟到几乎有辛辣味的奶酪。我去那里是为了了解当地的饮食及其对凝血的影响，所以这成了主食。我花了三天时间才做到在不干呕的情况下吃进最少的量。后来，记得有一天，我突然发现自己很渴望吃它。它似乎打造出了某种极好的内部火炉——我可以整天都吃它来保持温暖。

周四天喝一大杯胡萝卜汁或水，持续三周。她们在哺乳期也做了同样的事情。然后，随着固体食物开始引入，门内拉观察了婴儿对胡萝卜汁与谷物混合物以及对水与谷物混合物的反应，并将二者做了比较。那些母亲在怀孕期和哺乳期喝过胡萝卜汁的婴儿更喜欢胡萝卜汁混合物。关于大蒜和八角风味，类似的研究结果此前也有报道。几千年来，这些早期的风味体验为人类提供了一条连续的食物知识链，但当很多人在怀孕期间唯一可获取的食物变为 UPF 时，这根链条就断裂了。

人体具有将热量与特定气味或风味条码联系起来的能力，UPF 制造商可以利用这一点。他们可以使用复杂且完全保密的风味特性，并将其与以脂肪和精制糖形式实现的重要营养奖励配对，以建立品牌忠诚度。水果在成熟过程中会产生挥发物，正如我们已经进化出一个系统能够检测这种挥发物的极小变化一样，我们也可以识别出不同类型可乐之间的差异。如果 UPF 制造商能够说服父母早一点儿给孩子喝可乐，那么孩子就会在糖、咖啡因的兴奋与增效功能和该特定产品的精确风味条码之间建立联系，这样 UPF 制造商就将使那个孩子成为他们的终身消费者。所有其他可乐的味道都会有点“不对”。调味剂的使用赋予了制造商绝对的控制权。我现在吃的巧克力棒、酸奶、番茄酱和小时候吃的是同一品牌的。食物应该有所不同——水果和天然食物每天都有变化，谷物的味道会因为季节和气候的不同而不同。这一批好，那一批差，存在各种各样的质地、风味和差异。UPF 却不是这样的。添加数量精确的调味剂（口味和气味）可以实现完全的一致性。

在马克·史盖兹克（Mark Schatzker）看来，调味剂的使用是 UPF 的主要问题之一。他写了一本关于风味的非凡著作《多力多滋效应》（*The Dorito Effect*），并因此加入了耶鲁大学的一个营养研究小组，现在与他们一起发表科学论文。凯文·霍尔特别提到他，作为一名记者，他借助创造性的思维和超越证据的有效推测推动了该领域的发展。

史盖兹克的观点是，在过去的半个多世纪里，工业化的动植物育种一直聚焦于大小和外观，因此，肉类、西红柿、草莓、西蓝花、小麦、玉米——几乎我们食用的所有东西——都被培育得没有了风味。[1] 我们摄入如此之多的部分原因是为了寻找缺失的口味和风味，同时也表明，这些东西也缺乏营养。

史盖兹克认为，风味不仅仅是作为一种简单的条形码，它还是特定营养成分的标识，正是它促使我们追求这些风味。他援引的研究证明，西红柿中的很多风味分子是某些必需脂肪酸和维生素的前体（precursors，参与产生另一种化合物的化学反应的化合物）。例如，西红柿有一种“玫瑰味”——一种非常受欢迎的气味，在食物、饮料、香烟、香水和肥皂中都能找到。这种玫瑰味来自一种叫苯丙氨酸（phenylalanine）的分子，它是一种必需氨基酸（人体需要但不能合成的分子）。另一组西红柿风味由类胡萝卜素（比如维生素 A）构成。事实上，我们似乎对类胡萝卜素带来的风味特别敏感：对于在西红柿、浆果、苹果和葡萄中都可以发现的大马酮（damascenone），哪怕其浓度低至万亿分之二，我们也能闻到。

这方面的证据仍然在研究发现中，还存在一些空白。水果有很多气味，其来自少量的必需脂肪酸，但你每天得吃 2 千克左右的西红柿才能满足最低需求。[2] 相比之下，这些脂肪酸有一个非常好的来源——油性鱼，可是并非每个人闻起来都觉得很香。许多食物含有你生存所需的所有氨基酸、脂肪酸、矿物质和维生素——比如牛肉和牛奶，但与很多水果和蔬菜等其他

---

[1] 保罗·哈特指出，英国有一个非常明显的趋势——培育高糖品种，尤其是香蕉、豌豆等。

[2] 藏红花（Saffron）有一种很诱人的气味，因为它含有来自维生素 A 的藏红花醛（safranal）。极少量的藏红花就能产生强烈的风味，但要想从中获取维生素 A 的每日建议摄入量，则需要花费约 2500 英镑。所以，你可以在不真正改变其营养成分的情况下显著改变某种东西的风味。

食物相比，它们没有特别强烈的气味。

史盖兹克的核心观点是，我们追逐风味是为了寻找缺失的营养，这一点得到了越来越多的充分证明。匈牙利裔美国物理学家、美国东北大学网络科学教授阿尔伯特–拉兹洛·巴拉巴斯（Albert-László Barabási）曾发表过一篇论文，试图描绘饮食的化学复杂性。[10]该论文指出，美国农业部量化了大蒜中的67种营养成分，虽然看起来很多，但只是大蒜已知含有的2000多种不同化学成分的一小部分。

巴拉巴斯利用FooDB数据库（一项加拿大的计划，存有常见未加工食物的化学成分数据）的数据估计，一些天然食物中含有超过26000种化学成分。就是这些分子被超加工剥离了出去。请记住，正如妮可·阿维纳与保罗·哈特指出的那样，UPF的基本构造材料是经过工业改性的碳水化合物、脂肪和蛋白质，它们经历的加工过程几乎消除了所有的化学复杂性。这种超加工的强度意味着维生素被破坏（或者在漂白的情况下被故意去除）、纤维素减少、多酚（polyphenols）等功能分子丧失。其结果是食物含有大量的热量，但几乎没有其他营养。

法律要求制造商在他们的产品中补充一些维生素和矿物质，这样我们就不会因为缺乏这些东西而患病。但这并不能解决全部问题。天然食物所含的分子比制造商添加回来的要多数千种，而正是这些分子对健康更微妙的影响或许是食用天然食物有益的原因，这些益处得到过充分的证实——预防癌症、心脏病、失智症和早逝。

这数千种化学成分给健康带来益处，同时也带来风味。因此，当它们被剔除时，必须重新添加调味剂。但是这种添加的调味剂不会包含任何已经丢失的本该起作用的营养成分。

我们确实在动物身上看到过为了搜寻营养而吃得更多的现象。兽医理查德·霍利迪（Richard Holliday）"大夫"提供了一个很好的例子。[11]当时这位大夫正在密苏里照看一些奶牛，雨季来晚了意味着冬季储备的饲料缺乏营养，导致奶牛生病并生下死胎。尽管事实上这些奶牛已经开始大量进食营养补充剂（各种矿物质的混合物）——每只奶牛每天高达 1 千克，但它们似乎还是缺乏营养。为了弄清楚到底是怎么回事，霍利迪大夫和农民们决定转而让奶牛从单独放置每种矿物质的各个桶中自行选择。当一位农民拿着一袋锌穿过畜棚去装填其中一个桶时，他遭到了奶牛的袭击。

霍利迪在他的书中讲述了这个故事："突然，几头平时很温顺的奶牛围住了他，扯下他还抱着的一袋矿物质，咬开袋子，贪婪地吃光了所有的矿物质、袋子，甚至矿物质洒出来的地方的一些泥土和污物。"

在接下来的几天里，除了锌，奶牛不理会所有其他的矿物质，然后逐渐恢复到也吃其他矿物质饲料。原来，奶牛之前陷入了恶性循环。它们的食物缺锌，因而开始吃越来越多的混合饲料，其中确实含有少量锌，但也有钙。钙会干扰锌的吸收，所以，这些奶牛吃得越多，它们实际获取的锌就越少。①

史盖兹克的提议认为，就像霍利迪大夫的奶牛一样，我们可能会用摄入更多食物来弥补微量营养素的日益缺乏。超加工会减少微量营养素到这样的地步——现代饮食导致营养不良，即使它们同时会引起肥胖。[12–15] 对于弱势群体，比如靠低质量饮食生活的婴儿和儿童，UPF 和超加工饮料会造成肥胖和发育障碍二者。[16]②

① 这类复杂的矿物质与维生素的相互作用也可见于人类的营养补充剂中，这或许就是为何补充剂通常与健康问题（包括早逝）有关的原因。假如摄入大量钙，你将无法吸收铁。若摄入大量铁，则无法吸收锌。如果服用维生素 C，那么你体内铜的含量将降低。

② 很多人对工业化农业生产的食物的营养成分的降低表示担忧，这种生产模式的重点在于，最大化主食产品产量的同时最小化成本。尽管有证据表明，水果、蔬菜和肉类中所含的微量营养素可能确实比过去几年少了，但我们大多数人离采用天然食物饮食还很远，所以这对我来说不是重点。不过，在任何食品生产系统中，如果合理全面的营养成分不是一种激励因素，那么良好的健康就将不会是结局。

这种情况不仅限于低收入国家。在欧洲，英国的 5 岁儿童不仅肥胖率最高，也是最矮的，差距非常之大——比丹麦与荷兰的同龄儿童矮 5 厘米以上，顺便说一句，后者的肥胖率也是最低的。[17，18]在 18 世纪，美国男性比荷兰男性高 5 到 8 厘米。而现在，从 2 岁起，荷兰人的平均身高始终更高。成年后，荷兰男性的平均身高为 182.5 厘米，女性为 168.7 厘米。与之对应的美国男女则分别矮 5.1、5.2 厘米。[19，20]

另外还有证据证明，不同抗氧化剂、维生素和矿物质的浓度会通过改变瘦素的水平而直接影响体重，进而影响食欲和体重调节。当之前肥胖且缺乏维生素 D 的儿童体重减轻时，他们的维生素 D 水平会提高。反过来，增加钙的摄入似乎可以减少体重的增加——不过这是一项高特异性研究，所以不要过量服用钙。这不是减肥药，过量的话，你最终会缺乏其他东西，就像那些奶牛一样。[21]

我们也不能靠补充来解决问题。相比补充形式，嵌入食物矩阵中是微量营养素更能发挥效果、对机体更有益的存在方式。无论我们谈论的是植物化学成分（phytochemicals）、维生素 E 或 A，还是其他脂溶性维生素、血红素铁（haem iron）或甲基叶酸（methyl folate），它们都是在自然形式下更可用。还记得雅各布斯和塔普塞尔撰写的那篇对卡洛斯·蒙泰罗影响非常大的论文吗？其指出，虽然饮食模式对健康有益，但从来没有人能提取出带来这些益处的分子。鱼很好——鱼油胶囊就没那么好了。

调味剂（也就是影响食物的口味和气味的分子）是微量营养素含量低的代表物质。这或许是 UPF 引发肥胖和流行病学数据中看到的如此之多的其他健康影响的原因之一。而且重要的是，这些调味剂是“天然的”还是人造的都无关紧要。

如果马克·史盖兹克是对的，那么脱离食物的风味可能会扰乱身体在营养素和食物之间建立恰当关联的能力。要做到这一点，风味必须是真实的，并且来自食物本身。

第 13 章 UPF 尝起来很古怪

虽然风味确实包括气味——鼻腔中探测到的分子——但增味剂其实是针对口味的。它们在口腔中被检测到，包括盐、糖和味精等分子。

我和一位叫安德里亚·塞拉（Andrea Sella）的朋友去克山德家吃品客薯片，试图了解这一切。安德里亚是意大利人，伦敦大学学院的化学教授。他高大、博学、风趣、古怪，就像非常聪明的人常常表现出的那样。我想请他解释一下为什么品客薯片中含有增味剂——谷氨酸、鸟苷酸和肌苷酸。

你无法催促安德里亚，也不会想去催他。他的回答从讲述意大利蔬菜高汤烩饭的缺点开始，然后无缝切换到始于 18 世纪的烹饪化学史，最后回到他母亲的烩饭食谱："如果使用牛骨和牛筋，那么你做出的烩饭与使用蔬菜高汤的会处于完全不同的水平。蔬菜高汤缺乏……（安德里亚厌烦地寻找着合适的词）……它缺少主要部分（body）。"

这种主要部分的缺失是因为蔬菜高汤通常少了一些我在品客薯片中注意到的那些分子：谷氨酸、鸟苷酸和肌苷酸，在各种各样的配料表中，它们也被标示为核糖核苷酸。

人类已经在口腔中进化出一种非常复杂精细的检测系统来探测这些分子，因为它们代表易于消化的蛋白质——不是生肉中的蛋白质，而是完全成熟的、煮熟的肉中的蛋白质。它们是已发酵的鱼和植物、浓肉汤、陈年奶酪的标识。这就是为什么含有这些分子的食物口味很棒的原因。安德里亚的妈妈做的意大利烩饭就是这种食物之一。这些分子会刺激你口腔中的感受器，并发出信号，告诉你有一些真正的营养物质正在输送的路上。当你只是吞下一点点烩饭时，你的肠道就已经准备好处理一些丰富的肉类精华、游离氨基酸。而对于品客薯片，那就是另一回事了。

安德里亚结束了关于意大利烩饭的讲座，并演戏似的在他的舌头上放了一片品客薯片。要想了解安德里亚和品客薯片之间将要发生什么，以及为何他发现很难戒掉它们，我们需要彻底理解口味的问题。这要从舌头开始说起。

月球表面的图片比口腔表面的图片更清晰，而且其令人混淆的地形也更少。

仔细检视你的舌头，你会看到很多小小的芽状体。这些不是味蕾，而是乳突。味蕾小到看不出来，不像芽（它们更像凹坑），位于乳突上——每个乳突上有数百个味蕾。每个味蕾中大约有 100 个特化细胞（specialised cells），上面有专门的受体来检测食物中的分子，将这些分子转化为信号并发送至大脑。你的整个口腔和喉咙后部的一点儿地方可以感受到口味，与普遍的看法相反，每种口味似乎并不对应特定的感受区域。[1-4]

实际上，味觉受体遍布全身，包括喉部、睾丸和肠道。肺部有苦味受体，大脑、心脏、肾脏和膀胱有甜味受体。[1]

到底有多少种口味是一个有争议的问题。当生理学家谈论口味时，他们真正的意思是：“是否存在特定的受体来检测特定的分子？”我们非常肯定，我们的口腔中至少有 5 种类型的受体来感受 5 种不同的口味：甜、鲜

---

[1] 人造甜味剂糖精可以让大鼠的膀胱收缩。检测尿液中的葡萄糖可能很重要，因为它永远不应该在那里。人们可以想象存在这样一个系统：膀胱对葡萄糖的出现做出反应，向胰腺发出信号，刺激胰岛素的分泌，不过还没有人研究这个。甜味剂既不会影响膀胱，也不会让膀胱发出任何信号。[5]

（香）、酸、咸、苦。[1] 我们或许也会觉得水、淀粉、麦芽糊精、钙、各种其他金属和脂肪酸都有特定的口味，但很难确定我们是否真的在探测口味。口腔也在评估咀嚼阻力、黏性、胶着性、凝胶情状等。油腻口味也许实际上是舌头与口腔和牙齿之间摩擦力的改变：油脂的滑溜情况与唾液的有所不同。

甜味是由我们可以用来作为能量的所有单糖分子激发的。最甜的天然碳水化合物是果糖——甜得几乎令人难受。葡萄糖带来的体验要温和得多。我们似乎也能够从类似于麦芽糊精的淀粉中检测到分解糖。我们无法确切地尝到它们是甜的，但它们似乎的确激活了与奖励相关的大脑区域。

咸味来自钠盐和一些其他化合物。高血压患者常常使用的“低盐”产品由氯化钾制成，它确实有咸味，但味道并不纯正。我们现在相当确定，口腔皮肤中有特定的钠离子通道，可以检测咸味。这些钠离子通道存在于全身的皮肤样组织中，四处运送钠离子，不过尚不清楚的是：它是如何探测盐浓度并将信息发送到你的意识层面的。[6, 7]

鲜味来自 UPF 配料表中常见的三种分子：谷氨酸、肌苷酸、鸟苷酸。谷氨酸存在于母乳、海藻、西红柿、扇贝、凤尾鱼、奶酪、酱油、腌火腿和许多其他食物中。肌苷酸主要在鱼肉中——干鲣鱼和干沙丁鱼。其在鱼死后立即开始形成，大约 10 小时后达到最高水平。鸟苷酸主要见于干香菇和其他蘑菇中，由垂死细胞中的 DNA 分解形成。

酸味来自酸。人们已经提出了很多针对这种口味的不同受体，但基本上没人知道我们是如何尝出醋或抗坏血酸（维生素 C）的味道的。几乎所

---

[1] 即使这些口味已属公认，你可能也会争论说，我们能确定的只有甜味、苦味和鲜味。活的人体中被证实存在的受体只有甜味受体、苦味（毒素）受体和鲜味受体，其他的受体确实也存在——可以在我们的基因中看到它们的明显特征——但我们的知识来自对小鼠和苍蝇的研究。

有其他动物都嫌恶酸味——在其他灵长类动物身上所做的实验显示，它们会把酸味东西吐出来。[8]但对于人类，这种口味或许有用。毕竟，酸味是发酵而非腐败的标识。当细菌发酵食物时，它们会产生酸来保存食物。牛奶中的乳酸杆菌（Lactobacilli）将乳糖分解成乳酸，使牛奶变成酸奶，保存时间可延长至10倍。维生素C可能是我们保持酸味探测的根本原因，因为它真的是唯一具有重要营养意义的酸味物质。不同于很多动物，我们无法合成维生素C，而且也不会摄入足够的新鲜天然食物来保证我们在不特意寻找的情况下获得足够的维生素C。甜味和酸味的结合是成熟、富含维生素C的水果所体现出来的特征——这也许就是我们被这种结合口味所吸引的原因。

这四种口味——甜、咸、酸、鲜——大概基本上是由4种受体来处理的。但苦味是另一码事。苦味是表示“可能有毒”的信号，有大量不同的化学结构尝起来都有苦味。我们需要25种不同的基因来探测苦味，这赋予我们很强的检测毒素的能力。不过我们也可以学着爱上苦味。苦咖啡会让孩子反胃呕吐，但你可以学会将苦味与咖啡因带来的欢欣联系起来，这样它就会成为让成年人能够承受生活重负的必需品。可食用植物含有与营养素密不可分的毒素。这些毒素往往会被肝脏破坏，肝脏负责处理来自肠道的所有血液。不过即使是含有少量多种苦味化合物的食物，人们也能感受到强烈的苦味——在判断每种毒素的总剂量以及肝脏是否有能力搞定这一切方面，我们的口腔做得相当好。[9]

味觉对杂食动物很重要，而专门吃某些食物的动物则已经失去了味觉。猫丧失了甜味受体；大熊猫没有了鲜味受体。海狮似乎一点儿味觉都没有了——它们的大部分猎物都被整个吞了下去——不过它们仍然能闻到气味。与此同时，鲸和海豚似乎完全失去了嗅觉。动物丢弃了在进化上对它们不再有帮助的东西。而我们一直保留着如此精密的感觉器官和处理信息的神经组织，这一事实意味着，味觉和嗅觉对人类非常重要。[1]

所有的口味也都会相互影响。假如你用蔗糖、味精、食盐、柠檬酸和硫酸奎宁（quinine sulphate）调制鸡尾酒，饮用时，你会感受到这种鸡尾酒同时具有甜、鲜、咸、酸、苦5种味道。你能够分得清各个独立的部分，但你从每个部分得到的愉悦都会受到其他部分的影响。我们喜欢鲜味，但只有在盐或糖存在的情况下——单单有味精的话不会令人愉快。如果含糖量高，大猩猩就可以耐受苦味植物单宁。人类孩子和几乎所有食物也是如此。同样，奎宁具有典型的苦味，但如果搭配上糖，它就变成了让人享受的奎宁水（汽水类饮料）。

这样做的意义在于，UPF制造商可以操纵这些口味间的相互作用，让我们吃他们的食品。他们以多种方式来这样做。比如，他们运用烹饪大师们几个世纪以来一直在用的窍门：提味。在特定的浓度和组合下，甜、酸、咸和鲜都可以“增强”风味，让食物更加美味。很多文化中最好的传统食物都会使用酸醋、甜糖或蜂蜜、鲜香调味料、大量的盐。想一想意大利面食：西红柿和醋酸、西红柿里的糖、添加的盐和搓碎的富含谷氨酸的帕尔马干酪。原理都是一样的，但UPF公司将其提升到了一个新的级别。

让我们以可口可乐为例，尽管任何可乐都可以，但在我看来，它是最受欢迎的可乐。它被发明出来的时候，目的是制作一种能让人提神的饮料，最初的配方含有古柯叶（coca leaves）提取物——也许是少量可卡因（尽管很难确定）[2]和咖啡因。可卡因和咖啡因都苦得要命，因此该公司添加了大

---

[1] 鸟类已经失去了甜味受体，但因为蜂鸟要喝花蜜，所以它们改变了鲜味受体的功能。巴里·史密斯就此思考了很多：“作为一名感官哲学家，我当然想知道，花蜜对蜂鸟来说是甜的还是鲜的。”蜂鸟讨厌阿斯巴甜，但喜欢糖水。没有人知道为什么巨嘴鸟喜欢水果，就算是巴里也不知道。

[2] 可口可乐公司自己并不否认其产品曾经含有可卡因，而是更加含糊地说“可卡因从来都不是可口可乐的添加配料”。[10]

量的糖来掩盖这一点。但最初的这种苦味实际上是一种优势。正是这种极端的苦味允许制造商添加更多的糖到饮料中，否则是不可能这么做的。

这种可能性不会一直存在下去，因为我们天生厌恶过量的糖。我们无法一勺一勺地吃蜂蜜，或者一把一把地吃蔗糖。它们真的甜得令人反胃。这其中的原因也许足够简单：身体不希望以超过其从血液中清除糖的能力的速度吸收糖。含糖量高的血液在很多方面都是有害的。首先，糖是细菌的食物；另外，血液中有大量的糖也会导致大量的水从细胞转移到血液中。这会增加血容量，并使肾脏产生尿液，从而造成脱水——这就是为什么尿多是糖尿病的最初迹象之一。

现代可口可乐依然带有咖啡因的苦味，添加磷酸所带来的极度酸味增强了这种苦味。这两者一起，让大量的糖可以偷偷地经过舌头。[1] 不过它们并非独自在做这件事，饮料中的气泡也起了作用，"冰镇饮用"这个建议亦有贡献。出于一些不完全清楚的原因，如果你把东西做成又冷又有气泡，就能抑制甜味。一项在家中进行的实验证明了这一点：尽管有苦味和酸味，但温热的、没有气泡的可乐是如此之甜，几乎无法饮用。

好的厨师可以将它们结合在一起来增强风味和口味，但我认为 UPF 在营养方面相当于"速球"（speedball）。在非法毒品的世界里，速球通常是镇静剂（如海洛因）和兴奋剂（如快克可卡因）的混合物。一个让你入睡（阿片类药物过量会让人停止呼吸而致死），而另一个让你醒来（快克过量会驱使血压飙升，令患者中风而致死）。通过将两者混合起来，使用者可以获得 1+1>2 的体验。人们也会用更温和的方式来这样做（不过仍然经常带来致命后果）——将咖啡因和酒精混合使用：意式浓缩咖啡马提尼或伏特

---

[1] 顺便说一下，你的食品中的磷酸不是从水果或蔬菜中提取出来的。它是通过在电弧炉（arc furnace）中用煤来燃烧含磷岩石制成的，也用于半导体加工和道路沥青改性。可乐最初被称为磷酸苏打水。它们是早期的 UPF。磷酸不仅会腐蚀牙齿、掩盖糖分，还可能从骨骼中析出矿物质。[11]

加配上红牛饮料是入门级速球——刺激性的咖啡因抵消了酒精的镇静作用。这种奇妙的吸毒方法是 UPF 口味的主题。

在按照说明饮用时，我希望我们能这样看待可口可乐——其创造出了类似于速球所实现的感官混乱，并以这种方式控制利用了这些不同的口味。酸味、苦味、冰镇和气泡使得跨国饮料公司有可能让多得多的糖偷偷地经过你孩子的上颚：一罐可乐中有 9 茶匙糖。我给莱拉喝温热、无气泡的可乐，她只能喝几口（假如有机会，她会用勺子在碗里舀糖吃）。

但是可口可乐公司为何要让我们喝下这么多的糖呢？还记得那些关于大鼠学会喜欢上与热量搭配的风味的研究吗？嗯，人类也是如此。耶鲁大学的神经学家达娜·斯莫尔（Dana Small）在人类身上所做的一系列实验证明，我们是否能学会想要某种特定的风味似乎取决于我们食用它时血糖的变化程度。[12] 该团队为志愿者提供了风味随机的饮料，饮用过几次后，他们学会了想要与无味碳水化合物麦芽糊精搭配的风味。他们的血糖升得越高，就越想要这种风味。所以，也许是通过使用气泡、冰镇、酸和咖啡因来给人们提供大剂量的糖——随之而来的是巨大的热量负荷与血糖飙升——可乐生产商意欲使你越来越想要他们的特定产品。

这或许也可以解释一种奇怪的定价现象，这种现象首先出现在中美洲，但在全球的低收入国家中都很常见。甜味碳酸饮料几乎与瓶装水一样便宜或者更便宜。显而易见，做可乐更贵，可是人们一旦买了一瓶，就会买更多。水的生产成本更低，但是很难让人们大量饮用。在墨西哥的圣克里斯托瓦尔（San Cristobal），当地居民谴责可口可乐公司在推动生产的过程中造成水资源短缺，而与此同时，其销售量却在增加。该公司争辩说它们遭到了诽谤，这不公平，其告诉《纽约时报》，虽然它们每天要使用数十万升水，但这对该市的供水几乎没有影响。它们提到，其所用水井的深度远远超过供应当地居民的地表泉水，并指出了其他因素，譬如快速的城市化进程和政府投资的不足。[13]

借助像速球一般将不同的口味和感觉混合在一起，UPF 可以迫使我们摄入远远超过我们所能够处理的热量，创造出巨大的神经奖励，让我们总是想要得更多。这很糟糕，不过这远非唯一的问题。零热量的人造甜味剂也让人担忧。当我们口中的味道完全不与热量搭配时，会发生什么？

2012 年 10 月 14 日，后来的美国总统特朗普在推特上发布了一条关于健怡可乐的观察评论："我从未见过瘦人喝健怡可乐。"第二天，他就这条内容又跟进了一条，这回是一个问题："你喝的健怡可乐、轻怡百事等越多，体重就会增加越多？"到了 10 月 16 日，他对这件事的看法似乎已经确定下来了："可口可乐公司对我不满意——这没关系，我还是会继续喝那些垃圾。"

接下来，一周后，也许是已经做过某种个人实验，他得出了关于这种饮料的生理效应的结论："人们对我关于健怡可乐（苏打水）的评论都快发疯了。让我们来面对现实吧——这东西根本不管用。它会让你感到饥饿。"

自那以后，人们已经开展了大量关于低热量甜味剂的研究，但 10 年后，它依然是对科学现状的合理总结。特朗普明白了很多医生和营养学家未能领会的东西：口中的甜味对身体的影响不仅仅是带来一点儿愉悦。

人造甜味剂不含热量，因而不会造成肥胖，这似乎是明摆着的事情。但是，如果你能了解为何零热量的饮料会导致体重增加及患上代谢性疾病，那么就将明白 UPF 似乎会带来健康问题的最基本方式之一。

假如食物含有人造甜味剂，那么根据定义，它就是 UPF。过去，这些甜味剂的使用仅限于小香包和无糖软饮料。而现在，它们无处不在：面包、谷类食品、格兰诺拉燕麦棒（granola bars）、"清淡"酸奶、无添加糖冰激凌、调味牛奶。此外，它们还被添加到调味品中，比如低糖番茄酱、无糖果酱、无糖煎饼糖浆。甚至在药物、复合维生素、牙膏和漱口水等卫生用品中都有它们的身影。最常消费的是甜蜜素和糖精——最廉价、最古老——全球市场一年的规模约为 22 亿美元。

人造甜味剂究竟对我们的健康有何影响尚不清楚，但它看上去不是什么好东西。一些由英国医学研究委员会、美国国家卫生研究院等机构（相对没有企业利益冲突）资助的研究显示，人造甜味剂与体重增加和糖尿病相关。[14-17] 虽然也有研究提出，甜味剂对健康没有任何特别显著的影响，或者它们可能还是有益的，但这些研究的很多作者都已声明与雅培、达能、家乐氏等食品公司有关系。[18, 19]

一项发表在《美国临床营养学期刊》上的大型数据分析发现，[20] 低热量甜味剂与体重之间没有关联，论文中包括以下关于利益冲突的声明："我们认可国际生命科学学会低热量甜味剂委员会（International Life Sciences Institute Low-Calorie Sweetener Committee）为本研究方案和原稿提供的反馈与审核。"这篇论文没有提到的是，该委员会一直由百事可乐、可口可乐和其他几家大型食品公司提供资助。①

如果由行业所做的统计分析都无法发现低热量甜味剂的显著益处，那么这时候就应该引起警惕了。我个人对数据的解读是，含有低热量甜味剂的饮料与肥胖和 2 型糖尿病的相关性略高于其对等的含糖饮料，但请不要忘记，含糖饮料与这些问题的关联也非常紧密，其危害性极大。

但是，假如从食物中去除糖并不能改善健康，那这是怎么回事呢？米尔肯研究院公共卫生学院（Milken Institute School of Public Health）的副教授艾利森·西尔韦斯科（Allison Sylvetsky）针对美国儿童做了一项研究，其发现，相比饮水，饮用低热量软饮料或含糖软饮料或两者与总热量和糖摄入量的增加有关：低热量软饮料可能会促进普遍的过度消费。[22]

---

① 发表在同一期刊上的另一项研究着眼于成年人使用无糖饮料或饮用水来减肥的问题[21]。其中一位作者得到了雀巢饮用水公司（Nestlé Waters）的资助。最后他说不存在利益冲突，但这是不确切的。如果你接受了一家饮用水公司（该公司也生产人造甜味饮料）的资助，并且对饮用水和人造甜味饮料做了试验，那么这实际上是一种利益冲突。这并不意味着该项研究有问题，但确实存在冲突。

换言之，特朗普是对的（这并不是说，他当上总统后，他说的那句话就成了某种形式的法则）。当人们同时食用甜味剂和糖时，即使糖的量很小，胰岛素水平似乎也会显著升高。这将导致血糖下降，然后可能导致饥饿，驱使食物摄入量增加（同样，参见特朗普的推文）。这是 UPF 的搭配不当之一，也是巴里解释的谎言之一。口中的甜味让身体为糖做好了准备。假如糖始终不来，那就成问题了。

当糖与人造甜味剂混合在一起时，问题可能会更大。达娜·斯莫尔进行了另一系列的研究，她给志愿者提供了不同甜度（使用不同剂量的三氯蔗糖）和热量（使用无味的麦芽糊精）的饮料。有些饮料含有大量热量但没有甜味；另外一些是甜的但没有热量。她的论文不容易读懂——“开始进食”被表述为“完成行为的开始”——而且实验室中产生的结论很难应用到真实世界中。尽管如此，她的发现还是很有趣的。她的研究显示，人们能够学会想要某种风味的程度不仅受到饮料中热量的影响，还受到甜度与热量是否匹配的影响。[23]

另一项研究同样给人以警示——斯莫尔让身体健康的志愿者喝下含有不同量的三氯蔗糖、糖或二者的饮料——其似乎证实，甜味剂与糖的混合物会以类似于 2 型糖尿病的方式降低身体对胰岛素的反应。❶

所有这些都表明，当糖与人造甜味剂一起食用时，会对代谢健康产生有害影响。即使百事可乐和可口可乐不直接将糖与甜味剂混合，它们的顾客也很有可能同时食用其他 UPF。

除了对糖代谢、胰岛素和成瘾可能性的影响，还有证据表明，食用甜味剂会增加对其他甜食的偏好。[25，26] 一项小型研究显示，戒掉所有人造甜味剂两周后，人们对糖的渴望下降了。一种特别的人造甜味剂——善品糖（Splenda）——含有三氯蔗糖和麦芽糊精，似乎也能改变

---

❶ 该研究的结果与对啮齿动物开展的研究一致。[24]

大鼠控制食物摄入、肥胖和能量管理的大脑区域的活动状况，同时对肠道本身也有影响。[27，28]

人造甜味剂还可能扰乱微生物群，即生活在我们体表和体内的细菌种群，它们是消化和免疫系统的重要组成部分。由于《自然》杂志刊登了一篇备受瞩目的论文，[29] 这种效应被广泛报道。来自动物研究的证据显示，三氯蔗糖会扰乱肠道微生物群，即使其含量符合监管机构认可的水平，当然也就是人类经常食用的水平。①

因此，也许低热量人造甜味剂正在为全球代谢性疾病（如 2 型糖尿病）的发病率的上升做出贡献。这尚未得到证实，但相关研究确实让我们有点明白，至少存在一个似乎合理的机制。

所有这一切都令人担忧，因为用低热量甜味剂代替糖既是英国政府的重要政策，也是软饮料行业的关键做法——该行业希望能够宣称，这有益于公众健康。

我希望你现在能够明白，罐装无糖饮料侧面上的四盏绿灯有点放错了地方。

很多国家的政府都已经提议征收糖税。这些建议看上去很合理，它们的确能减少糖的摄入量，但也招致了低热量甜味剂配方的重新设计。英国在 2018 年征收了糖税，因为英国的青少年每年摄入大约满满一浴缸的软饮

---

① 其他甜味剂或许不会扰乱微生物群，但其在口腔中的味道会影响新陈代谢可能是一样的：当口中感觉到甜味但实际上没有摄入糖分时，这可能是食用了低热量甜味剂。关于一些人造甜味剂的安全性，人们还有其他的严重关切。例如，2019 年一篇论文的作者认为，欧洲食品安全局（European Food Safety Authority）采用了宽松而宽容的标准来评判那些指出阿斯巴甜的有害影响的研究。

料。[30]① 该税导致含糖饮料的销售下降了44.3%，2015年至2019年，糖的消费量减少了4000多万千克。这似乎能证明征税是有道理的。但是，尽管每个家庭的糖消耗量减少了10%，可是软饮料的消费总量还是没有变化。[31] 相反，人们开始喝更多的人造甜味饮料了。

慈善组织First Steps Nutrition发现，65%初学走路的孩子平均每天饮用一罐人造甜味饮料。[32] 真的很难将此视为一种公共健康方面的胜利，尤其因为英国现行法规禁止在专为婴幼儿销售的食品中添加人造甜味剂。虽然人造甜味剂不会直接损坏牙齿，但很多无糖饮料仍然是高酸性的，可能会对孩子的牙釉质造成严重损害。

人们对甜味剂上瘾使得制造商可以对很多超加工产品做出健康声明，现在许多产品的包装上都有文字“Good Choice Change4Life”（“好选择，改变生活”）与竖大拇指图构成的标识。“Change4Life”是英格兰公共卫生署（Public Health England）发起的一项社会营销活动，除了其他目的，其试图提高人们对食品中含糖量的意识，并鼓励消费者转向低糖替代品。这种做法相当离奇，因为完全没有任何证据证明它们能改善健康及人们对危害非常真切的担忧。②

---

① 糖税的征收意在每年筹集数亿美元资金投入专项基金，用于帮助学校升级其体育设施。我对将糖税和增加体育基金联系起来感到不自在。我觉得这是在暗示，体育活动在某种程度上能够抵消饮用软饮料对健康的影响。

② First Steps Nutrition指出了另一个荒谬之处：“Change4Life”标识有时会出现在含有人工色素的产品上。因为人工色素可能对儿童的活动状况和注意力产生不利影响，所以含有它们的产品必须在其标签上注明相应警告。这意味着，有些产品会同时带有警告和鼓励两种标签——做父母的不容易理解。另外值得一提的是，在英国的Change4Life肥胖运动列出了以下商业合作伙伴：乐购、艾斯达、百事可乐、家乐氏、英国合作社集团、健身行业协会（Fitness Industry Association）、英国广告协会（Advertising Association）、晶石集团（Spar）、考斯特卡特超市集团（Costcutter）、尼萨公司（Nisa）、普雷米尔 & 米尔斯集团（Premier and Mills Group）。

尽管令人担忧的数据显示，人造甜味饮料可能有害、无甚益处，但其消费仍在继续。[1] 在政府和政策圈里有一种感觉，任何向健康事物的监管转变都是一种胜利，因为这太难做到。我对此并不信服，不过我也不必尝试制定政策。就个人而言，我认为，如果你想防止儿童患上与饮食相关的疾病，那么引入这样的政策似乎不是个好办法——鼓励两岁的孩子平均每天喝一整罐人工甜味汽水。它传递出一个信息——这些饮料是健康的，并让销售它们的行业能够摆脱困境。

在阅读达娜·斯莫尔的论文时，我突然想到，那些口味与营养之间的不匹配在UPF中随处可见。保罗·哈特告诉过我植物胶和糊状物会在口中产生脂肪的感觉。当我们食用零脂酸奶或低脂蛋黄酱时，它们产生的这种脂肪感对我们的内部生理会有什么影响？没人知道。没有人确切地知道，安德里亚放在他舌头上的那片品客薯片中的增味剂会起什么作用。

以下是我猜测发生的事情，不过（我的猜测得到了相当多数据的支持）。[34]

品客薯片是马鞍形的，专业名称叫双曲抛物面，与舌头的曲线几乎完全贴合，这意味着，安德里亚嘴里的每一个味蕾都会与品客薯片接触。然后，当他咀嚼时，这种形状的双曲面会造成薯片断裂得不均衡，工程师称为毁坏性破裂。一边嚼着薯片，安德里亚一边开始解释，他的鲜味受体是如何令其内部生理机制做好准备的，就像吃他母亲做的烩饭一样。“但是，”他咽了下去，“将要到达的只是一个可怜的土豆淀粉小球。”

这样，带着一种几乎没有浮出我们意识体验表面的生理困惑，我们发现自己想要的是另外的东西——寻找始终没有到达的营养素。人们很容易将品客薯片视为坏心肠的技术天才搞出来的东西，认为它是一种故意设计

---

[1] 英国软饮料协会（British Soft Drinks Association）最近报告称，2018年，在人们购买的所有软饮料中，有65%是零热量或低热量的。在售出的全部可稀释饮料（dilutable drinks）中，有整整88%也是零热量或低热量的。[33]

出来致人肥胖的产品。但它是 20 世纪 60 年代制作出来的，我觉得没有任何人打算让人对其上瘾。[1] 不过在有关我们商店提供的产品的军备竞赛中，是那些具有成瘾性的存活了下来。

所以说，借由使用能够影响口味的添加剂并结合感官体验，UPF 偷偷地将更多的奖励（比如糖）运过了我们的舌头，超出了我们的耐受能力。这让我们对 UPF 的渴望超过了对家常饭菜的渴望。此外，通过在口腔中的感觉与肠道中的营养之间制造不匹配，这些公司找到了（但愿是偶然的）推动消费增长的方法。但是，所有其他那些成千上万种添加剂又是怎么样的？我们可能会用它们来识别 UPF。它们对我们的健康有什么特定的影响吗？

---

[1] 我自己的律师建议说，我或许应该避免对特定产品是否会让人上瘾发表看法，但在品客薯片的案例中，其营销团队似乎对这样的暗示很满意："一旦你咔嚓咔嚓地吃起来，就停不下来了。"这是法律上的灰色地带，但不管怎么样，2009 年 5 月，英国《卫报》（*Guardian*）上的一篇文章成功地避免了遭到惩罚，其将品客薯片描述为"硬纸筒中的咔嚓声"。

第 14 章
添加剂焦虑

我医院的每个人都吃普雷特（Pret）食品。从大楼里可以看到 3 个销售点，步行 5 分钟距离内还有 2 个。这一定是件好事吗？普雷特品牌不懈地坚持取材天然、符合伦理及有益身心健康的理念。

这就是我在实验饮食最后一周的某一天去那里的原因——为了从 UPF 中得到一个小小的喘息机会。我买了一些泰式红汤，但立即认出它有一股熟悉、强烈的味道。我把含有整整 49 种配料的配料表全看了一遍，发现了麦芽糊精和香料提取物。然后我又检查了三明治中面包的配料（这是我多年来吃普雷特食品之前从未做过的事情）：单双乙酰酒石酸酯脂肪酸单双甘油酯。

我本来以为自己了解那个品牌，但这些配料似乎与之不相符。看看 2016 年普雷特在网上发表的声明："普雷特于 1986 年在伦敦开业……其制作的三明治非常地道，没有使用市场上如此之多的'预制''快餐类'食品中常见的隐匿性化学物质、添加剂和防腐剂。"

在其公司网页上，"天然""自然"这种词用了 6 次以上。

"真正面包运动"写信给该公司核实这些声明，发现普雷特的产品含有"鸡尾酒式添加剂"（混合了各种添加剂），包括上面我提到的那些以及 E920（L–半胱氨酸盐酸盐）、E472e（双乙酰酒石酸酯单双甘油酯）、E471（脂肪酸单双甘油酯）、E422（甘油）、E330（柠檬酸）、E300（抗坏血酸）。

“真正面包运动”询问了普雷特公司时任首席执行官（CEO）克莱夫·施利（Clive Schlee），该公司是否会要么停止使用食品添加剂，要么停止做出“天然”的市场声明。施利对这两点都拒绝了。因此，该组织又写信给英国广告标准管理局（Advertising Standards Agency），要求普雷特公司停止做出他们的“天然生产”的声明。该公司的一位发言人设法应对这件事：“我们真的很想找到解决方案，我们的团队一直在努力试验各种不使用乳化剂的配方，不过他们目前还没有找到符合我们顾客期望标准的那种。”[1, 2]

如果非乳化、无添加剂面包的供应更加广泛，我们的期望就可能会有所不同。但是要从普雷特公司的所有者JAB控股公司（JAB Holding Company）的角度来考虑这一点。这是一家总部位于卢森堡的私营大型联合企业，截至2020年，其企业总价值超过了1200亿美元。[3-7]生产不含这些添加剂的产品的成本会高得多，而且目前，顾客似乎没有太意识到普雷特公司实际上是在使用这些添加剂的。

但我们真的应该为此担忧吗？这些添加剂是不是肯定已经通过了监管机构的审核（需要进行大量的安全测试），并最终认定它们没问题？我以前认为“食品添加剂”（由所有那些为了特定技术目的而添加到食品中的物质组成）只是UPF的指示器，是所有其他加工过程的标识，这些加工过程确实有害，但其本身是安全而必要的。我不愿意沉湎于任何“添加剂焦虑”，这种焦虑往往伴随着普遍的反科学议程。

不出意料，在20世纪70年代的美国加州，当儿科医生本·法因戈尔德（Ben Feingold）提出，人造调味剂和人工色素可能会导致多动症（Attention deficit hyperactivity disorder，ADHD）时，添加剂焦虑首次出现了。他遭到了医学界的蔑视。我想，如果我在那个时候，也不会考虑他的观点。毕竟，食物是由化学物质组成的，我们也是由化学物质组成的。而且，虽然合成的化学物质可能有毒，但天然产生的化学物质也可能有毒。

然而，随着我与UPF专家谈话的进行，问题变得明晰起来，比起我的想象，这些食品添加剂对我们身体的影响也许要大得多。我开始思考，甜味剂和增味剂是如何导致口味与营养的不匹配，从而造成危害的。然后，我发现了一项发表于 2007 年的研究，也就是在法因戈尔德去世 25 年后。

该研究由英国食品标准局资助，涉及大约 300 名儿童。[8] 他们一组得到 6 种着色剂（全都是 E 打头的标准编码类）和一种防腐剂，另一组是一种安慰剂。相比那些摄入安慰剂的儿童，饮用添加剂增强饮料的儿童的多动症评分更高。这项研究发表在《柳叶刀》上。现在在英国，含有任何这 6 种人工色素的食品和饮料都必须在其包装上标注警告："可能对儿童的活动状况和注意力产生不利影响"。[1] 如果色素是这样的，那么，是否也有充分理由来真正关注其他的食品添加剂呢？

目前尚不清楚我们摄入的食品添加剂的数量和种类有多少。在欧盟，允许使用的食品添加剂超过 2000 种。在美国，该数字未知（令人害怕），不过据认为多于 10000 种。[9] 随着生产变得完全自动化，计算机控制的机器人切菜、绞肉、搅拌面糊、挤压面团、包装最终产品，需要加入很多食品添加剂，这样食品才能经受得住这一加工过程。如果食品在承受机器人的粗暴对待的过程中失去了颜色或风味，那么，正如我们所看到的，它们可以简单地用化学物质来代替。

这些添加剂有成千上万种，我甚至无法涵盖所有的主要类别。有香精（flavours）、增味剂、色素、乳化剂、人造甜味剂、增稠剂、保湿剂、稳定剂、酸度调节剂、防腐剂、抗氧化剂、发泡剂、消泡剂、膨松剂、碳化剂、胶凝剂、上光剂、螯合剂、漂白剂、发酵剂、澄清剂，等等。我打算只关注少数几个，了解它们如何影响我们的身体，以及它们如何受到（或不受）

---

[1] 这不是一项出色的研究。美国食品药品监督管理局（US Food and Drug Administration，FDA，以下简称美国食药监局）和欧洲食品安全局都对其做了独立审查，并得出结论——其并未证实食品添加剂与行为影响之间存在关联，但它确实为针对食品添加剂的某些危害的可信考虑因素打开了大门。

监管。

其中一大类添加剂是那些面包中的乳化剂。实际上，它们在 UPF 中几乎普遍存在。

几乎与 DNA 一样，乳化剂是生命体中的分子。[1]乳化剂由亲脂性部分和亲水性部分组成，这意味着，它们可以将脂肪和水这两种互不相溶的物质黏合在一起。人体充满了这些乳化剂，它们在自然界和传统食物中也是随处可见。蛋黄酱中的蛋黄或沙拉酱中的芥末酱在某种程度上是作为乳化剂存在的，它们可以让水性醋和脂肪油混合起来。

配料表上最常见的乳化剂之一是卵磷脂，其可以从鸡蛋、大豆或其他来源中提取。卵磷脂被归类为天然物质，但它们通常由非常不天然的混合物（天然化学物质经过进一步化学改性）构成。还可以看到聚山梨酯 80（polysorbate 80）、羧甲基纤维素（carboxymethylcellulose）以及你可以在英国的许许多多面包中发现的那种双乙酰酒石酸酯单双甘油酯。

双乙酰酒石酸酯单双甘油酯是通过加工动物或植物脂肪（甘油三酯）而产生的。它们不是自然存在的，但像卵磷脂一样，它们类似于生物分子，这种相似性可能很危险。在实验室的细胞实验中，双乙酰酒石酸酯单双甘油酯似乎能够将自身嵌入细胞膜，这也许可以解释关于它们如何损害肠道的一些发现——你接下来会读到这些内容。[10, 11]

双乙酰酒石酸酯单双甘油酯在食物中的确切作用目前尚不完全清楚。它可以使面团更结实、面包更松软，并能改变面包中蛋白质、水和碳水化合物的相互作用，还有助于让很多商业超加工面包保持滋润、有弹性及达到较长的保质期。

---

[1] 所有活细胞都依靠围绕着水滴的脂肪膜来让彼此保持分离状态。这些膜由具有亲水性头部和疏水但亲脂性尾部的分子构成——它们是乳化剂。它们自然地将自己排列成膜，围绕着细胞。膜将生命与外界隔开。它们是你与非你之间的界限——生命的真正边缘。

美国化学公司杜邦（DuPont）生产一系列的乳化剂。其双乙酰酒石酸酯单双甘油酯品牌名叫 Panodan。[12] 它还有另外一种乳化剂，可以为低脂产品增加额外的奶油味，一种广泛应用于口香糖和 PVC（聚氯乙烯），另一种可以改善蛋糕面糊的性能和面包心的结构——同时作为“抗雾”剂用在塑料中，效果也很好。

不过杜邦公司研究开发的最著名的类乳化剂物质是全氟辛酸（perfluorooctanoic acid，PFOA）。这种曾用于防止特氟龙（Teflon，聚四氟乙烯，商标名）涂料在生产过程中结块。它是那种“永远的化学物质”之一，会在任何碰巧摄入它们的生物体中沉积下来。根据美国国家环境保护局（Environmental Protection Agency）2016 年的一份报告，它与高胆固醇、肝酶升高、疫苗接种反应下降、先天性缺陷、妊娠高血压综合征、睾丸癌、肾癌有关联。[13]

杜邦公司在 20 世纪 50 年代开始使用全氟辛酸，其后的几十年间，该公司向俄亥俄河（Ohio River）和“消化池”倾倒了数十万磅的全氟辛酸，由此，全氟辛酸进入了当地的地下水位处，从而影响了西弗吉尼亚州（West Virginia）华盛顿工厂附近 10 万多人的饮用水。[14] 在倾倒全氟辛酸的同时，该公司也在对其潜在危害进行医学研究。他们发现，它会导致动物患癌、出现先天性缺陷。然后，该公司在自己一些员工的孩子身上发现了先天性缺陷。发起那件集体诉讼案的环境律师罗伯特 · 比洛特（Rob Bilott）说道：“杜邦公司几十年来一直在积极地设法隐瞒自己的行为。该公司知道这东西有害，但还是将其倒进了水里。这都是很糟糕的事实。”[15]

确实是很糟糕的事实。根据该公司自己的内部标准，饮用水中的全氟辛酸安全上限含量是十亿分之一。当地饮用水中的含量是该水平的 3 倍，但杜邦公司没有公开这一发现。到目前为止，针对杜邦公司的诉讼已经在开庭前达成和解，该公司总计损失了 4 亿美元。[16] 这些案件仍在诉讼中，但在某种意义上，做了这一切的杜邦公司或许已经不复存在。

美国全国广播公司（NBC News）在2020年曾报道，杜邦公司已将其清理和赔偿义务甩给了一些没有任何资金支付债务的小公司。杜邦公司否认创建分拆公司以将债务从自身转移出去，不过其中一家公司（杜邦公司坚称不是为此目的而成立该公司）目前在起诉杜邦公司，称杜邦公司在抛售债务时故意隐瞒了负债范围。[17]

全氟辛酸不是食品乳化剂，相比在一些UPF中使用的乳化剂，其造成危害的方式和剂量非常不同。但我认为这个故事是有用的信息，原因有二。

第一，你或许想要以食品活动家的身份购物，避开那些可能已经对环境造成重大危害的公司。（不过，应当承认，UPF错综复杂的供应链意味着，几乎不可能知道参与生产单个产品的不同公司的名字甚至数量。要想找出你面包中所含双乙酰酒石酸酯单双甘油酯的制造公司，这几乎不可能做到。）

第二，当我们谈到食品添加剂的监管方面时，你会看到，当前的体系希望你相信，像杜邦那样的公司会做到自我证明、自我监管。关于全氟辛酸的故事也许会影响你对它们感受到的信任程度。

然而，除了它们是由历史上涉及有争议的司法事件的公司生产的，还有什么证据能证明UPF中的乳化剂有害吗？嗯，有的。大部分危害似乎都是因为其改变了我们的微生物群而引起的。

***

从本质上说，描述甜甜圈和描述你我的方程式是一样的：大家都是双壁圆柱体。中间的管子是你的肠道，它有分支通向你的耳朵、肺和其他一些地方。所有这些都被黏液包覆着，黏液是一种由水、蛋白质、糖蛋白组成的复杂混合物。它不是脂肪的样子，也非凝胶状，而是呈迷人的拉丝状，且极易变化。这是一个充满抗体和免疫细胞的活性层，有助于和肠道的其他居民（微生物群）保持和平。

有关微生物群的文章数量巨大，但我们对其了解依然相对较少。然而，我们已经开始在一些基础科学上找到了立足点，尽管还不确定其意义。

对于一个新生儿，在出生期间以及之后的几天、几周内，其会被 10 万亿 ~100 万亿个微生物定殖。[1] 在生命的头几个月里，婴儿的免疫系统和他的新微生物群在一种复杂而鲜为人知的“舞蹈”中相互考验、塑造。由母乳喂养的婴儿从母亲那里获得他们的微生物群，以及乳汁中有利于有益细菌存活繁殖的特定抗体。在婴儿生命的最初几年中，有一场疯狂的啮合行动在进行，直到他们和几百个微生物物种一起安定下来，微生物群成为他们最大的免疫器官之一。我们为微生物提供了一个温暖、湿润、富含营养的黏液之家，它们则形成生物膜、黏液层，限制有害病原体伤害它们或我们的能力。它们是一个联合体、一个联盟，提供了一道抵御有意图的入侵者或殖民者的壁垒。

据一些估计，对于你的每一个细胞，都有 100 种其他生物作为你的一部分生活着：病毒、噬菌体、细菌、原生动物、古生菌、真菌，甚至还有一些动物，比如蠕虫和螨虫。你有 20000 个人类基因，但有数百万个细菌基因。[2] 肠道中生物体数量最多的地方是小肠末端（消化食物）和整个大肠或结肠（吸收水分、发酵纤维素）。人类的结肠是地球上所有环境（包括热带雨林的土壤）中细菌密度最高的地方。但比实际数量更重要的是多样性：

---

1. 最初的定殖点是部分粪便，但主要来自阴道菌群——这些是先锋物种（pioneer species）。这一点很重要：来自丹麦的一项针对 1977 年至 2012 年出生的 200 万儿童进行的调查研究显示，经剖宫产手术出生的孩子患哮喘、系统性结缔组织病、幼年型关节炎、炎症性肠病、免疫缺陷及白血病的风险显著增加。[18]
2. 这些真的是你的基因。你无法将你的微生物群与你分开，就像你无法将你与任何其他器官分开一样。它有一个完成的祖先链，可以追溯到你还是原始鱼类之前很久。

在你的体表和体内，仅细菌就有500~1000种存活着。我们每个人都有一组独特的种类，这些种类会随时间而变化。确切原因尚不清楚，但关心、照顾构成我们身体的生物群落与身体健康密切相关——这意味着，要有良好的饮食习惯。[1]

我们肠道中的微生物是一种适应性很强的消化引擎。它们能制造维生素，并将难消化的食物转化为对我们的心脏和大脑有益的分子。这就是纤维素对我们有好处的原因。从广义上来讲，纤维素是我们缺乏酶来消化的任何碳水化合物。我们自己的基因组中编码的碳水化合物消化酶非常少，但我们的细菌为我们提供了很多。结肠中的细菌能够发酵纤维素来为自己制造能量，从而产生称为“挥发性短链脂肪酸”的废物分子。我们利用这些脂肪酸来提供能量，并实现其他各种各样的目的——它们有助于减少炎症、调节免疫系统，并且是心脏和大脑的专用燃料。简而言之，就像埃迪·里克松的奶牛那样，我们在一定程度上依靠肠道中细菌所产生的废物生存。

然而，我们与微生物群的关系存在必须严格遵循的界限。我们需要让结肠微生物一直待在结肠中。如果友好的生物最终出现在错误的地方，它们就会迅速变得不友好。例如，大多数尿路感染都是由意外进入泌尿系统的粪便细菌引起的，而泌尿系统对付不了它们。

当肠道内膜被食物、抗生素或入侵者破坏时，微生物群整体会发生变化：我们迎来了尚未与之签订和平条约的新物种。它们并没有进化出要照顾我们的利益的义务：于它们而言，我们只是一个可供开发利用的生态位。而且，就像所有的新殖民者那样，它们会有意无意地破坏当地的文化和生态系统。这称为菌群失调。我们日益确信，菌群失调与很多疾病有关联——炎症性肠病（如克罗恩病、溃疡性结肠炎），早产儿坏死性小肠结肠炎（肠坏死性常见致命疾病），严重炎症性疾病（如类风湿性关节炎），自

---

[1] 依我看，相关证据不支持以益生菌的形式摄入大量其他细菌。

身免疫性疾病（如多发性硬化症、1型糖尿病），过敏性疾病（特应性皮炎❶、哮喘），代谢性疾病（肥胖症、2型糖尿病），以及癌症，甚至严重的精神疾病。[19-22]❷目前大家还不十分了解肠道与大脑是如何交流沟通的，但由原生动物、真菌、古生菌和细菌等组成的多样化群落的存在并不只是为了搭便车——它们似乎对我们的饮食和生活方式拥有投票权。它们会影响我们的思想、情感和决定，这一点似乎越来越清晰了。

这些影响是由菌群失调引起的，还是由这些疾病及很多其他疾病造成的，目前尚不清楚，不过有可能的是，在免疫系统对微生物群的反应性增强方面，它们都是致病的根源。

假如我们的饮食导致会破坏肠道屏障的病原体整体发生变化，这种情况就可能发生。该屏障由紧密联系在一起的细胞、黏液和免疫细胞构成，它们共同作用，将微生物群牢牢地束缚住。当其受损时，肠道就会开始将微生物及其产生的废物泄漏到身体的其他部位。我们饮食中的很多东西都

---

❶ 一种常见的慢性、复发性、炎性皮肤病，表现为皮肤干燥、湿疹样皮疹、剧烈瘙痒。——编者注

❷ 微生物群对老鼠的行为有深刻的影响。相比带有微生物乘客的小鼠，无菌小鼠不太善于社交，其冒险模式也有极大的改变。如果你在小鼠的生命早期喂之以抗生素，它们还会在焦虑情绪和社交行为方面表现出变化。对于在无菌环境中饲养的小鼠，在断奶前后引入微生物群可使其恢复正常行为，可能包括一定程度的具有保护作用的焦虑。2019年，乳化剂的影响以一种简单巧妙而令人愉悦的方式展现了出来。[23]研究人员在小鼠的饮用水中加入了羧甲基纤维素或聚山梨酯80，结果它们发炎了且体重增加了。但最值得注意的是，它们开始表现出多得多的类似焦虑的行为。你可能会好奇，他们判定小鼠焦虑行为的方法是“旷场实验”，这是动物心理学中使用最广泛的测试之一。参与测试的不论是老鼠还是人类，都不需要特殊训练就能获得结果。它已应用于牛、猪、兔子、灵长类动物、蜜蜂和龙虾。该测试仅需一个没有盖子的高边白色盒子。动物会感觉暴露在中央，通常会花时间在侧边。你可以测量动物在开阔地带待了多长时间，以及像拉了多少屎等其他事情。结果是，乳化剂大大地提高了小鼠的焦虑水平。

可以改变微生物群整体和肠壁的完整性，包括脂肪、纤维素，尤其是乳化剂。

两种应用最普遍因而研究最多的乳化剂是“羧甲基纤维素”和“聚山梨酯 80”。聚山梨酯 80 也称为聚氧乙烯山梨醇酐单油酸酯（polyoxyethylene sorbitan mono-oleate）或 E433，是一种完全合成的乳化剂。它存在于很多犹太泡菜（kosher pickles）、冰激凌、喷射式淡奶油、牙膏、保湿润肤霜、洗发水和染发剂中。羧甲基纤维素——也叫作纤维素胶（cellulose gum）或 E466——是在第一次世界大战期间发明的。它是一种聚合物，由碱化的植物糖经化学加工制成，制作过程中使用了氯乙酸。你会在很多黏稠的 UPF 产品中发现它，它可以阻止产品离散，比如乐购的布朗尼风味牛奶、咖世家的焦糖拿铁、穆勒的曲奇风味奶昔（穆勒是一家生产各种乳制品的德国公司）。它也存在于名为舒耐（Rexona）的滚珠式除臭剂品牌、滴眼液，甚至是名为诺加拉克斯（Norgalax）的微型灌肠剂品牌中。如果你对分子料理（molecular gastronomy）或腹泻感兴趣，可以在网上买到大袋装的。

所以，我要补充一个新想法：如果你想知道某样食品是否可能是 UPF，这或许是一个不错的经验法则——假如该食品配料表中的任何东西出现在除臭剂或灌肠剂中，那么它也许就是。

2015 年，一个研究人员来自美国和以色列的团队在久负盛名的《自然》杂志上发表了一系列高质量的论文，内容是关于“羧甲基纤维素”和“聚山梨酯 80”的实验。[24]（这并不是说，《自然》杂志上刊登的论文永远不会出错，而是说，那之后有越来越多的论文都证明了同样的问题，而这些论文是最早发表的）研究人员在小鼠身上测试了“聚山梨酯 80”和“羧甲基纤维素”，所用浓度低于我们所有饮食非常规律的人摄入的浓度。❶

---

❶ 他们使用的含量为 1%，低于很多食品中防腐剂的浓度。为了检测会产生影响的最低剂量，研究人员将浓度降低到 0.5%、0.1%，但影响依然存在。对于聚山梨酯 80，低到 0.1% 都会导致低度炎症和肥胖倾向增高。

实验只有短短的 12 周，出现的变化却巨大而令人印象深刻。黏液屏障严重受损。在健康的小鼠体内，肠道细菌悬浮在脱离肠道内壁细胞的黏液层中；而在喂食了乳化剂的小鼠体内，细菌实际上接触到了这些细胞。最终，肠道开始大量渗漏，以至于可以在小鼠的血液中检测到细菌成分。微生物群中的细菌类型也受到了影响，拟杆菌（典型的与健康有关的细菌）的水平下降了，而能够分解黏液和引起炎症的细菌水平上升了。像众所周知会导致人类患上癌症和溃疡的幽门螺杆菌这样的细菌开始大量繁殖。总之，微生物群的多样性（健康的决定性特征之一）降低了。

在显微镜下可以看到，老鼠的肠道发炎发得很厉害，看上去好像患上了结肠炎。这种炎症在小鼠体内蔓延开来，它们开始吃更多的食物，体重也增加了。因为乳化剂阻断了它们控制葡萄糖的能力，一些小鼠患上了与饮食相关的 2 型糖尿病。

为了验证这些影响是否是通过微生物群介导的，研究团队在无菌小鼠（出生和饲养时肠道内没有任何细菌）身上重复了该实验，没有发现任何影响。然后他们将喂食过乳化剂的小鼠的粪便移植到无菌小鼠的结肠内，这些小鼠出现了所有相同的问题。总的来说，这项研究提供了坚实的证据，表明就这两种常见的乳化剂而言，有害影响可归因于其对微生物群的破坏。[1]

这篇《自然》杂志论文的结论指出，膳食乳化剂“可能造成了 20 世纪中后期炎症性肠病、代谢综合征以及或许其他慢性炎症性疾病发病率的增长”。

暴饮暴食也许是由改变微生物群并促进肠道炎症发生的食品添加剂驱使的。当然，小鼠不是人类，但 UPF 的不同成分会影响脆弱的肠道内壁，

---

[1] 为了将这些结果转换到人类身上，我们需要假设，在人类的饮食中，乳化剂的平均浓度至少为 0.1%，对于某些人，甚至可能是大多数人来说，这种情况非常典型。

从而对我们的大脑产生影响，这些正日益变得清楚明了。

***

不过，乳化剂并不是唯一影响我们微生物群的 UPF 添加剂。麦芽糊精[1]是常见于 UPF 中的合成糖分子链。它们增添了质感，延长了保质期，似乎增加了我们从食物中获得的奖励，尽管其几乎没有任何味道。（还记得吗？达娜·斯莫尔在关于我们如何学会想要食物的实验中使用过它们）

乍看之下，麦芽糊精似乎相当无害，但在实验中，它们看起来会引发细胞应激、损伤脆弱的黏膜内衬、引起肠道炎症、降低对细菌的免疫反应。它们也可能与克罗恩病等慢性炎症性疾病和 2 型糖尿病的增加有关。通过对老鼠的相关研究显示，麦芽糊精会促使沙门菌和大肠杆菌形成黏液膜，并渗入人体黏液。[25-28]该证据并不表明乳化剂会让每个人都产生炎症，而是说，假如你有患炎症性肠病的遗传风险（你也许完全不知道），那么麦芽糊精或乳化剂可能会令其显露出来。

还有所有的那些植物胶。黄原胶是我们时常会摄入的一种。它是一种胞外多糖：由野油菜黄单胞菌分泌的含糖黏液，会让蔬菜得黑腐病。

这种植物胶被用作增稠剂，不过它有一个非凡的特性：当被晃动或喷射时，它会暂时变稀，因而很容易倒出来。一旦再次静止，它又会变得黏稠。它被用在牙膏、为吞咽困难的人提供的饮料中，以及在石油工业中用于增稠钻探泥浆，因为它能使固体一直悬浮在泥浆（还有沙拉酱）中，这样就能更容易地将其从油井中泵出。

---

[1] 它发明于 1812 年，然后被丢弃了，后来另一位名为弗雷德·C. 阿姆布拉斯特（Fred C. Armbruster）的工业化学家重新发现了它，其爱好包括猎取毛皮等，并兼职经营一家害虫控制企业——弗雷德野生动物妨害控制公司（Fred's Wildlife Nuisance Control）。

我原以为黄原胶是无害的——虽然其令人恶心。密歇根大学微生物学与免疫学系名叫马修·奥斯特洛夫斯基（Matthew Ostrowski）的研究人员仔细研究了黄原胶在身体内的作用。[29]奥斯特洛夫斯基发现，黄原胶实际上是一种新菌种的食物。从人口数据来看，似乎是该植物胶促使这种细菌在数十亿人中定殖。不吃它的人群体内完全不存在这种细菌——奥斯特洛夫斯基只能在偏远的狩猎采集者群体中发现这种人。此外，如果你体内有这一菌种，那么还可能存在另一种新的物种，其会吃掉前一种细菌产生的分解物。这些细菌的作用尚不了解，但很明显的是，黄原胶在人体肠道内创建了一条食物链，而且因为它喂养的细菌可以在婴儿还很小的时候就定殖于其体内，所以它可能对免疫系统的发展产生深远的影响。

现今，关于不同添加剂对微生物群的影响的论文层出不穷。海藻糖是一种添加糖，2000 年在美国被认为是安全的，但它与超级细菌艰难梭菌（Clostridium difficile）的暴发有关。很多常用的乳化剂都在人体研究中被证实会改变肠道微生物群中有益细菌的总体水平，包括甘油硬脂酸酯、山梨醇酐单硬脂酸酯、卡拉胶。[30–37]

鉴于此，你也许会指望食品公司不使用这些物质。

不过如果它们如此不好，最初是如何进入我们的食物的呢？

第四部分

我已经为此付出了代价

PART 4

第 15 章
失调的身体

2017 年 6 月，一家总部位于艾奥瓦州的公司 Corn Oil ONE（当时叫作 CoPack Strategies）主动告知美国食药监局，说其打算销售一种名为“COZ 玉米油”的产品。[1]

美国食药监局是美国食品添加剂和药品的监管机构，所以联系它是对的。像美国食药监局这样的宣称是“严格的”药品监管机构的机构数量不多，你曾服用过的任何药物都至少得到了其中一家的认可。要想获取药品许可证，申请者需要提交大量的动物和人体试验数据，并允许该机构人员及其专家自由进出所有的研究、制造场所。这就是要花如此多的钱才能获得药品许可证的原因——足够的试验所需成本可能高达数亿英镑。①

我以为美国的食品添加剂都会接受类似程序的审查，因为它们由同一个联邦机构监管。我还以为，由于我熟悉药品监管官僚机构令人安心的单调乏味，所以能够理解该流程的具体细节。然而，当我进入美国食药监局网站开始阅读时，却发现，我根本无法理解任何关于试验或数据提交的要求，甚至理解不了它们对添加剂的定义。这似乎是一种信号，表明美国食

---

① 所有这些监督和繁文缛节存在的原因是，事实证明，当制药行业没有受到如此严密的监管时，它们极其擅长用复杂的方式操纵数据，以实现将明显的危害最小化、将明显的收益最大化。[2]

药监局正在采用一种复杂而精细的方法。不过我觉得应该请一些食品添加剂监管方面的专家来解释一下，万一需要的话。

发表于2011年的一篇论文长达27页，标题为《美国食品添加剂监管计划导航》，马里塞尔·马菲尼（Maricel Maffini）和汤姆·内尔特纳（Tom Neltner）是其中两位作者。[3]他们的名字总是出现在权威期刊最靠前的论文中，这些论文陈述了美国食品监管体系中的重大漏洞。[4, 5]我与他们分别交谈过，他们是非常有活力的二人组。马菲尼是生物化学家和生理学家，而内尔特纳是化学工程师和律师。

他们以COZ玉米油为例，给我解释了食品添加剂的监管流程。

你或许和我以前一样好奇，为什么该公司会向美国食药监局询问像玉米油这样无害的东西。在美国，玉米油是受大众喜爱的烹饪用油，从玉米粒中榨取。但是，COZ玉米油是用一种新的方式制成的。

它是从用于生产车用生物燃料乙醇的玉米“醪”中提取出来的。这种醪含有抗生素和其他添加剂，从中提取的“蒸馏玉米油”以前只允许用于牲畜饲料。该公司想要进一步加工这种油，并将其喂给人类，以增加其利润。

额外的加工以及如今它会出现在人类食物中这一事实意味着，它应该被视为一种新的食品添加剂。关于如何将其推向市场，该公司有三种选择。

第一种，也是最严格的一种，他们可以向美国食药监局提出申请，对这种新的玉米油进行全面审查，将其正式列为食品添加剂。这种审查的程度不会和审查新药一样，但还是意味着要向美国食药监局提交大量数据。这一过程可能需要好几年的时间。

新配料需经正式批准才能作为食品添加剂的要求是20世纪50年代制定的，当时美国国会日益担忧数百种工业生产的新型化学品的安全性，这些产品正在改变美国人种植、包装、加工和运输食品的方式。当时的一份报告估计，那时在食品中使用的化学物质超过了700种，其中只有大约400

种已知是安全的。该报告称："一些著名的药理学家、毒理学家、生理学家和营养学家表示担心，现今添加到食品中的很多化学物质都没有经过充分测试，没有确定它们的无毒性和用于食品的适用性。"[6]

这可能是不久前写的。20世纪50年代的科学家不太关心那些会立即让人中毒的东西，因为这种东西相对来说更容易测试。他们担忧的是"只有在使用数月或数年后才可能产生有害影响的物质"。

对于分子是否会导致癌症、先天性缺陷和即时毒性，我们有相当好的测试手段，但不论是过去还是现在，对不易察觉的长期危害的评估要难得多。人们很难判断添加剂是否会导致只有在接触多年后才能检测到的问题——抑郁症、青少年自杀倾向增加、青年时期体重增加、生育能力下降、炎症性疾病或代谢性疾病（如2型糖尿病）。

在20世纪50年代，美国国会认识到这些疾病和食品添加剂之间可能存在关联，以及对其加以证明所面临的挑战，便特别指示美国食药监局要考虑这些化学物质的"累积效应"。"累积"在这里是一个重要的词。

让我们以甲状腺功能为例。我们知道，无论是添加到食物中的，还是经由杀虫剂或包装最终进入食物中的，低剂量的多种化学物质组合会损害甲状腺。多溴联苯醚、高氯酸盐、有机磷酸酯杀虫剂、全氟和多氟烷基化合物（PFAS）、双酚A、硝酸盐和邻苯二甲酸盐都会破坏甲状腺激素系统的各个方面。其中任何一种的低剂量单独使用都可能无害，但如果它们全都以小剂量存在于被长期摄入的食物中，那会怎么样？

这些担忧导致了1958年通过的《食品添加剂修正案》（*Food Additives Amendment*）的出台，该修正案看上去会授权美国食药监局对食品添加剂进行严格监管，并要求开展广泛测试来确保它们的安全性。该法案力图保护那些可能易受伤害的人，即所有在美国的要吃或一直在吃食物的人，尤其是儿童，他们特别容易受到饮食中有毒物质的影响——部分原因是他们仍在发育中；部分原因是他们可能比成年人接触有毒物质的时间要长，成年人在人生过半的时候才第一次接触；还有部分原因是，与成年人相比，他们摄入内容的多少与他们身体大小的比例更大。

但是——这是一个重要的“但是”，该修正案允许对“食品添加剂”这一术语有例外对待。有些物质被认为是“公认安全的”（generally recognized as safe，GRAS），这种设定的目的是，在醋和食盐等常用配料被添加进加工食品时，其制造商可以绕过美国食药监局冗长的安全审查流程。

然而，这个漏洞几乎立即变成某些公司完全绕开美国食药监局的一种方式。数百种化学物质立刻被添加到GRAS清单中。究竟一些物质是如何进入清单的不清楚，因为很多文档由最初提出请求的公司持有，而提交给监管机构的文件和数据一直没有公布。

将新的添加剂注册为GRAS是美国食药监局提供的第二个选项，Corn Oil ONE公司就是走的这条路线。如果你不希望大量的数据要求造成诸多创新被扼杀的麻烦，那么可以主动申请获得GRAS公告，给美国食药监局发送一些数据，他们会回复一封信，说他们没有任何后续问题了（但愿如此）。唷！

内尔特纳将Corn Oil ONE公司向美国食药监局提交的长达80页的文件发给了我，[7]该文件声称，基于两项未发表的研究及该公司召集的四位专家的意见，这种玉米油是安全的。我把整个文件翻查了一遍，注意到一张玉米油的分子结构图。出于好几个原因，这图的内容让人感觉很怪异，但主要是因为玉米油没有分子结构——它由很多不同的分子组成。另外，这图看上去异常熟悉。我翻出了一本药理学教科书。该公司记录的不是油的结构，而是一种名为洛匹那韦（Lopinavir）的抗HIV药物的分子式。大概是弄错了。但是，文件包含错误的分子结构是一个线索，说明该公司可能没有运用我们所希望的那种全面、精细的方法来确定我们食品中添加剂的安全性。

美国食药监局也很担心，并在该公司的GRAS测定中识别出其他的重要缺陷。例如，该公司正在使用杜邦公司生产的一种名为FermaSure XL（二氧化氯）的加工助剂，根据汤姆·内尔特纳的博客文章和杜邦公司的网上介绍，尽管美国食药监局已于2011年拒绝了该物质的GRAS申请，但该公司仍将其作为GRAS产品销售。[8, 9]①

你也许会认为，此时美国食药监局可以要求检查一个地点，有点像其对待制药公司那样，但实际上，如果该公司采用了可选的第三种选择（要求美国食药监局停止评估该添加剂），美国食药监局就不能这样做。当美国食药监局质疑Corn Oil ONE公司提供的证据时，该公司就是这样做的。然而，尽管该公司要求美国食药监局停止评估这种油，但并不意味着它们不得不放弃将其纳入食品范畴的想法，这要归功于多家公司对最初的GRAS相关法律的重新解释。

在20世纪60年代至80年代，待办的GRAS申请积压了很多，所以这些提交申请的公司决定在不告知美国食药监局的情况下秘密做出自己的安全性决策。美国食药监局于1997年提出，这种对修正案的解释完全没问题。2016年，美国食药监局最终确定了该规则，意味着其完全合法了。[10–12]这被称为自我决定（self-determination）。听上去很肯定、很积极，对吧？你可以直接做出决定，评价自己的产品是否安全，然后将其放入食品中。

因为这与医疗药物的监管方式相去甚远，所以我不得不请马菲尼和内尔特纳解释了好几次。如果希望从某种配料中获利的公司不认可美国食药监局的担忧，并且认为其产品是GRAS的，那么它就可以撤回美国食药监局申请，仍然将该分子放入食品中。

目前尚不清楚COZ玉米油是否曾被用于食品中，但只要那里的科学家（将玉米油与HIV药物的分子结构弄混的那些科学家）认为其是安全的，就没有什么能够阻挡Corn Oil ONE公司将其作为安全食品推销出去。根据内

① 该公司递送了三个GRAS测定。这个问题来自第二个，这引发了美国食药监局的更多质疑，该公司要求美国食药监局停止对这种油的评估。

尔特纳的说法，美国食药监局可以前往其工厂或公司总部进行调查，但没有任何证据表明它确实这么做了。对于这种玉米油，无论是放在你厨房柜台上的，还是列为你午餐食品的一种配料，都很有可能是使用某种技术生产的，这种技术使其充满了未经许可的添加剂和抗生素。但所有这些在标签上都只体现为“玉米油”。

你或许想知道，这是否只是一个非常极端的例子。我也同样感到好奇，所以询问了内尔特纳，企业利用这个漏洞的频率有多高。有多少分子被自我决定为 GRAS 尚不清楚，因为这样做的公司不必让美国食药监局知晓。自 2000 年以来，美国食药监局只完全批准了 10 份新物质申请。从那以后，有 766 种新的食品用化学品进入了食品供应领域，这意味着，另外 756 种（占比 98.7%）是由生产它们的公司自我决定的。[13]

马菲尼和内尔特纳仔细研究了这些申请，发现只有一个以有意义的方式考虑了添加剂的累积效应。不到四分之一的申请进行了推荐的为期一个月的动物喂养研究，不到 7% 的开展了发育或生殖影响测试。[14] 在高收入国家（添加剂消费量最高）生育率下降的背景下，这是一种惊人的信息缺失。①

内尔特纳估计，在美国，总体上有大约 10000 种物质被添加进了食物。但由于允许企业自我决定，甚至是美国食药监局也没有完整的清单，估计其中 1000 种左右的物质是企业秘密自我决定的。

马菲尼和内尔特纳告诉我，美国没有可以确保食品安全的食品添加剂功能性法规，这似乎相当匪夷所思，我以为他们在夸大其词。我打电话

① 在这一点上，你可能会有很多合理的疑问，比如“当然，即使一家公司打算做自我决定，也需要进行一些特定的测试吧？”我告诉内尔特纳：“没有要求公司做特定测试。”内尔特纳将此称为“基于假设的”毒理学。企业可以让自己的科学家查看证据并判定产品为 GRAS。“假如后来出现问题，”内尔特纳接着说，“你也许永远无法证明这是由特定的添加剂引起的，因为它们并不全都在标签上。想想玉米油——你怎么能知道它是如何生产出来的？”

给艾米丽·布罗德·莱布（Emily Broad Leib）确认了一下。她是哈佛大学教授、哈佛法学院食品法律与政策诊所（Harvard Law School Food Law and Policy Clinic）的创始主任。她说了完全一样的事情：现在整个过程基本上是自愿的。

作为一名法学教授，她认为该漏洞“违背了国会的意愿”，国会当然要求过美国食药监局对产品进行监管。布罗德·莱布用反式脂肪的例子来说明为何“自我决定”存在问题。反式脂肪是在用氢化作用将液态植物油转化为更有用的固体油时产生的。美国食药监局认识到，这些脂肪每年会导致数十万人心脏病发作、数万人死亡。在美国，人们还是花了几十年的时间才将其从食物供应中移除（尽管在20世纪50年代就首次公开了这种担忧！），不过对于这种情况，我们至少知道它们是什么。正如布罗德·莱布指出的那样：“假如反式脂肪过去得到了自我认可，[1]那它们就永远不会出现在任何人的‘雷达’上。没有人能够将它们与心脏病发作和死亡的增加联系起来。”[2]

---

[1] 美国食药监局批准了两种类型的反式脂肪，但其他用途和变体未经审查就被自我确认为GRAS。这就是为什么该机构最初必须宣布它们不是GRAS——因为他们估计每年有数千人因此死亡——以有效地迫使该行业提交食品添加剂申请，可是被拒绝了。

[2] 从美国食药监局食品添加剂安全办公室（FDA Office of Food Additive Safety）的角度来看，这一切都值得考虑，该办公室负责监管10000多种化学品和一个价值数十亿美元的行业——起码在理论上是这样。这个办公室只有100名全职技术人员，年度预算约为10亿美元，与他们的需求相比，这都微不足道。他们被GRAS委托淹没了。结果是，从美国食药监局内部来看，它感觉像是一个监管系统——他们会查看数据和证据且工作努力——但一切都意义不大，也许毫无意义，因为不存在有意义的独立监管。在涉及食品用化学品时，即使美国食药监局关闭该部门，让所有人回家，也可能没有任何不同。对美国食药监局来说，一个更诚实的系统或许就要这么做，并且只需说，该行业会照顾好自己，不管它决定如何自我监管，我们都可以碰碰运气。

***

风味调料是另一个问题。美国香料和提取物制造商协会（Flavor and Extract Manufacturers Association，以下简称香提协会）是一个拥有约 120 家成员公司的贸易组织。它有自己的独立于美国食药监局的 GRAS 测定程序。企业可以向该组织的专家小组提交 GRAS 申请，香提协会已判定 2600 多种调味物质为 GRAS。香料行业实际上是在自我监管。这是个问题。

以异丁香酚（isoeugenol）为例，这是一种可以从丁香、罗勒和栀子花中提取的化学物质，通常作为调味剂添加到饮料、口香糖和烘焙食品中。它已获得香提协会的 GRAS 认证。美国国家毒理学计划（US National Toxicology Program）进行了一项研究，因为它与其他一些致癌分子具有相似的结构。[15] 该项研究发现了异丁香酚导致小鼠患上肝癌的“确凿”证据——摄入异丁香酚的雄性小鼠中有 80% 患上了肝癌。

尽管如此，香提协会还是宣布了异丁香酚为 GRAS，因为小鼠患癌是一种“高剂量现象，与评估使用异丁香酚作为食品风味配料的潜在癌症风险没有任何关联”。香提协会估计，美国每日人均异丁香酚调味剂的摄入量比世界卫生组织的估计值低 2000 倍（这仍然低于小鼠身上的研究用量，但小鼠实验确立了剂量依赖性效应）。[16]

如果作为消费者或公民，你担心这一点，你的应对选择是有限的。你可以起诉一家配料公司，即使你知道存在某种配料（你可能不知道），也很难证明二者之间的关系。内尔特纳对此不乐观：“几乎无法想象这样的场景——消费者可以在没有受到立即、明显的伤害的情况下追究任何人的责任。我是以律师的身份这么说的。”

马菲尼和内尔特纳的一项研究显示，大多数添加剂缺乏有关最大安全摄入量和生殖毒性的数据，作为对此的回应，帮助企业与美国食药监局互动的 AIBMR 生命科学研究所首席科学官约翰·恩德斯（John Endres）争论道，他们无法提供任何有害的证据。“尸体在哪里？”他问道。[17]

当然，我们周围可能到处都是尸体。想象一下，美国食品中由 10000 种化学物质构成的混合物会产生不利影响，但这些影响要在很多年之后才能间接显现出来，例如导致生育能力下降、体重增加、焦虑、抑郁或代谢性疾病。所有这些问题都已经随着我们摄入这些化学物质而增加，但在数据如此有限、食用如此普遍的情况下，几乎不可能证实或证伪其中的因果关系。

虽然，正如布罗德·莱布指出的那样，并不是所有人摄入的量都是一样的。食品添加剂加剧了不平等。毕竟，没有很多钱将食物摆上餐桌的人通常会吃最便宜品牌的食物，这往往意味着产品来自较小的公司，更有可能使用自我决定的食品添加剂。对于很多有知识、渴望吃得更好但就是缺钱的群体而言，充满食品添加剂的 UPF 是其唯一可以获得的食物。

“这是一个极大的不公正的例子，”她说道，“尤其当你考虑到是谁在从食物体系中受益时：一小部分非常富有的人在损害大部分被边缘化个体的利益的情况下获利，这些个体包括低收入人群、原住民群体、有色人种。”

欧洲的情况要好一些。欧盟采取了预防措施，维护着一个数据库并公开所有信息。其会定期、主动审查食品添加剂，但在测试方面仍然存在很多差距。要检测出通过微生物群介导的慢性影响真的很难，所以这些测试没有完成。欧洲食品安全局（European Food Safety Authority）的报告中几乎没有出现“肥胖”“菌群失调”“微生物群”等词语。

这里还存在一个伦理问题。在全球范围内，我们每年花费约 20 亿美元用于毒理学研究，并杀死约 1 亿只实验动物。[18]一个单独的两代生殖安全测试可能会使用 1000 多只动物。我不觉得我们中的很多人会认为使用食用色素是杀死这么多动物的充分理由，但你无法判定要杀死多少数量的动物才能确定包装上所写的添加剂的可能安全性。

此外，我们不是体重 70 千克的大鼠：我们吸收和代谢物质的方式非常不同。有大量研究表明，将动物实验的结果运用到人类身上，其效果很差。

我承认，我很乐意使用小鼠和大鼠的数据来支持自己的观点，但这是有区别的：我在努力降低生命风险，而食用色素的制造者却在设法销售食用色素。公平地说，老鼠身上出现问题可以表明人类身上也可能出现问题。但老鼠身上没出现问题并不能说明食品添加剂是安全的。

奇怪的是，我们没有对那些我们确信其对人体安全的食品添加剂做更多的人体测试，这很不合逻辑。要么是伦理委员会拒绝了这些提议，要么是他们没有得到资助。也许愿意饮用一年浓度为 1% 的聚山梨酯溶液的志愿者很少；也许更重要的问题是，要找到尚未将此作为其正常饮食的一部分的那些人。

事实上，我们有很少一部分学者和活动家在做着政府应该做的工作，试图保护最弱势的群体。如果在食品行业工作，像布罗德·莱布这样的律师可以赚多得多的钱。我曾问她是否考虑过改变立场：“我无法想象拥有这样一份工作——我只是在赚钱，而让事情变得更糟……”她的声音慢慢低了下来，脸色凝重，仿佛她之前甚至从来没想到过这一点。“很难想象，我怎么能那样做。在利用法律学位方面，有什么比发现这些不公正并尽力纠正它们更好的方式呢？”

我向内尔特纳提出了同样的问题，他说，他没有花太多时间考虑自己的收入损失了多少：“我们致力于解决这个问题。马里塞尔和我作为一个团队已经一起工作了 12 年——我们不会放手的。我们就像是斗牛犬。不！我们更像是鳄龟（snapping turtle）。它们从不放手（松口）！”

在我看来，显而易见，无论是欧洲还是美国，我们都应该对我们放入食物中的分子采取预防性强得多的管理方法。举证责任应由制造和使用添加剂的公司承担，以证明其长期安全性。同时，我们需要开展多得多的独立研究，以了解这些分子如何以微妙的方式长期影响我们的健康。

对于在我们的饮食中添加成千上万种完全合成的新型分子可能有害

这个问题，为何证明它的举证责任要落在公民社会群体、活动家和学者身上？这当然从来都不是合适的方法。事实上，活动家们不得不花费时间和金钱来努力解决这个问题，这只是我们很多次为 UPF 付费的方式之一——正如我以前在一次巴西之旅中发现的那样。

第 16 章
UPF 破坏了传统饮食

2020 年年初，我去了巴西。当时我正在为《英国医学期刊》和英国广播公司做一项（仍在进行中）有关婴儿配方奶粉行业的调查。该项目的一部分工作是考察雀巢公司所实施的史上最雄心勃勃的工业食品营销战略的效果。

雀巢是一家瑞士跨国公司，是世界上最大的食品加工公司。其 2021 年的收入略高于 950 亿美元——比大多数国家的国内生产总值都高。雀巢公司拥有 2000 多个品牌，从全球知名的到本地最受欢迎的，应有尽有，产品销往 186 个国家。2016 年，该公司超过 40% 的销售额来自巴西等新兴市场。正如雀巢首席执行官马克·施奈德（Mark Schneider）那年对投资者所说的，“在成熟经济体的增长更为缓慢的时候，我认为，在新兴市场保持强劲的态势将成为制胜之道”。[1]

雀巢公司的大部分产品都是 UPF。不过该公司还生产宠物食品（UPF 的一个种类）、一些医疗食品（也是 UPF）和矿泉水，我妻子黛娜坚持认为，矿泉水是最基础的 UPF——它可能不含任何特别的添加剂，但采用的是地球上最便宜的原料，并且只为了经济利益而大力推销。

深厚的传统饮食文化是现代食品公司必须克服的挑战。

过去十年间，欧洲与北美市场饱和，公共健康方面的强烈反应日益加剧，受此二者的驱动，巴西成为雀巢公司的营销重点。为了接触到巴西最弱势的人群，雀巢公司率先使用了新型的营销技巧，尤其是“直销”。这包括穿着公司制服的销售团队挨家挨户的推销方式，他们推着装满布丁、饼干和包装食品的小推车，进入缺乏正常配送基础设施的贫民区。

2017 年，《纽约时报》报道了这一做法，之后，[2] 相关网页被撤下。但存档页面显示，[1] 雀巢公司将其所做的事情描述成“为社会提供价值”，[3] 其构建了由 200 家微型分销商和 7000 名女销售员组成的网络，每个月向大约 70 万的低收入消费者销售雀巢强化产品。在雀巢公司看来，这意味着“这些地区不仅能从新的收入中获益，而且受益于富含维生素 A、铁和锌的产品——巴西的三大营养缺乏物质”。

雀巢公司还有进一步扩张的计划。据一位主管费利佩·巴博萨（Felipe Barbosa）说，“我们计划的精髓是要接触到穷人。使其奏效的是供应商与消费者之间的个人关系”。

这是一个影响整个巴西的系统的递送交付端。农民被鼓励放弃自给自足的作物，支持种植生产 UPF 所需的原材料，比如玉米、大豆和糖，然后，有人为有利于 UPF 公司的政策游说。

雀巢公司辩称，一些上门推销的产品是健康的。可是，就算是我们从表面上接受了该公司自己对健康食品的定义，但根据上门销售人员的说法，顾客只对甜食感兴趣：奇巧巧克力或单份中的含糖量就几乎达到每日最大推荐量的酸奶。

在巴西时，我对一个听到的传闻很好奇。据报道，雀巢公司在 2010 年宣布了一项声势浩大的营销活动，它与这个活动有关。我设法找到了一份描述该计划的旧新闻稿。[4]

“雀巢带你上船”（Nestlé Takes You Onboard）是一个巨大的水上超市，

---

[1] 网站时光机（Wayback Machine）是一项了不起的资源——我每个月都会给它捐款。它在整个互联网上拖网式搜索，并定期保存网页，因此，即使企业删除了一些内容，你仍然可以在它这里访问。

有11名员工，从我工作的城市贝伦（Belém）出发，向上游行驶数百千米，为偏远的亚马孙河流域社区的80万人提供服务。根据这篇新闻稿，“雀巢公司的目的是开发另一个贸易渠道，为北部地区的偏远社区提供获得营养、健康和保健服务的机会”。

在那篇新闻稿发布当天，雀巢公司官网声称：“我们的核心目标是，通过提供更美味、更健康的食品和饮料鼓励健康的生活方式，在每一天，在任何地方，提高消费者的生活质量。”

***

贝伦始建于1616年，是巴西北部的第二大城市，也是葡萄牙从法国手中夺取的最后一块土地。它坐落在广阔的亚马孙河三角洲附近的一个海湾上——这个选址是个偶然事件。它的本意是居于亚马孙河的主航道，以检查短途贸易活动。但根据当地的传说，当时这条河是如此浩瀚辽阔，以至于它建在了不合适的地方。它落在了一条小河上——“小”在这种背景下是一个相对的词语：不论从哪一侧岸边看过去，帕拉河（Pará）都像是一片棕色的大海。

贝伦是世界上最大的露天市场之一Ver-o-peso的所在地。[1] 卡洛斯·蒙泰罗曾建议我去看看这个巴西传统饮食最后的前哨阵地。它位于水边，面积为1平方千米，由市场摊位构成，摊位上方用帆布篷遮挡，破旧而薄脆如酥皮。市场上有油腻腻的紫色阿萨伊浆果、大花可可果、小桃椰子果、虾干、咸鱼、木薯根、带壳树坚果——全都是亚马孙河流域的产品。水对

[1] 在17世纪的殖民时代，从雨林中获取的所有东西都要在这里为葡萄牙王室征税，地点叫作“有权重的房子”（Casa do Haver-o-peso，the house to have the weight）。3个世纪中，这里成了Ver-o-peso市场。

面是一道绿色的边沿，似乎是一片荒野。

在一个休息日，我和一位当地的修理工一起去寻找停靠在城市南岸码头的雀巢水上超市。我们沿着两个大仓库之间的一条泥泞小路走下去，来到一个摇摇晃晃的高木桩支撑的码头上，她就在那里——特拉格兰德号（Terra Grande）。它更像是一艘驳船而非轮船：船尾有两层，上面有桥可以俯瞰那个“超市”——带有波纹屋顶的白色建筑。最近重新粉刷过的甲板围绕着整个建筑物。

看来我们可以直接上船了。为什么不呢？我们爬着、蹚着，经过木桩子、破败的码头和半沉的船只，推着一艘废弃的小划艇向着特拉格兰德号进发。几乎立刻，警报声响起，几条狗开始狂吠。我们吓了一大跳，大笑着跳回划艇，匆匆忙忙返回码头。这是一次小小的冒险，但很令人不安。谁在看守这艘船？为什么它有警报装置，还有一些狗围着？对于这些问题，我到现在也没有答案。

第二天，我乘船逆流而上，前往这个水上超市十多年前首次带着产品到达的一些地方。我们在半晌午时分离开贝伦，烈日当空，河水呈赭石色，岸上的树木绿油油的闪着亮光。在几小时内，我们穿过海湾，在树木覆盖的岛屿之间前行，然后进入帕拉河的主航道。

我们立即被远洋集装箱船和油轮包围了。这些是世界上同类船只中最大的一些，如此之大，以至于如果不把它们拆分成几个部分，就很难用术语来描述。船后部的桥有教堂那么大，8 层楼高，有塔楼和尖顶，上面是天线和桅杆。船体就像锈迹斑斑、没有窗户的摩天大楼横倒在地。在巴卡雷纳镇（Barcarena）的蓬塔达蒙塔尼亚（Ponta da Montanha）谷物码头，有 20 或更多艘这样的船正在通过巨大的传送带装载货物，这是亚马孙大豆出口的主要港口之一。

这是为全球 UPF 服务的一个重要地点。2022 年 2 月，美国跨国食品加工和商品贸易公司阿彻丹尼尔斯米德兰公司（Archer-Daniels-Midland）在巴卡雷纳创下了历史上最大的大豆船运纪录：单船 84802 吨。[5] 那是 50 个装满大豆的奥运会游泳池大小的集装箱，[6] 全部装进长 237 米、宽 40 米的丰霜（MV Harvest Frost）号，然后运往荷兰的鹿特丹。

巴西是全球最大的大豆出口国，其中大部分用于中国、欧洲和美国的动物饲料。在英国，我们的很多鸡都是用巴西的大豆喂养的。大豆的种植规模巨大，这意味着它很便宜。因此，它是制作 UPF 的绝好基础原料。据估计，英国超过 60% 的加工食品都含有大豆，[7] 从早餐麦片和谷物棒到饼干、奶酪酱、糖果、蛋糕、布丁、肉汁、面条、糕点、汤、调味品等所有的东西。你唯一会看到完整大豆的时候是其还处于毛豆状态时（大豆豆荚在完全成熟之前被采摘下来，然后带壳烹煮）。毛豆含有的糖和游离氨基酸都较高，这使得它们具有甜鲜味。

除非你吃的是毛豆或豆腐，否则你摄入的任何大豆都是超加工产品，经过多个物理和化学阶段，压碎、分离、精炼成不同的部分，它可以以各种形式出现在食品标签上——大豆粉，水解植物蛋白，大豆分离蛋白，浓缩蛋白，组织化植物蛋白（textured vegetable protein），植物油（简单、完全或部分氢化），植物固醇（plant sterols）或乳化剂卵磷脂。它的许多伪装暗示了其对制造商的价值。

巴卡雷纳的大部分大豆来自马托格罗索州（Mato Grosso）南部数百千米处的农场。[8] 你会看到该州砍伐森林的照片，即使你不认识这个名字：画面的一半是原始雨林，然后是一道像直尺一般直的直线，这是大豆田的起始边界。在一份关于阿彻丹尼尔斯米德兰公司的破纪录大豆运输量的声明中，该公司的南美物流总监比托尔·比努埃萨（Vitor Vinuesa）满腔热情地说："这绝对是我们更加经常要做的事情。"

当我们穿过帕拉河时，风暴云开始不断聚集，直到河流和天空似乎融为一体。远处的河岸上方乌云密布，到穆阿纳（Muaná）时，大雨倾盆，天空中的液体多于气体。雨幕浸透了一切。我们花了 5 小时才到达这里，这座市镇是雀巢超市船为期 3 周航程的第 6 站。

上岸后，我们很难不去思考这条河给生活在两岸的群体带来的发展和剥削。穆阿纳是一个相当混乱的地方，有棚屋、棕榈树、天线杆和砖砌建筑。它是数千人的家园，也是更大范围的穆阿纳市约 4 万人的活动中心。我采访了当地人，其中两位对雀巢公司引发的问题的描述让我印象深刻。

宝拉·科斯塔·费雷拉（Paula Costa Ferreira）是当地学校的校长，像所有优秀教师常见的那样，工作繁忙而带有权威气质。她对雀巢超市船记忆犹新："它每周都会来，就像城里的购物中心，而且是新的，营业到很晚。年轻人会到那里去见面。发生的第一件事是，它把带来的产品的价格降到了本地市场的价格之下。"

在有关被提到的经济利益的复杂声明网络中，雀巢公司并未在新闻稿或媒体评论中讨论过这种影响。其确实为一些人提供了就业机会，但没有为穆阿纳当地的所有人提供机会。与此同时，低价让本地天然食品贸易商的日子过得愈加艰难。逛船上商店从奢侈享受变成了必要服务。

科斯塔·费雷拉接着告诉我，当地一些儿童患有 2 型糖尿病（与饮食相关）。我以为翻译搞错了，因为在这样的小社区中，出现任何儿童患上 2 型糖尿病的现象都会令人震惊。本应该是零病例。就在不久之前，那里还是零病例。儿童肥胖统计数据掩盖了这一情况。很多地方符合肥胖定义的儿童比例增加了 100%，在受影响最严重的地方，增长率基本上是无限大的。我一直没有发现任何证据说明，在雀巢（船）这样的企业出现之前，巴西的这些地区有儿童患有与饮食相关的糖尿病。

我去了镇上的一家名叫"果园果盘"（Fruteira Pomar）的小超市，那里有大量的传统食物——大米、豆类、山药、木瓜、西红柿、洋葱——不过也有一大排 UPF。店主说，在那条船来之前，他从未听说过雀巢产品。现在他感到不得不储备这些产品，因为顾客开始对它们有需求了。不论这是否是其本意，对于雀巢公司来说，事情一直进展得很顺利：镇上最小的商店如今都有雀巢产品以及来自其他制造商的其他 UPF，从地板堆到了天花板。

一些教会非政府组织（NGO）已经开始尝试应对公共健康危机。名为儿童事务部（Pastoral da Criança）的天主教非政府组织的利泽特·诺瓦埃斯（Lizete Novaes）带我去了穆阿纳郊区的一个村庄，那里只有建在沼泽林中用高木桩支撑的一长排小木屋。从公共健康的角度来看，这是一场灾难。小路由放在泥泞地上的铺路板构成，长几米，房屋的茅坑式厕所直接将排泄物排到屋外。几乎没有自来水。住在那里的人主要为一家棕榈心（palm hearts）公司工作，诺瓦埃斯神神秘秘地告诉我："他们住在这里，因为他们无处可去。"

她带我去见了一个叫利奥的男孩，他和妈妈住在一座隔成 3 个小房间的小房屋里。利奥 12 岁，学习非常困难。他的 BMI 约为 45，在英国同龄儿童中属于最重的那 1%。

我们和利奥一起摇摇晃晃地走在木板上，他很开心，面带微笑。花了 2 分钟左右到达商店。在酷热的天气里，很容易看到商店销售 UPF 的好处——无须冷藏冷冻。店里的很多产品都是雀巢生产的。利奥的妈妈说，她发现无法阻止他来店里："有时我告诉他不要吃东西，可他还是骗我，到商店里来。他也吃蔬菜，但是不爱吃。我不知道这是为什么——他就是喜欢垃圾食品。"

利奥在店里翻找了一圈，在柜台上堆了一堆东西：巧克力饼干、草莓饼干、奶粉、薯片。我都付了钱。

在世界的这个区域，所有人都将发展作为实施暴力的正当理由。到穆阿纳这样的地方来的"大型食品公司"也在这里犯下了暴行，就像它在世界各地对人们身体和环境造成的损害一样。在伦敦的家中，这种暴力似乎对我不那么重要——也许是因为在这么长的时间里，它已经司空见惯。在巴西，你有可能看到这些事情和正在发生的变化。这是蒙泰罗在他的数据中看到的活生生的现实——当雀巢超市船第一次停靠的那一刻。正如诺瓦埃斯所说，“船上的新产品非常美味，然后每个人都开始吃这类食物”。

从店主和利奥的妈妈到教师和为非政府组织工作的人，都一致认为：这一切全都始于那艘船。我们遇到的几乎每个人——科斯塔·费雷拉、诺瓦埃斯、利奥的妈妈、利奥——都患有肥胖症。

***

制作 UPF 的公司要么用 UPF 取代传统饮食，就像它们正在巴西所做的那样，要么吸收它们，并用新的配料重新制作。我很早就开始在我的饮食中注意到这一点。

在哈佛大学食品法教授艾米丽·布罗德·莱布告诉我关于 UPF 造成的不平等后的第二天，我坐下来尝试享用一些肯德基辣鸡翅。这是我以前在进行 UPF 饮食实验时最期待的餐食之一。它们也是我儿时的最爱。那时克山德和我会在周三运动过后从学校坐巴士回家。我们鼓动妈妈相信，训练经常会超时，这样我们就可以晚回家而不被询问任何问题。因此，每周我们都会去肯德基。

即使在当时，我们也知道那些辣鸡翅是一种特殊的产品。面糊外壳是一层干透的外皮，几乎像贝壳。压裂它，里面水嫩的鸡肉就会猛然释放出一股汁水，足够辣，让我窒息。它们像任何毒品一样令人渴望，关键是，家里完全禁止我们食用。我们回家时满身油污，我都不知道我们怎么从来没被抓到，还顺利吃上了晚餐。

整个成年初期，辣鸡翅一直是我最喜爱的零食，但在快 40 岁的某个时候，妻子的反对加上我越来越大的肚子使我的辣鸡翅消费量降至零。这感觉不像是我的决定，更像是公共健康信息强加给我的东西，包括作为一名医生和儿童电视节目主持人的身份、对环境方面的考虑，以及我妻子厌恶我吃它们。

但我现在可以逃脱责任。我不得不吃辣鸡翅，这是科学研究。所以，有一天晚上我和一些人坐下来，终于能够尽情享受它们。它们和我记忆中的一模一样，甚至可能更好：更辛辣、面糊外皮更松脆、鸡肉更水嫩。然而，我对感官信息的理解却完全不同。像许多其他产品一样，辣鸡翅变得非常令人不舒服。

网上没有关于辣鸡翅的英国配料信息，但我边吃边设法找到了加拿大的。它们包括味精、改性玉米淀粉、部分氢化大豆油和一种叫作二甲基聚硅氧烷（dimethylpolysiloxane）的东西。

二甲基聚硅氧烷也称为食品添加剂 E900，于 1969 年首次由食品标准局进行评估。它作为一种消泡剂用在煎炸油里，以确保工人的安全。[9] 它还用作跳蚤治疗物、护发素和避孕套润滑剂。在大鼠身上进行的广泛实验显示，大鼠在吃进该物质时，它们的身体几乎完全不吸收，其以原形随粪便排出。二甲基聚硅氧烷也许非常安全。或者它可能会通过某种尚未被发现的机制经过很长一段时间才产生细微的伤害。不论哪种方式，自然界中的任何地方都不存在它。不管它对身体有无影响，我们以前从未遇到过它，进化过程也还没有时间适应它。

对我来说，比二甲基聚硅氧烷更麻烦的是包装上的图案，这是我十几岁时从未考虑过的。在乔治·弗洛伊德（George Floyd）被明尼阿波里斯市警官德里克·肖万（Derek Chauvin）杀害[1]的几个月后，我正在吃肯德基。到处都在讨论美国和英国的奴役历史，而一个看上去像南方邦联上校的人出现在我的鸡肉盒子上。[10–12]

我记得当时《卫报》上的一篇文章刚刚在英国重新激起关于种族和炸鸡的讨论："我一直很喜欢炸鸡，但围绕它的种族主义让我感到羞耻。"[13]

---

[1] 非裔美国人弗洛伊德遭白人警察肖万跪杀，导致"黑人的命也是命"（BLM）的抗议。——编者注

该文是由厨师、记者和食品历史学家梅丽莎·汤普森（Melissa Thompson）撰写的。她的最新著作《祖国》（*Motherland*）描绘了牙买加食物的历史。

在那篇《卫报》文章中，汤普森将自己的种族主义经历与炸鸡历史交织在一起：

在历史上，鸡对被奴役的美国黑人有着特殊的重要性，因为它们是唯一被允许饲养的禽畜。黑人家庭厨师会为他们的主人（后来是雇主）做炸鸡。然后，在解放之后，当火车进站停靠时，被称为“送餐员”（waiter carriers）的女性会通过开着的车窗向旅客兜售用托盘装着的炸鸡和饼干。

但是，虽然实际上是这些黑人厨师和家庭主妇发明了后来被称为南方食物的东西，但他们的贡献被抹杀了。白人将它的创造归功于自己，而黑人则只是被嘲笑、夸张地演绎为贪婪的消费者。这是最离谱、最令人不可接受的文化盗窃例子之一。

我和汤普森取得了联系，并向她询问了肯德基的包装问题。她强调，来自美国南方的烹饪模式——南方食物、灵魂食物——是由黑人厨师在家庭环境中建立起来的：“肯德基是一家基于黑人独创性的公司，不过这并非影射或赞美黑人文化。”

肯德基官网上有关于“这位上校”的历史介绍。他生于1890年，13岁时离家去寻找财富，1930年，他接管了一家加油站，为疲惫的旅行者提供他从小一直吃的炸鸡。不清楚他小时候是谁为他做的炸鸡——也许是他母亲，也许是家仆。无论哪种情况，他可能不是我面前这份餐食的真正初创者：很难让人相信，最初的配方包含部分氢化植物油、改性玉米淀粉、香料提取物或味精。

汤普森还谈到了销售UPF的快餐连锁店与英国黑人社区之间更广泛的关系。我们一起看了一些广告。2021年7月，麦当劳在推特上发布了一个短视频，展示的是6个黑人男孩在公园里吃东西，玩得很开心。我不确定该作何反应。它给人一种包容的感觉，但同时也存在问题。“这个国家的快餐广告绝对具有包容性，”汤普森说，“你一定希望能够赞美这一点。但是，其有包容性的真正原因是，它试图向已经被边缘化的人们推销不健康的食物。从这个意义上来说，它具有掠夺性。”

老道巧妙的营销活动以少数群体为目标，使得种族身份与品牌之间形成了密不可分的关联。然后，对这些品牌的评判就变成了对文化、养育方式及表面上的选择的评判。食物曾经是一种人们能够引以为豪的文化认同的一部分，现在已被跨国公司接管，与不健康有着千丝万缕的联系。但是，相比全英国商业大街上随处可见的超加工炸鸡，传统的家庭自制炸鸡会以一种截然不同的方式与人类的食欲相互作用。

***

这是一种全球性趋势。世界上几乎每个国家和地区都有肯德基门店，仅在撒哈拉以南非洲就有 850 多家，该地区包括安哥拉、坦桑尼亚、尼日利亚、乌干达、肯尼亚、加纳等国家。公共健康官员认为，像肯德基这样的食品正在增加加纳的肥胖患病率，该数值已从 1980 年的不到 2% 上升到 13.6%。[14] 荷兰阿姆斯特丹大学的教授查尔斯·阿吉蒙（Charles Agyemang）是加纳人，他告诉《纽约时报》，在加纳的某些地方，吃当地食物是不受赞许的：“人们将食用欧洲食物视为文明、开化行为。”

阿肖克·莫希纳尼（Ashok Mohinani）的公司拥有加纳所有的肯德基特许经营权，他告诉该报：“我们希望这能演变为让它成为日常品牌的目标。”当被问及人们经常吃炸鸡是否对健康不利时，肯德基的一位发言人给出了这样的回应：“在肯德基，我们为我们誉满全球、店内新鲜准备的炸鸡感到自豪，并相信它可以成为均衡饮食和健康生活方式的一部分。”在接受美国有线电视新闻网（CNN）采访时，百胜餐饮集团（Yum!）（肯德基的母公司）前首席执行官格雷格·克里德（Greg Creed）的言论更进一步，其声称：

“你知道，在加纳的肯德基用餐显然比在几乎任何其他地方都要安全得多。”

加纳并非唯一一国人体重大幅上升的国家。到 2017 年，全球肥胖人口数量超过了体重不足的人数。虽然美国、澳大利亚和英国的肥胖人口绝对数量大到令人震惊，但其他国家的肥胖人口增长率要高得多。1980 年至 2015 年，美国和英国的肥胖率增加了 1 倍多一点儿。在马里，他们的肥胖率增长了 1550%。[1]

从巴西和其他国家的证据可以清晰地看出，越来越多的西式快餐（当然几乎全都是 UPF）会增加患糖尿病、心脏病和死亡的风险。[17] 在低收入和中等收入国家，医疗保健基础设施远远无法应对日益增长的控制糖尿病和高血压所需药物的需求。亚马孙河流域的偏远地区和农村地区尤其如此。但这对 UPF 公司来说似乎无关紧要——毕竟，发展中国家是收入和增长的重要来源。在世界各地，作为全球营养转型的一部分，UPF 正在取代传统饮食，对于如何才能最好地做到这一点，相关剧本是在像穆阿纳这样的地方开发出来的。

***

在参观完穆阿纳回到贝伦时，我们的修理工设法找到了雀巢超市船的经理，一位名叫格拉西利亚诺·席尔瓦·雷莫（Graciliano Silva Ramo）的人。我在该市停留的最后一晚，在越来越浓的暮色中，我们一起走出去，来到特拉格兰德号紧挨着的码头上。他谈到自己获得这份工作的经历，在

---

[1] 体重的增长反映了 UPF 的销售情况。市场调研公司欧睿（Euromonitor）收集的数据显示，自 2000 年以来，拉丁美洲碳酸饮料的销量翻了一番，总量已经超过了美国。2011—2016 年，全球快餐销售额增长了 30%。2016 年，达美乐比萨新开了 1281 家门店，平均每 7 小时就开一家，几乎全在美国境外。[15] 印度现在有将近 1500 家达美乐比萨门店。[16]

第一次看到雀巢公司关于打造全球唯一水上超市的动议时，他像被施了魔法一样，对之相当“着迷”。

“这条河是我生活了7年的家，”他告诉我，“我为自己的工作以及为这个项目和这里的人们所做的一切感到自豪，当时，这些贫困的人们需要很多帮助，尤其是高质量的食物。”

“不过，”他继续说道，“并非我们带给人们的所有食物都是有营养的。”

船上出售数百种不同的产品，但据雷莫（和村里的所有人）说，奇巧巧克力最畅销。他说，他们必须保持很大的库存，为利贝里诺斯人（Ribeirinhos，住在河畔的人们）提供服务。

当雀巢公司终止了这艘船的服务时，他非常难过。雷莫构建的生活给河畔社区带来了巨大的刺激，看到了普通巴西城市居民永远不会看到的东西。他从未看出这些食品有什么害处，没看到那些有牙齿脓肿的孩子越来越胖。不过他现在的感受有所不同：“不良饮食是个大问题，而且一直是个大问题。人们吃得很差，他们没有吃健康食物，所以得了蛀牙和胃病。”

他说完这一切的时候天已经快黑了。这艘船是特洛伊木马，其目的不是供应食物，而是创造市场。一旦吃过冰激凌和奇巧巧克力，你就再也回不去了。

第 17 章
品客薯片的真实成本

我们和安德里亚正在吃品客薯片，克山德在吃完了整桶时想起了一件事：“不是有什么法庭案件吗？有人试图证明品客薯片中的土豆太少，因而在法律上不是薯片？这或许只是一个都市神话。”

事实证明，这根本不是都市神话。如果你仔细搜索一遍英国与爱尔兰法律信息研究中心（British and Irish Legal Information Institute）的相关文件（为什么不呢？），就会发现这是一个完全真实的案子。赋予它传奇色彩的也许是这个细节：正是品客薯片的制造商宝洁公司在设法证明其所含土豆甚少，不足以被称为薯片。

在英国，几乎所有基于食物的离奇法律案件都会让新闻报道围绕着我们的课税制度进行，其在国际上被公认为全世界最复杂的税制之一。在英国，增值税适用于很多食品（food products），但不适用于被视为“必需品”的东西。[1] 英国税法规定，“食品”（food）无须缴纳增值税，但有一些是例外，需要征税。

其结果是食品制造商与英国税务海关总署（His Majesty's Revenue and

---

[1] 对增值税的批评之一是，穷人在增值税上的开销占收入的比例远远高于富人，因此，为了抵消这一点，某些必需品免征增值税（或者更恰当地说是给予零税率，两者是一回事，但存在一个只有税务律师才了解的法律上的小问题）。所有奢侈品都要缴纳增值税。

Customs，HMRC）之间经常发生争论，前者希望将其产品塞入零增值税类别，将税款留作利润，而后者则希望额外征税。最近最令人难忘的案例讨论的是，一种名为“麦维他佳发蛋糕”（McVitie's Jaffa Cake）的产品是蛋糕还是饼干。

法律上关于蛋糕 / 饼干的部分或许可以最恰当地概括如下：糖果糕点需要缴纳增值税，蛋糕和饼干除外，它们是主食，巧克力饼干除外，它们是奢侈品，巧克力姜饼人除外（假定它们的眼睛只有几个巧克力点），它们是主食。然而，从法律的角度来看，带有巧克力纽扣或腰带的姜饼人是奢侈品。此外，如果饼干上的巧克力放在两块饼干之间的夹层中，就像波旁饼干（bourbon）（英国的一种黑巧克力奶油夹心饼干）一样，则无须缴纳增值税。篮形巧克力饼干也是如此。

我与之交谈过的税务律师中，没有一个人能够解释为何巧克力蛋糕不是奢侈品，但出于税收目的，它们确实不算是。

这意味着两件事。第一，饼干公司的律师对姜饼人的眼睛颜色和不穿衣状态有着十分鲜明的意见。第二，如果佳发蛋糕实际上是巧克力饼干，那就需要缴纳增值税，但如果是巧克力蛋糕，就可以免税。最终，麦维他公司被免除了这项税收。

在品客薯片案中，相关法律规定，土豆薯片需要缴税，但大多数其他零食则不需要。这是 1969 年的条文，当时政府的意图是，对那些人们主要不是为了获取营养而购买的食品征税：土豆薯片和坚果是那时唯一真正的咸味小食。但在 2004 年品客薯片案开场时，很多品客薯片的竞争对手（如多力多滋）都不含土豆成分，因而未被征税。

宝洁公司决心将他们的产品归类为“土豆薯片”以外的东西，这样就不用缴纳增值税了。他们的诡计是钻法律上的漏洞：如果一种产品需要进一步的加工，那就可以避税——这是一个可能存在的例外，这样切片的土豆（非奢侈品）就不会被归入应税类别。于是，一场漫长的官司拉开序幕。

2004 年，宝洁公司推出了一款名叫“品客薯片勺”（Pringles Dippers）

的新产品。[1]其呈勺形，稍厚一些，可以舀起一系列新的蘸酱。宝洁公司立即诉上税务法庭，声称这种“蘸”的动作构成了“进一步的加工”。法庭认可了这一说法，裁定宝洁公司胜诉，并补充道，品客薯片勺不是土豆薯片，因为它们既缺乏“相似性”，又没有“必要的土豆成分”。正是这一裁决为宝洁公司随后从2007年持续到2009年的诉讼奠定了基础。[2–4]

宝洁公司雇用的律师是罗德里克·科尔达拉男爵（Roderick Cordara QC），他毕业于剑桥大学，获得一等法学学位，其网站上的个人特点介绍包括“渴望胜利”，这不能更恰当了。科尔达拉认为，低土豆含量（约40%）和制造过程的结合使得品客薯片更像蛋糕。根据相关法律，蛋糕是一种“必需”食品，免征增值税。

这就是判决对科尔达拉所声称的品客薯片的“基本特征”的总结。这也许是你将读到的关于工业食品加工的最直率的陈述之一：“与土豆薯片不同，品客薯片不是通过切片并油炸土豆制成的。相反，它是用面团生产的，就像蛋糕或饼干那样。面团被推入标准化的金属模具，然后在传送带上经过烹饪过程……使得形状、颜色和质地能够保持一致。”

判词中还有更多细节：“普通品客薯片的独特之处在于，其制造过程使得油进入整个产品的肌理空间，取代了油炸过程中去除的水分。这让人在吃的时候有‘入口即化’的感觉。相比之下，土豆薯片中的大部分脂肪都停留在其表面。”

宝洁公司针对此案上诉了两次。2008年的判决认定，普通品客薯片应该免征增值税——对该公司是巨大的胜利。不过英国税务海关总署于2009年对该判决提起上诉，主审法官（上诉法院法官雅各布）裁定，这不是一个“需要过于精细、几乎令人头脑麻木的法律分析或对其加以证明”的问题。

尽管如此，判决书还是长达15页，陈述了双方为何都付出了如此多的努力。它以莎士比亚的口吻开篇：“品客薯片是否‘类似土豆薯片，用土豆做的’这是个问题。关于（这个裁决），悬而未决的问题涉及相当多的钱——过去的税款达1亿英镑，未来则每年约2000万英镑。”

宝洁公司声称，该产品应该含有足够的土豆成分，以使其具有“土豆”的品质。但雅各布无法想象，政府在制定法律时会意图要求某种东西具有这种品质：“这是个亚里士多德式的问题：该产品是否具有‘土豆的本质’。”

在回溯引用了1921年的法律文本后，雅各布提出，关于品客薯片是否由土豆制成的问题，最好是让孩子来回答，而非食品科学家或烹饪学究：“我想，对于大多数孩子，如果被问及含有覆盆子的果冻是否‘由’果冻‘制成’，他们会有良好的判断力，理智地说‘是’，尽管有覆盆子。”

经过了多年的法律争论，宝洁公司最终败诉。法庭裁定，品客薯片是由土豆制成的，增值税依然适用于它们。2005年，在英国联合饼干公司（United Biscuits）诉英国税务海关总署关于麦考依的蘸酱薯片（McCoy's Dips）一案中，将薯片蘸上某种酱汁是否构成“进一步的加工”的问题得到了解决，当时法庭裁定，从任何正常的英语意义来讲，它都显然不是。一份尖锐的判决中提道：“（英国联合饼干公司）产品的购买者只需打开一包薯片和一罐蘸酱。他可能会用薯片蘸罐子里的酱，也可能不蘸。对于把薯片放入口中的过程，不论其是否在罐子里停留过，在我们看来，通常恰当的描述应该是‘吃’而不是‘加工’。”

与此同时，“品客薯片勺”不再销售了。这时，我不禁想知道，该公司采用的法律策略是否相当复杂精细、考虑长远，以至于其推出全系列产品的唯一原因是在他们的各种案件中创造法律先例。当然，假如他们设法砍掉了“品客薯片勺”的增值税，则花费在它上面的350万英镑市场营销费很快就能收回来。另外，尽管英国税务海关总署打这些官司的成本肯定比对其做出让步要低，但值得注意的是，它无论如何必须得打（成本高低不是它打不打官司的决定因素）。

对于生产大部分我们接触的生产UPF的十几家公司中的任意一家，如果你将其名称输入法律数据库中，就会发现数百起这样的案件，一个比一个有趣。而英国税务海关总署（其代表你和我）经常输掉官司：多力多滋、嫩枝（Twiglets）、代尔塔斯（Deltas）、斯克普斯（Skips）、奶酪小饼干（Cheeselets）、蜜妮安片（Mignon Morceaux）、瑞普林斯（Ripplins）、小麦脆（Wheat Crunchies）这些零食均为零税率。

感觉你我现在基本上是在补贴这些零食，而且我们不能通过获得更便宜的产品把钱赚回来——如果你查看各种零食的定价就会知道，其并没有反映出它们是否被征过税。当一家公司不缴纳增值税时，他们在某种程度上是在将公共物品私有化。[1] 即使你不吃这些零食，似乎也要为它们支付两次费用：当它们免税时，你支付补贴；当英国税务海关总署不得不雇用律师来击败像科尔达拉这样的男爵时，你支付律师费。

这些诉讼一直在进行，就像一场军备竞赛，律师费越来越高，争论越来越复杂。

家乐氏曾起诉了英国政府，质疑一项新立法的合法性，该立法意味着家乐氏的很多产品将不能推广或放置在超市最显眼的货架上。该公司的说法是，因为我们通常吃麦片配牛奶，所以其麦片的含糖量将会被牛奶稀释。[5, 6] 它输了，但这会让每个人损失很多钱。家乐氏英国公司的董事总经理克里斯・西尔库克（Chris Silcock）表示，他们对此结果感到失望，公司可能会“抬高销售价格”。

也许你最终会为麦片花更多的钱，以支付家乐氏的律师费，并多交一点儿税来支付英国税务海关总署的律师费。

我将避税视为超加工的一部分，正如NOVA体系和蒙泰罗所定义的那样。法律团队参与减少纳税义务以增加利润的工作是食品加工过程中的

---

[1] 于我而言，整个事件与宝洁公司领导团队的在线声明很不相符，他们声称该公司“始终努力利用他们的知识和经验来改善消费者的生活”。

必要阶段。所有食品公司都有这项工作，而且它并不总是只与税收相关。UPF 还有很多其他的外部成本，这与蒙泰罗最初的定义有关——超加工的目的是创造高利润的产品。我想聚焦于三个最重要的问题：环境破坏（包括气候变化和土地利用）、抗生素耐药性、塑料污染。

（1）环境破坏。

很长一段时间以来，人类对地球的气候产生了重大影响，而在 UPF 需求的驱动下，我们当前的食物体系破坏生态资本的速度要远远快于其再生速度。[1]

当前食物体系的影响在接下去的几十年里是不可持续的——更不用说

---

[1] 在“新大陆”（New World），1492 年标志着“哥伦布大交换”（Columbian exchange）的开始，这是一种奇怪的委婉说法，暗指贸易和互惠互利，而不是实际发生的事情——一个被称为“大灭绝”（Great Dying）的时期的开始，不过其更适合被描述为“大杀戮”（Great Killing）。研究前哥伦布时期美洲历史的历史学家描述了一个由谋杀、暴力和奴役构成的循环，哥伦布促成了这一循环，后来的欧洲人使其延续下去，以开发这片大陆的资源。欧洲人的到来引发了一波又一波的流行病：麻疹、天花、黑死病、流感等呼吸道病毒感染。[7-9] 各路科学家一直在合作，对 1492 年后不久的人口进行粗略的估算。伦敦大学学院的同仁估计，1500 年美洲的总人口约为 6000 万。当时的社会繁荣兴旺——多达 2000 万人生活在亚马孙地区，他们拥有复杂的农业体系，种植红薯、水稻、木薯、花生、辣椒和玉米。考古证据显示，当时有石头建造的山丘梯田、渠道系统和高地，以及使用火、清除无用植物和散播种子的广泛的景观改造行为。哥伦布到达后仅仅 100 年，这片大陆的人口就减少到 600 万。一个世纪内人口减少了 90%，这意味着农业用地回归森林。树木在 5600 万公顷的土地上重新生长，从大气中除去了 74 亿吨二氧化碳。伦敦大学学院的团队提出，这种森林再造导致了“小冰河期”，这在很多 17 世纪描绘冬季景色的绘画中都可以看到。[10, 11] 同样的事情可能也在澳大利亚发生了。早期人类焚烧森林大概是为了扩大草原面积以供狩猎，或许，就像在北非的前湿地（现在的撒哈拉沙漠）发生的那样，这影响了夏季季风的形成时间。这些都是有争议的讨论，当然理应如此，但看上去即便是古代社会也会对全球天气、气候和地理产生重大影响。这不应该削弱将原住民知识纳入食物和环境政策的努力。原住民知识具有实用价值，原住民拥有土地使用权。从过去到现在，这些社区已经在这片土地上可持续地生活了数千年。这并不意味着零影响，而是说，他们在不到一个世纪的时间里没有侵蚀该体系的基本生态资本。

未来几千年。环境成本如此巨大，即使我们停止所有化石燃料的排放，仅全球食物体系的排放就将带我们远远超过这一预测——到 2100 年，气温会致命地上升 1.5℃。[12] 另外，尽管为 80 亿人而存在的农业和食品加工总是会对环境造成影响，但 UPF 是碳排放和环境破坏的特殊驱动因素。

假如当前饮食趋势继续下去，到 2050 年，空热量（没有显著额外营养价值的热量）造成的人均温室气体排放量估计将增加近一倍。比如在澳大利亚，据估计，在总的饮食相关的环境影响中，UPF 消费的贡献已经超过了三分之一。[1]

为了了解 UPF 对环境的影响，我去见了英国土壤协会（Soil Association）的食品政策主管罗伯·珀西瓦尔（Rob Percival）。他说起话来就像一位拥有哲学学位的政策专家（他确实是专家，也确实有哲学学位），而他的长发、山羊胡子和超大号针织衫则让他表现出一种独特的冲浪者气质。我们在伦敦东部的一家酒吧会面，吃纯素咖喱。我希望了解的是，一般来说，与简单的制作食物相比，UPF 具体对环境造成了多大的破坏。

“重要的问题，”他说，“不是‘特定产品的碳足迹是多少？’，而是‘在食物体系中，我们会找到哪些有助于解决气候和自然危机问题的食物？’。”

根据珀西瓦尔的说法，UPF 带来了明显的环境问题，不过这个问题要严重得多。UPF 在我们的饮食中普遍存在是一个病态的食物体系所体现出来的症状：“从根本上说，目前全球食物体系以生产尽可能多的食物为导向。”

鉴于我们有大量人口，而且很多人在挨饿，这似乎非常合理。但是，正如珀西瓦尔解释的那样，这带来了反常的结果。为了生产这么多数量的食物，农业综合企业一直在投资少量高产作物和产品[2]（其通常本该在热带

---

[1] 具体来说，水的使用占 35%，能源的使用占 39%，二氧化碳当量占 33%，土地的使用占 35%。[13]

[2] 包括棕榈油、大豆蛋白和大豆油、糖、小麦、玉米、肉、奶和蛋。

森林的土地上种植或生产)，使用农用化学品——化肥、杀虫剂、除草剂，当然还有很多很多的化学燃料。在政府补贴的支持下，这种做法导致了全球商品作物生产过剩，食物多样性下降。

为了使这些商品作物有利可图，需要将它们转化成某种东西，有两种选择（若算上生物燃料，则为三种）:“你可以强迫工厂化养殖的动物吃这些作物，以生产出肉类；或者将它们加工成被积极推销的 UPF。”

为特定社区种植特定食物是一件麻烦事。以最大的效率种植少量的东西，然后为其着色、调味并当作多样化食物推销，这种做法要有利可图得多。正如我们所见，从鸡块到冰激凌，所有的东西都可以用同样的基础液体和粉末制成。

“工厂化养殖和 UPF 是同一枚工业化食物硬币的两面，”珀西瓦尔说道，“而且，当然，大量（虽然不是全部）工厂化养殖产出的肉类随后变成了 UPF。”

其结果是，自农业诞生以来，在已经培育出的数千种不同种类的植物和动物品种中，如今，仅仅 12 种植物和 5 种动物就占了地球上所有被吃掉或丢弃的食物的 75%。[14–17]

虽然糖经常受到“其影响健康”的责备，但 UPF 的很大一部分热量负荷来自精炼植物油。植物油已经从一种非常小的热量来源变成了全球饮食中的主要燃料。棕榈油是我们现在食用最多的油，其对环境的影响日益为人所知。

自 1970 年以来，为了种植油棕，印度尼西亚一半以上的原始雨林已遭毁坏。[18, 19] 2015 年至 2018 年，印尼开垦了 13 万公顷土地用于种植棕榈树，[20] 那是一片和大伦敦的面积差不多的区域。即使你乘坐喷气式客机飞越它，也会看到它在各个方向上从地平线延伸到地平线。如果不在空中，你真的无法看到它的全貌。这种开垦是使用电锯和刀耕火种技术实现的——森林地面的土壤是易燃的泥炭。由此产生的碳排放规模大到令人难以理解。2015 年，短短几天内，大火产生的二氧化碳就比美国全年经济活动排放的还要多。[21]

生产出的棕榈油中，约有四分之三用于 UPF，其余的用于肥皂、剃须泡沫、牙膏、口红和无数其他的家用产品。[22]在我看来，如果一种产品含有棕榈油，那它就是 UPF，同样的说法也适用于所有的 RBD 油（还记得吗？RBD 指精炼、漂白、除臭）。这表明，我们的食物体系已经变得多么的败坏，因为这些高度加工的油依然算作简单的厨房配料或 NOVA 体系的第二分类。关于它们对人类健康的影响会单独讨论，这里我就不再多谈了。

即便你不接受这一点，也很难找到一种含有棕榈油但不是 UPF 的产品。虽然初榨棕榈油在很多国家用于家庭烹饪，但与用于制作能多益巧克力酱等东西的高度改性的物质相比，其还有很长的路要走（差异很大）。

大规模抵制的结果是，制造公司会用其他东西替换 UPF 中的油，而且这些公司还可以就此提出与效率相关的说法。他们声称，打造棕榈油种植园是最有效的热量生产方式，因为用地少，比如，如果从椰子树中提取相同数量的油，则需要占用 10 倍的土地，这意味着我们需要砍伐 10 倍的雨林。

当然，这种说法在几个方面具有误导性。例如，我们可以在温带非热带气候条件下种植其他脂肪来源，如向日葵。这会占用更多土地，但对碳排放的影响要小得多。温带气候地区的土地储存的碳要少得多，比如与印尼加里曼丹岛的泥炭沼泽相比，而且这些土地已经耕种了几个世纪，有些长达千年，因此其对气候变化的影响要远远小于砍伐原始热带森林种植棕榈树。

业界频繁提到的另一个说法是，存在可持续棕榈油这样的东西。但我们生产 UPF 的方式没有任何可持续性。“可持续”一词在任何独立主体中都没有形式上的意义。可持续性标准主要由行业制定，一般而言，它只是意味着种植它的农场不能砍伐新的森林。但如果其在申请该称号的前一年砍伐了森林，那就没关系。

我们究竟为何要食用来自印尼的棕榈油呢？大量 UPF 并非绝对必要的东西，所以像这样种植其原材料基本上是浪费土地。UPF 零食和可自由支配的产品都不是人类饮食所必需的，这意味着，很多环境影响是可以避免的。

此外，正如荷兰瓦赫宁根大学（Wageningen University）的一个食品工程师团队在 2016 年的一篇论文中所讨论的那样，当前的食物体系效率不高。[23] 该文作者从两个很棒的方面考虑这个问题。第一，他们指出，我们食物中的能量远少于制作它所需的能量。如果新石器时代的人必须自行手工完成这种程度的加工，那他们将无法生存。机械化带来了节能的错觉，而实际上，那只是大量廉价的化石燃料使得成本效率的实现成为可能。石油便宜的原因与 UPF 便宜的原因相同：因为根据国际货币基金组织和许多其他人的说法，我们所有人在通过支付价值约 60000 亿美元（是的，达到万亿级别）的外部成本来补贴它，比如空气污染和气候变化所造成的医疗保健费用的增加。[24]

他们报告的第二个低效率方面是，植物能产生大量潜在的有营养的蛋白质，但我们几乎一点儿也不吃。取而代之的是，我们将其喂给动物。[25] 直到最近，饲养动物都还是一种将非常低质量的植物蛋白（草、树叶、食物垃圾和饲料）转化为高质量可食用蛋白的方法。但是，集约化农业要求动物被快速饲养长大，这意味着，动物如今吃的是人类可以食用的相当有营养的植物。

众所周知，作为一种食物来源的肉类的碳效率低于植物。从牛肉中生产 100 克蛋白质平均至少排放 25 千克的二氧化碳。鸡肉的排放要少得多，每 100 克产生 4~5 千克二氧化碳，但我们吃的鸡肉比牛肉多得多。每 100 克豆腐产生 1.6 千克二氧化碳，豆类为 0.65 千克，豌豆为 0.36 千克。一些坚果即使在运输后也还是处于负碳排状态，因为坚果正在取代农作物并从空气中吸收碳。[26]

有一些养殖牛和鸡的方法甚至可能有助于固碳，很多农业生态系统在耕种时不使用化学物质，而是让动物吃低处的草及啃食高处的树叶、软枝、果实，这有助于保持土壤健康，保护自然资本，从而支持当地和全球的生态系统。但值得怀疑的是，这些方法能否生产出足够的肉来满足我们当前及不断增长的胃口。[1] 如果我们继续吃更多的肉，就需要毁坏更多的热带森林，这反过来又会引发大规模流行病和气候变化。

因为我们吃的大部分东西是UPF，所以我们吃的大部分肉都在UPF里面。UPF肉类（重新按配方制作的鸡块、汉堡等）占英国平均饮食的7%，而新鲜的或经过最低程度加工的肉类仅占5%。[29]

UPF的本质意味着，相关制造过程通常不允许存在对环境的考虑或对动物的高标准养护。其鼓励过度消费食物，必然会减少我们对食物来源的了解。如果你购买新鲜的牛肉或鸡肉，包装上往往会标明“草饲”或“玉米饲”。人们常常想知道其来自哪个农场。但很少有人问他们的预包装UPF三明治中的鸡肉是用什么喂养的，尽管事实证明，这是一个需要询问的重要问题。

以大豆为例，它是世界上最古老的栽培植物之一。在传统上，大豆一直没有被广泛用作粮食作物，因为其口味不佳且难以消化。你可以将其发酵，做成豆腐，从而提取优质蛋白质（或者提早收获毛豆），不过直到不久前，它才成为大多数人的重要热量来源。

大豆含有约42%的蛋白质，如果使用大量化石燃料进行深加工，则其可以成为高效的动物饲料。首先摇动豆荚，去除茎和尘土，在巨大的加热器中脱水，用机械去壳，然后用巨型辊轴压碎成小颗粒，其后再水化并滚

[1] 目前，世界上大约80%的农田用于放牧动物或种植动物饲料作物。现在，为食用而饲养的动物的总重量是所有野生哺乳动物和鸟类总重量的10倍。[27、28]

成薄片。其中的油是用可燃溶剂正己烷（hexane）提取的，薄片可以喂给动物，或者可以进一步加热、冷却、细磨，在一种 pH 值下溶解，然后在另一种 pH 值下沉淀，制成“分离蛋白”，这种分离蛋白可以添加到任何 UPF 中，以增大体积、提高口感或让产品能够作为高蛋白质类销售。大豆是工厂化养殖和 UPF 行业相互依存共生的一个很好的例子。大约 75% 的大豆用于制作动物饲料，不过大豆油市场也非常有利可图——豆油最终到了各种各样的 UPF 中。[30]

这不是一种用植物制作食物的高效方法（比如与食用植物相比），但它很便宜，便宜到大豆中的大部分蛋白质都被喂给了鸡（以及猪和奶牛），然后用于制作 UPF。[31]

鸡肉是最受欢迎的肉类。英国每年养殖约 10 亿只鸡（平均每人 15 只——是全球平均水平的两倍），其中 95% 是在室内集中饲养的速生品种。几乎没有鸡在农家院子里闲逛。禽流感的出现意味着鸡群必须在室内饲养，“自由放养”可能已经成为过去。

从鸡身上赚钱的最好方法是尽可能少花时间照料它。如果你养一只鸡作为宠物，它可以活 6 年左右。而我们食用的 95% 的鸡从出生到屠宰的时间只有区区 6 周——不到其自然寿命的 2%。自由放养的鸡大概可以活 8 周，自由放养的有机鸡约为 12 周（所以其价格高得多）。从纯商业角度来看，圈养已被证明是成功的：如今养鸡的实际成本比 20 世纪 60 年代便宜近 3 倍。[32]

喂养这些鸡采用的是高蛋白饮食，饲料含有一些鱼粉和大量的大豆。

每年有 300 万吨大豆进口到英国，其中大部分造成了对环境的破坏，已经影响到全球气候。[33-35]

大豆作为工业动物饲料所占据的主导地位相当之高，英国或欧洲每年人均消耗大豆约 61 千克，主要以动物产品的形式存在，比如鸡肉、猪肉、鲑鱼、奶酪、牛奶和鸡蛋。[36] 只有 20%~30% 的进口大豆具有“经过认证的可持续性”（我们已经讨论过这意义不大）。所以，若你生活在英国，则热带地区就有一块网球场那么大的土地专门为你生产大豆，其中大部分来自巴西和阿根廷等地，这些地方的生态系统会影响全球气候，而其正在遭到破坏。[1]

按照目前的发展方向，未来30年，全球肉类产量要几乎翻一番，我们将需要欧洲那么大的区域来生产大豆和玉米，以喂养动物。

这不仅仅是栖息地毁坏的问题。在美洲，对大豆使用杀虫剂与当地人口的出生缺陷和较高的癌症发病率有关。在阿根廷，自20世纪90年代以来，大豆产量翻了两番，而除草剂的使用量增加了11倍。在这些地区，流产和出生缺陷率有所上升。对于整个阿根廷，大约20%的死亡是由癌症引起的，但在这些地区，这一比例超过了30%。[38-40]

如果说这些结果让人感觉还比较遥远，那么对全球气候的影响就应该不会是这样了。我们很多人享有的粮食安全是一种生产体系的产物，该体系通过破坏荒地及不为大气碳排放支付费用来保持低成本。具有讽刺意味的是，这些方法将造成严重的粮食不安全状况。这种情况已经在全球范围内发生，不过相比之下，没有什么地方比亚马孙地区更直接了，那里一直在为了种植大豆而砍伐森林。

内陆的降雨需要树木的存在。雨云无法自己从海上一路行进400多千米，所以大陆中心的降雨——比如造就亚马孙中央森林的雨——需要依靠一直连绵到海岸的森林。亚马孙雨林大约一半的降雨来自其树木。正如每一位学习地理的学生都知道的那样，水从海洋中蒸发，然后以雨的形式落在沿海森林中。这些树木“呼出”水蒸气，形成新的云，向更深的内陆移

---

[1] 自20世纪60年代以来，一半的塞拉多（Cerrado，巴西的一片热带草原生态区）已经因大豆生产和放牧而不复存在。英国的海外“大豆足迹”面积有威尔士那么大——170万公顷，以前是雨林，现在却再也不是犰狳、食蚁兽、美洲虎或在那里生活了数千年的人类的家园。[37] 在人均层面上，美国（其人口约为英国的5倍）和大多数西方经济体造成的影响规模与之相当。

动，所以称为“飞行之河”（flying rivers）。

至关重要的是，这就是水到达巴西中西部大豆及玉米种植园的方式。一旦毁坏了森林，雨水就会减少。2019 年的一项研究显示，马托格罗索州的雨季在 10 年内缩短了一个月，[41，42] 巴西的很多重要大豆农场如今都正在遭受其自己造成的干旱。

让河流改道是不可能的，因为河水来自雨水。[43] 高温和干旱意味着亚马孙东南部已经变成二氧化碳的来源，而不是碳汇（carbon sink），据一些研究估计，亚马孙地区现在产生的碳比其储存的要多。[44，45]

所以说，巴西农业综合企业面临的最大威胁是……巴西农业综合企业。

我们为何不关心这一点呢？部分原因是，食品包装上完全没有提及这些世界末日信息。也许只是因为人们很难对列有 30 项的配料表中的每一项都感到好奇。包装和加工在消费者与环境之间制造了距离。[1]

我们相信制造商在其鸡肉的寻源采购方面会一直做得很好。这就是品牌的力量。但是，对于在更高档的品牌上花更多的钱，如果你认为这就意味着你的 UPF 中鸡肉的类型会得到更多的关注，那就错了。

2022 年春季，克兰斯维克（Cranswick）位于赫尔（Hull）的食品加工厂在一次“例行内部检查”中发现了沙门菌。克兰斯维克标榜自己是一家每天生产 160 吨美味熟鸡肉的生产商，这些鸡肉用于制作三明治和餐点。沙门菌是一种细菌属，会引发腹泻、发热和胃痉挛，每年在英国造成约 50 人死亡。

超过 100 个品牌被从经济型终端市场召回。不过也有从收费更高的高端场被召回的。召回事件使得英国食品零售业呈现出了其全貌，涉及品牌包括：阿尔迪、乐购、星巴克、亚马孙、维特罗斯、森宝利、壳牌的杰

---

[1] 这种关联缺乏的问题可能反映在我们扔掉了多少东西上。英国相当典型，扔掉了全部食物的大约 25%。[46]

米·奥利弗熟食店（Jamie Oliver Deli）、英国合作社集团、玛莎百货、利昂连锁餐厅（Leon）及普雷特。

假如你拥有一家制作鸡肉三明治的公司，你疯了才会在鸡肉上花费比最低成本更多的钱。鸡肉就是鸡肉。几乎没人会思考自己食物的UPF中的肉类是如何被处理的及其对地球的影响。

加工过程本身非常耗能。对于UPF，其可能要经历很多个阶段，包括加热、研磨、切碎、再结合等，每个阶段之间还需要运输。对于批量生产烹饪食品是否高效这个问题，目前存在一些争议。确实，相比工厂一次性煮100万个土豆，100万个人在家里用炉子每人煮一个土豆的效率要低很多。但是，如果工厂将它们磨碎、脱水、包装好，然后每个人都在家里加入沸水为其补充水分，那么效率不会更高。

许多UPF产品都含有来自四个或五个大洲的配料。你的千层面或冰激凌可能含有来自亚洲的棕榈油、来自非洲的可可、来自南美洲的大豆、来自北美洲的小麦、来自欧洲的调味剂，等等。其中很多配料都会经历不止一次的运输，从南美洲的农场到欧洲的加工厂，再到欧洲另一个地方的二次加工和包装厂，然后到消费者手中，这些消费者或许会回到南美洲，恰巧就在那个农场的隔壁。

还记得在巴卡雷纳装满大豆运往欧洲的驳船吗？几乎可以肯定的是，其中一些大豆最终回到了穆阿纳。这很难成为提高效率的理由。

我们至少可以想象筹划一个以这些事务为中心的体系——开展生态化农业运作，消费多种多样新鲜且只经过最低程度加工的天然食物。[47]这样一个系统将会促进生物多样性，并有能力以比当今更低的土地足迹为不断增长的人口生产足够的健康食物，同时带来巨大的气候效益。我们会需要大大减少肉类的摄入，不过相关建模很明确，这是有可能做到的。[48–53]有了这种新型的有机农业体系，新鲜且只经过最低程度加工的天然食物会更加丰富，或许也更加便宜。这样的体系不会支持UPF所需的单一栽种的作物，因为其造成的损害是如此之大。修复农业体系，使其能够可持续性发展，天然食物的生产成本应该会下降（不需要基于化石燃料的农用化学品投入）——而 UPF 的成本则会上升。UPF 需要当前的破坏性耕作方式，是该体系唯一可能的产出。凭借生态农业方法，我们可以提高食物的品质和多样性，同时减少有关损害健康、气候变化等问题的所有那些外部成本。假定它能解决所有问题或许是一种幻想，而且几乎肯定会带来各种新的挑战，但与不改变食物体系的后果相比，这些都算不了什么。

（2）抗生素耐药性。

UPF 对人类生命造成的另一个生存威胁是抗生素耐药性，但包装上没有提及。

苏西·辛格勒（Suzi Shingler）几乎是单枪匹马地运营着“拯救抗生素联盟”（Alliance to Save our Antibiotics），这是一个非政府组织，其目标是设法确保你在发生尿路感染或皮肤感染时不会死亡——由于用现有的抗生素无法治愈。即便是很轻微的感染，在英国医院治疗起来（我的日常工作）也变得日益困难，因为我们对抗生素的耐药性太大了。[1]

这是因为，抗生素已经成为动物养护的常规组成部分，动物肠道中的微生物对它们产生了耐药性。很长一段时间以来，我们一直担心家庭医生会“过度开具处方药”，或者为病毒感染者开抗生素（只有细菌感染才需要抗生素）。但在抗生素的使用中，这只占了微不足道的一小部分。我们使用抗生素最多的地方是工业化农场，通常是为了解决动物健康方面反复出现的慢性问题。

---

[1] 赋予抗生素耐药性的基因无处不在。你可以在与世界其他地方隔绝了数千年甚至数百万年的深洞里的细菌中找到它们。这些基因之所以存在，是因为微生物之间在不断发生冲突。抗生素是微生物用来杀死其他微生物的化学物质。在这些东西参与的军备竞赛中，冲突双方都进化出了防御能力，从而产生了抗生素耐药性。

目前还没有任何饲养动物的“生物安全”（biosecure）方式，可以让动物粪便中的耐药细菌远离我们。在美国南部，集约化养猪场将粪便排入“猪废物污水池”（hog lagoons）。它们经常因龙卷风而雾化，或者在暴风雨后溢出到供水系统中。苍蝇[1]会携带微生物进出农场，然后这些微生物就在我们吃的肉中出现了。

抗生素在农场的广泛使用意味着，我们可能会回到没有任何有效抗生素的时代。如果你的孩子在蹦床上摔断手臂，需要使用接骨螺钉，那将变得几乎不可能实现。对于你一直在吃的UPF所引起的癌症，你将无法进行化疗，因为化疗常常需要抗生素，其能抑制免疫系统。[54–56]一次普通的尿路感染可能会扩散到你的肾脏并造成永久性损伤。这已经在发生了。2018年，英格兰公共卫生署报告了6万多例与抗生素耐药性相关的严重感染。

因此，在欧洲，我们已经出台了若干限制抗生素使用的政策。这听起来不错，但是，尽管大多数英国超市都实施了好的政策来限制抗生素的使用，但这些政策通常只适用于自有品牌及英国采购的产品。所以，若你在英国超市买了一块鸡肉或牛肉，它可能只接触到非常有限的在医学上重要的抗生素。可是在涉及进口肉类和UPF中的加工肉时，情况就完全不同了，对其监管要宽松得多。在撰写本书时，只有玛莎百货和冰岛对其所有的供应商应用了他们的抗生素政策。因此，尽管消费者要求（并在某种程度上得到了）为天然食物制定一套标准，但UPF再次成为一个非常大的例外。

（3）塑料污染。

我想触及的第三个外部成本是，UPF是如何经由塑料的生产和使用来危害环境的。2020年，在全球15000名志愿者参与的“摆脱塑料运动”

[1] 科学家研究了离开工业化养鸡场的苍蝇脚上细菌的耐药基因，一个养鸡场可能有25万只鸡。这些苍蝇可以携带耐药细菌自由进出建筑物。它们会将所有这些耐药细菌带到我们的肺部、蔬菜作物和饮用水中。

（Break Free From Plastic）的年度审计中，可口可乐公司、百事可乐公司和雀巢公司连续第三年被冠以全世界最大的塑料污染源。[57]在接受调查的55个国家中，有51个国家的海滩、河流、公园和其他垃圾堆放场所最常发现被丢弃的塑料制品是可口可乐瓶。2022年，在接受调查的51个国家中，37个国家中最常乱扔的瓶子是可口可乐瓶。[58，59]

德爱基金会（Tearfund）2020年的一份报告发现，这3家公司和联合利华公司持续在发展中国家销售数十亿件用一次性瓶子、小袋、小包做包装的产品，“而且，尽管它们知道在这些国家中，垃圾没有得到妥善管理，可还是这样做了。它们的包装因此造成了污染，这种污染给环境和人们的健康带来了严重危害。”德爱基金会研究了6个国家（中国、印度、菲律宾、巴西、墨西哥、尼日利亚）的样本后确定，可口可乐公司每年仅在这些国家就产生了20万吨塑料垃圾——约80亿个瓶子，这些垃圾被焚烧或倾倒，足以每天覆盖33个足球场。每年，可口可乐公司在全球产生300万吨塑料垃圾，而我们知道，这些垃圾几乎都没有被回收利用。[60]令人惊愕的是，在以往产生的所有塑料垃圾中，有91%没有被回收利用，要么被焚烧了，要么被填埋了，要么被直接留在了环境中。[61]

在相关声明中，所有公司都确认了它们对可持续发展和环境的承诺。

非常奇怪的是，如果你查看这些公司的官网，或许会认为它们根本不是食品公司，而是致力于改善环境的慈善机构。以下是可口可乐公司2022年7月主页上的内容。

打造一个没有废弃物的世界：有关包装废弃物和气候变化的相互关联的全球性挑战使这一点成为我们业务的重心，我们正在努力研究我们使用的包装及我们能够如何推动变革的方法。

第五部分

我们到底该怎么办

PART 5

第 18 章
UPF 的设计目的——过度消费

所以，我们来了。以下是 UPF 如何影响人体的相关科学知识。

● 物理、化学和热加工对食物基质的破坏意味着，一般而言，UPF 都很柔软。这会让你吃得快，每分钟摄入的热量要多得多，而且在吃完很久之后才会有饱腹感。其还可能减小面部骨骼的尺寸，降低骨密度，导致牙齿出现问题。

● UPF 的热量密度通常都非常高，因为它是干的，脂肪和糖的含量很高，而纤维素含量低，所以你每一口都会摄入更多的热量。

● 它取代了饮食中多种多样的天然食物，尤其是在低收入群体中。而且 UPF 本身往往缺乏微量营养素，这也可能导致摄入过量。

● 若来自口腔的味觉信号与某些 UPF 中的营养成分不匹配，则会改变我们的新陈代谢和食欲，其方式我们才刚刚开始了解，不过这似乎会驱使过度摄入。

● UPF 会让人上瘾，这意味着，对某些人来说，暴饮暴食是不可避免的。

● 乳化剂、防腐剂、改性淀粉和其他食品添加剂会破坏微生物群，这可能会让引发炎症的细菌大量繁殖并导致肠道渗漏。

● UPF 的便利性、价格和市场营销会促使我们不断地、不假思索地吃东西，这会导致我们摄入更多的零食，咀嚼得更少，进食更快，消费增加及形成龋齿。

● 食品添加剂和物理加工意味着 UPF 会直接影响我们的饱腹感系统。其他食品添加剂可能会影响大脑和内分泌功能，包装中的塑料可能会影响生育能力。

● 用于制作 UPF 的生产方法需要昂贵的补贴，并会造成环境破坏、碳排放和塑料污染，这会危害我们所有人。

这些科学论据很重要，它们让那些对公共健康感兴趣的人能够提出理由来说明 UPF 是个问题，需要加以考虑。但我担心这些论据不太可能带来真正的改变，因为来自行业的反应是，还要做更多的加工。

他们已经这样做了：如果乳化剂会破坏微生物群，那就添加一些益生菌；如果食物过于柔软，那就添加更多的植物胶；如果能量太密集，那就添加人造甜味剂。他们针对超加工（ultra-processing）的解决方案是超超加工（hyper-processing），也称为“重新设计配方”（reformulation）。

这对行业来说是非常有用的策略，因为它延迟了关于在 UPF 包装上标注警告信息的讨论。但重新设计配方不会奏效，原因有二。

第一，全球范围内，目前正引起饮食相关疾病的很多超加工产品都已经重新设计了配方。40 多年来，我们一直在重新设计 UPF 的配方。40 年前，在用糖替代脂肪的同时，肥胖人数急剧增加。20 年前，反碳水化合物运动的兴起对肥胖率的上升没有任何影响。人造甜味剂就是重新设计过配方的东西。所有那些用来代替脂肪的植物胶——都是重新设计过配方的。

几乎所有你吃的东西都经过重新设计配方，而这类规划依然在不断扩大范围。阿彻丹尼尔斯米德兰公司（年营业收入约为 850 亿美元）制造与微生物群损害有关联的配料（乳化剂、稳定剂、改性淀粉），但它也生产酶、益生元、益生菌、后生元，同时还销售个性化微生物群服务。阿彻丹尼尔斯米德兰公司预测，到 2026 年，用于改善我们的微生物群健康的补充剂市场将达 91 亿美元。当你可以同时添加益生菌粉和乳化剂两者时，怎么还会有公司要去除乳化剂呢？

第二，我不认为我们能够靠重新设计 UPF 的配方来使其对我们更好，因为 UPF 的设计目的是让人们购买、消费尽可能多的数量。消费量低的食物永远不会像消费量高的那样畅销。[1]

有足够多的公共健康专家、儿科医生和营养学家都这么认为，但我们身处该行业之外。所以，我去听取了业内人士的意见。

我读过的很多学术论文都没有讨论食品供应链，而是谈论价值供应链或食物价值链。我开始认识到，在我体验他人提供给我的食物的同时，我自己的钱也在朝相反的方向流动。它流过配料公司和加工公司，就像那些电子流过线粒体上的蛋白质一样。每一层加工都是为了从那些低品质、常常获得补贴的农作物中榨取一点额外的钱。

例如，玉米的市场非常小（没什么人愿意吃），但你可以通过将玉米转化为高果糖玉米糖浆来赚更多的钱，后者是大多数调味饮料市场的基本配料，也是几乎所有产品的添加剂，从烧烤酱到冷冻苹果派。玉米沿着加工链向一个方向流动，而金钱则反向回流，这些一层层的加工扩大了玉米可能成为产品的范围。它们延长其保质期、改变其风味特性并重新设计配方，以吸引更广泛的消费者，而不是在晚餐时啃玉米棒的怪人。经过超加工后，运动员、儿童、怀孕的人、忙碌的通勤者或需要治疗的人都可以在白天、黑夜的任何时候食用玉米。

牛奶的附加值低于婴儿食品、酸奶和冰激凌；人们只能吃那么多番茄，但如果把它变成番茄酱、比萨或意大利面酱，那就有庞大的市场。

食物供应是一种错觉，其实主要是金钱流动，这种流动驱使加工的复杂性不断提高。

我希望追踪这种金钱的流动，并尝试了解这一路上存在的激励因素。

---

[1] 有些人认为，因为体脂率高的人会摄入更多的食物，所以让我们增重符合食品公司的利益。但我怀疑这些公司中是否有人在进行这样的对话。焦点在于下一个硬币，而非未来的口味。

这些公司生产食品是否旨在让人过量食用？另外，重要的是，这些公司能否选择改变他们的运营方式？

一件UPF产品售出后，最后一个收到钱的人是农民。我就从这里开始。我们交谈时，埃迪·里克松又在喂他的奶牛了，那是一个寒冷而风大的日子，红色的风筝在头顶盘旋。像埃迪这样做一个农民并不是很好的赚钱方式，尽管他仍然是幸运者之一，因为他拥有自己的土地。钱到了埃迪手中时已经所剩无几。平均而言，农民能从家庭食品消费支出中获得27%的收入，而从离家食品消费支出中获得收入的比例要低得多。[1]

生产牛肉不像制造品牌产品。假如你拥有一个品牌，那么人们就会完全信任它，你就可以要价高得多。埃迪在制造一种原材料商品，这样他的产品就能够和下一个人的产品进行交换。“价格由市场决定，”他说，“如果我因为成本上涨而提高价格，超市完全可以从其他地方买到牛肉。没有任何办法避免受到挤压。”

埃迪具有特别的洞察力，因为他在食品供应链的每个环节都工作过。在成为农民之前，他是维特罗斯超市的采购人员，并在家乐氏担任年轻的销售代表，当时他们正在向市场推出一种新的零食：营养谷物棒（Nutri-Grain bar）。他在英格兰南部四处奔走，向超市推销这些新的谷物棒，若能达到特定目标，就能拿到奖金。

埃迪将一袋袋矿物质混合物装进他的路虎车后部时，我搜索了营养谷物棒的配料。它们含有葡萄糖浆、甘油、柠檬酸、转化糖浆、棕榈油、右旋糖、果糖、甲基纤维素（一种与羧甲基纤维素类似的分子，在那些微生物群研究中，其会使啮齿动物的肠道出血）和大豆卵磷脂，还有一些苹果泥、水果浓缩物和面粉。

埃迪以前认为它们健康吗？“我们被告知，与便利店中其他可选择的早餐相比，比如玛氏巧克力棒这种谷物棒更健康。这就是我对超市里的人说的话，以此说服他们购买，”他说道，“我相信什么是无关紧要的”。

就这样，埃迪将这种谷物棒卖给了超市。超市进货越多，价格就越低——它们被激励买进，从而可以卖出更多。一旦超市购进谷物棒，它们就会因为这笔货款而背上债务，不得不向顾客大力推销。与此同时，埃迪的老板依靠埃迪的团队尽可能多地销售产品。在这条简单的营养谷物棒价值链中，每个人都受到同一件事的激励——尽可能多地销售谷物棒。从开发者到销售者，这个体系中没有人会想少卖谷物棒。而且，就算他们这么做了，又有什么关系呢？家乐氏正在与其他公司进行一场军备竞赛，后者销售类似的新设计的谷物棒，带有类似的健康声明，所有公司都在争夺能实现销售额最大化的商店中的货架位置。如果家乐氏撤下来，其空间会立即被另一家公司的另一种产品填补。

保罗·哈特告诉了我他在联合利华冰激凌部门时面对的同样事情。可以理解的是，他们工作的对象是冰激凌，而非公共健康。他的团队的职责是改善感官和味觉体验，同时还有要压低成本的无情压力。保罗给我讲述了他与冰激凌行业的一些主要创新者一起工作的经历。加里·宾利（Gary Binley）是喷嘴和曝气方面的专家，一直在不断发明新方法来挤压出不同形状和层次的冷冻泡沫。“冰激凌不是什么新鲜事物，也不是专利产品，”保罗解释道，“如果你想保持竞争力，冰激凌军备竞赛就需要持续演进。”

保罗显然把其中一些科学家当偶像一样崇拜，基于宾利的喷嘴专利清单，我可以明白其原因。[2] 正是这个团队生产出了我们那一代一些最经典的冰激凌，包括千层雪（Viennetta）和扭扭棒（Twisters）。“扭扭棒是一种特别复杂的螺旋挤压而成的产品，”保罗钦佩地说，“而且整个团队思考的都是产品。”[1] 天才有很多种表现形式。

[1] 根据保罗·哈特的说法，一位名叫帕特里克·丹菲（Patrick Dunphy）的风味释放科学家一天早上醒来后好奇，他们是否可以将人造黄油技术（借以使水在脂肪中乳化）应用于保湿唇膏。“他发明了 LipSpa 唇膏！”保罗告诉我：“每支 8 英镑！滋润你的嘴唇。”

保罗向我描述了他们用来逐步发展食品的品尝小组的情况。有两种类型。其中一种是专家小组。在很多年里，保罗一直是低脂涂抹食品品尝小组的专家。他了解所有的涂抹酱及其表现。这个小组所凭借的更多的是客观描述，而非个人偏好——将人类的口腔用作测定所有不同变量的试验装置。“你会用所有的不同变量为产品绘制星图：包括颗粒度、咸度、脆度、麦芽味、焦味、黏度，等等。”他说。做完后，产品会被送去消费者小组，在那里，更多的工作与享受和消费的数量有关。然后，所有这些信息都会返回实验室，用于产品的下一轮演进。

当你从埃迪和保罗的角度来观察事物时，对“邪恶”食品公司的指责开始变得不那么明智了。

我沿着金钱的流向在更远的上游找到了罗伯特·普罗曼（Robert Plowman），他在美国跨国投资银行花旗集团（Citigroup）工作，是欧洲、中东和非洲的消费品负责人。他通过筹措资本和相互买卖来帮助企业实现战略抱负，并且“特别关注食品与配料价值链”。

一旦你开始将超加工理解为与增加价值有关的事情，就会明白，它不仅仅是添加乳化剂的问题。律师、咨询顾问和像普罗曼这样的银行家也会从我们为 UPF 支付的金钱中榨取价值。普罗曼说话相当流利，在一个多小时的讨论中，一个“嗯”也没出现过。他穿得也像不会说“嗯”的人。

我请他阐述一下食品行业。“与飞机制造业一样，其实并没有一个定义明确的食品行业，只有少数几家大型玩家，”他说道，“食品行业是一个庞大而复杂的生态系统——有成千上万规模大小不一的食品生产商。该行业的某些部分（如巧克力）整合度更高，但总体而言，世界各地存在大量不同的参与者。”

不过这个行业也分层。农民（大型农业企业及小农户）将他们的农作物和牲畜直接出售给食品生产商，或者更经常的做法是卖给初级加工企业。在这一层中，有你可能从未听说过的大型农业企业：前面提到的阿彻丹尼尔斯米德兰公司、邦吉公司（Bunge Limited，年营业收入约为430亿美元）、嘉吉公司（年营业收入约为1140亿美元）、路易达孚公司（Louis Dreyfus Company BV，年营业收入约为360亿美元）。这4家（简称ABCD）来自美国和欧洲的公司运作着全球大部分的谷物贸易。

奥兰国际（Olam International）（年营业收入约为500亿美元）和丰益国际有限公司（Wilmar International Limited，年营业收入约为500亿美元）等其他大型玩家的总部设在亚洲。其中一些是“垂直领域”的专家，比如小麦、大米、植物油、巧克力、糖、咖啡和肉类，而另一些则生产食品（改性淀粉、宠物食品、葡萄糖浆），做贸易，采购和分销原材料商品（如棕榈油），饲养自家的牲畜，甚至拥有金融服务部门。这些公司将17种原材料转化为糊状物、粉末和油，用作形成UPF结构的基础材料。

比农民高一层的是由增值配料公司组成的领域，其制造用于构建质地、调味等添加剂。它们在生产很多进入UPF的添加剂物质，使包装上的一些声明（如“低热量”“低脂”或“低糖”）成为可能，并帮助食物拥有更长的保质期、口味更佳、更容易食用。

从罗伯特的角度看，几十年来，他说的“大趋势”一直在推动食品行业的发展，这个大趋势指消费者一向要求市场提供味道好、便利、物有所值的食品。“除此之外，我们希望一些产品更健康，另一些更让人享受，”他说，“当然，消费者也越来越关注伦理和可持续性采购。所以该行业非常注重满足所有这些需求。”

再往上一层的公司从初级加工商和配料公司购买材料，并将其超加工成UPF。然后这些跨国公司、中型公司和初创公司最终将产品卖给你知道的零售商。

普罗曼对这些激励因素直言不讳：“在环境和可持续发展方面，每家公司都在努力做正当的事，但他们做生意也要赚钱。金融市场和大投资者看重增长、利润率、现金流和股息。对上市公司首席执行官的评判指标是他们取得的业绩和公司股价。”

业绩和环境及可持续发展目标一样吗？“投资者确实越来越多地根据环境、社会和治理（ESG）来评判企业，董事的薪酬也日益与ESG目标挂钩。”普罗曼说。但市场更聚焦于财务业绩，“诸如销售增长、利润率增长、盈利增长之类的事情。而且，顺便说一下，这与任何其他行业都没有任何不同”。

这当然是真实的，它给了食品公司两种选择。它们可以以更高的价格出售相同数量的商品，以获得更多的钱，或者它们可以更频繁地向更多的人销售更多商品。在企业的金钱军备竞赛中，每家公司都在尽可能快地同时做所有这些事情。

我询问普罗曼，UPF的配方目标是不是为了让人们尽可能多地购买和消费。“所有这些公司都会不断推出新产品、改进老产品，当然，它们希望自己的产品能卖出更多。”他回应道。企业增长的要求可以通过不同的方式得到满足：人口增长、进入新市场、从其他企业那里夺取市场份额，“还有，是的，让现有消费者支出更多。就像大多数行业一样，食品行业里的很多人都受到销售目标的激励”。

普罗曼认为，企业很难凭一己之力来解决公共健康问题。“一家公司很难说出‘我们打算承担这个责任’。”他解释道。没有一家公司会这么做。这会让它们付出太大代价，而且最终不会有什么成果。规则必须由政府制定。最后，企业真的很擅长对规则做出反应。还记得2018年英国对软饮料行业征收的糖税吧——这导致软饮料中糖的用量大幅降低。

我与之交谈过的食品行业每个层面的每个人都认可：监管必须来自外部。而且这不一定会损害经济。很多人指出，制药和烟草等监管最严格的行业是最赚钱的一些行业。

普罗曼让我去找一位专门研究食品的管理咨询顾问谈谈。此人不愿透露姓名，因为这些是他们的个人观点，他们希望能畅所欲言。他们欢快地讲着，表达了大量的信息，这些信息全都组织得井井有条，而且简单到足以让我能够理解领会。

我问他们，食品制造商是否有可能因为能够多赚钱而开发可以导致过度消费的产品——例如，若一家公司尝试了某种早餐麦片的两种配方，发现在试验期间，人们把其中的一种多吃了 5%，那么，是不是这种会进入市场？“嗯……”——这位顾问犹豫了一下，就像一位老师很有把握地认为班上“肯定不会发生有人提出愚蠢问题这种事”，然后被问了或许是最愚蠢的问题：“……如果你是一家销售早餐麦片的公司，那么卖出更多的早餐麦片是好事。绝对是这样。”

这也是任何想要减少 UPF 销售的公司所面临的同样问题：它们要对其所有者负责。大多数大型食品公司都是公众持股的——任何人都可以买一份。这意味着，每家公司的很大一部分股份都由像贝莱德集团（BlackRock）、先锋领航集团（Vanguard）或富达投资集团（Fidelity）这样的几家非常大的基金公司持有，这些公司管理的资产总计超过 200000 亿美元。我打电话给一家大型资产管理公司的高级投资者，询问关于跨国食品公司的情况。“这些公司并不能真正控制它们的商业模式”，他们告诉我，并以达能公司为例。

机构投资者持有达能公司相当大比例的股份。“如果达能公司有人提议，出于环境或公共健康的原因，它们应该少卖些食品，”这位投资者说道，“相比想出办法销售更多食品的人（从广义上讲，这等于多赚钱），提议者不会走得很远。”他们解释说，有一些方法可以做到卖更少的食品赚更多的钱，但在大公司里，所有这些选择都已经被探索过了。价格已经达到了市场所能承受的最高水平，生产效率也已提高到了极限。“你必须向大量人群销售大量产品，”他们继续说道，“这就是低收入和中等收入国家如此重要的原因，因为在美国和英国，我们的市场几乎已经饱和了。”

这对很多人来说似乎是显而易见的，但对达能公司前首席执行官范易谋（Emmanuel Faber）而言却并非如此，范易谋曾是 ESG 目标方面的典范首席执行官。在“BBC 里思讲座”（BBC Reith lecture）节目中做关于“创造非货币价值的企业”的演讲时，他获得了英格兰银行（Bank of England）前行长马克·卡尼（Mark Carney）的称赞。范易谋领导了达能公司内部的一场彻底变革，使其成为第一家合法放弃“股东至上”模式的公司，转而追求保护环境、其员工和供应商等其他目标。范易谋宣称，他已经“推倒了米尔顿·弗里德曼（Milton Friedman）的雕像”，这位已故诺贝尔经济学家在 1970 年写了一篇对后来的发展有重大影响的论文，题为《企业的社会责任是增加利润》。[3] 不过，董事会不认可范易谋的所作所为。蓝铃资本（Bluebell Capital）发起了一场公开活动，范易谋于 2021 年 3 月丢掉了他的工作。

其他一些维权投资（activist investing）方面的努力迎来了公众的广泛热情，但当人们清楚地认识到这会耗费实际投资者的资金时，这些投资就陷入了停滞。贝莱德集团一直对可持续发展投资直言不讳，但后来就不再要求公司披露气候提案的情况了。[4, 5] 原因很简单——该集团的客户包括公众与私人养老金计划、政府、保险公司、捐赠基金、大学、慈善机构，最后，还有你和我，我们要么是个人投资者，要么在他们的基金中有一些工作养老金。贝莱德集团有责任实现长期持久的财务业绩。从某种角度来看，我们所有人都要求食品公司保持增长，而这要求他们砍伐亚马孙雨林——至少我们中有养老金的人是这么要求的，因为养老基金的运作基于增长理念。有人提议从食品公司撤资，但这不太可能有用。撤资通常不会对股价产生有意义的影响，[6] 因为总有人愿意购买会支付股息的股票。切断收入来源是唯一、真正能够改变企业行为的方法。

我就此询问了这位开朗的管理咨询顾问。“250 年来，人类在提供充足食物方面取得的成就高到不可思议，而这一直受利润驱动，”他说，“所以，它可以创造出奇妙的东西。”但他认为，所有那些外部成本都存在同一个问题："坦率地讲，这个体系内的激励因素就是生产和销售更多产品。应该是政府加紧制定规则，对不做自我矫正的市场实施适当的监管。自我监管不太可能起很大作用。企业本质上是商业组织，其激励因素是要绞尽脑汁地思考接下去的6~12个月。"

这意味着减少对UPF的需求，以及出台像减少加工食品和垃圾食品的促销活动这样的政策："促销活动会驱动过度消费，所以如果你的目标是减少肥胖人口，在我看来，这些事情是明摆着要做的，根本不需要费脑筋想。"

在我们那次谈话过去几天后，英国政府恰恰对这位管理咨询顾问谈及的促销活动（高脂、高盐、高糖产品买一送一）放松了管制。

与我交谈过的食品行业的每个人都有这样的感觉——自己被困在比他们个人强大得多的竞争力量之间。消费者可能会说他们想要健康的东西，但依然购买UPF。超市——当然还有持股人——则决定要卖什么。

"企业的存在是为了赚钱且只是为了赚钱"——对于某些人，这一观点似乎是非常显而易见的，无须多言。但是，企业内部对此确实存在困惑，而且像马克·卡尼这样的人也有同感，其显然认为达能可以做出一组不同的选择。

在一次演讲中，可口可乐公司前总裁艾哈迈德·博泽尔（Ahmet Bozer）清晰地阐述了其公司宗旨。他谈到如何为一个似乎已经征服了这个世界的品牌创造更多的增长："过去30天里，全球一半的人口没有喝过可口可乐；过去一周里，有6亿青少年没有喝过可口可乐。因为这些事实，我们相信，一个闪闪发光的机会就在那里。"

我喜欢这句话令人愉快的率直。直到每个人会每天至少喝一瓶可口可乐，该公司才有增长的机会——即使到了那时，事实也会证明，一瓶可乐是不够的。对博泽尔或可口可乐公司任何道义上的批评都是对该公司义务的误解：这是他们必须做的，直到法律要求他们做一些不一样的事情。

切实可行的解决办法只能来自这样一种认识：对于任何公司，无论它说什么，都要有一个单一的目标——一个凌驾于所有其他目标之上的目标。在所有为你制造食物的大公司的网站上，都有非常重要的部分专门介绍他们所做的关于社会和环境的项目——这些都是真实存在的，它们对公司声誉很有帮助。但这些项目全都不可以妨碍公司为股东创造价值。

这个单一的目标可以使企业所做的很多相互矛盾的事情变得有意义，为他们造成的问题提供解决办法。例如，2006 年，雀巢公司收购了减重品牌“珍妮克雷格”（Jenny Craig），以此进入体重管理市场（或者更确切地说是体重管理市场的另一端）。[7]① 时任雀巢董事长兼 CEO 包必达（Peter Brabeck-Letmathe）表示，这是雀巢转型为“一家将体重管理视为关键竞争力的营养、健康与保健公司”的重要一步。②

作为其中的一部分，雀巢生产了一系列称为“精益美食”（Lean Cuisine）的 UPF。以下是精益美食烤鸡与蔬菜的配料表：“熟通心粉（配料是水、硬质小麦粗面粉、小麦谷蛋白），水，熟调味鸡肉（配料是白肉鸡、水、大豆分离蛋白、改性玉米和木薯淀粉、玉米麦芽糊精、盐、磷酸钠、调味料），番茄汁［含柠檬酸（酸化剂）、氯化钙］，黄色西葫芦，西蓝花，胡萝卜，帕尔马干酪和罗马诺干酪（romano cheeses），改性玉米淀粉，洋葱，苹果醋，番茄酱，盐，糖，大蒜泥，大豆油，橄榄油，红糖，酵母提取物，罗勒，牛

---

① 珍妮克雷格在其网站上声称，“发表在科学期刊《自然》上的新研究表明，遵循我们有史以来最有效计划（包括我们具有开创性的食品‘再充电棒’）的人可以获得惊人的减肥效果，并且能降低血糖水平。”[8] 这项研究并没有发表在《自然》上，而是发表在《国际肥胖杂志》（*International Journal of Obesity*）上，该杂志也发表过我之前提到的一些由可口可乐公司资助的研究结果。令人尴尬的是，《国际肥胖杂志》是自然出版集团的期刊，这就像是把你的斯柯达（Skoda）称作宾利（Bentley），因为它们同属于一家母公司。

② 2013 年，作为剥离表现不佳品牌的更大需求的一部分，珍妮克雷格被以未公开的价格出售。[9]

至①（oregano），氯化钾，香精，香料。”

就我个人而言，我觉得，如果你相信一家从体重增加和减轻的循环中获利的公司可以生产出解决这个问题的产品，那说明你的想象力有点过了，这是不大可能的事情。

除了减重解决办法，雀巢公司还对治疗饮食相关疾病的药物产生了兴趣。“营养科学合作伙伴有限公司”（Nutrition Science Partners Limited）是由“雀巢健康科学公司”（Nestlé Health Science）与制药及医疗保健集团“和黄医药”（Chi-Med）共同出资组建的合资企业。其专注于肠胃健康，未来可能会扩展到代谢性疾病和大脑健康领域。[10]2011 年，雀巢公司还收购了普罗米修斯实验室（Prometheus Laboratories），后者专门研究肠胃病的诊断及该专科的特许药物。该实验室或许已经在帮助诊断一些由他们自己也是其中一部分的食物体系所引起的一些健康问题。

在撰写本书时，雀巢公司显然在考虑收购制药巨头葛兰素史克（GSK）旗下的消费者健康公司赫力昂（Haleon），[11] 该公司的官网上说：“我们的消化健康产品为全球无数的人带来舒适和安心。我们拥有一系列值得信赖的市场领先品牌，包括抗酸剂伊诺（Eno）和塔米斯（Tums），它们在治疗胃灼热、胃酸过多性消化不良和胃部不适方面有着深厚的传承。”

与此同时，达能公司拥有数百家子公司，其中至少有两家是制药公司。[12]②

不难想象，食品公司内部会觉得做这些事情对人类有益——哮喘吸入

---

① 牛至是唇形科牛至属的多年生半灌木类草本植物，主要分布于地中海地区至中亚、北非、北美及我国，全草可提取芳香油，也可以入药，还能用作烹饪调味品等。——编者注

② 我个人最喜欢的例子是全球最大的烟草公司菲利普莫里斯（Philip Morris），其引发了问题，同时又兜售解决办法。2021 年 7 月，菲利普莫里斯同意以 11 亿英镑的价格收购韦克托瑞集团（Vectura Group）[13]——当时这家公司的收入为 2 亿英镑，其中大部分来自治疗吸烟相关疾病的产品组合。

器、社区农业等，即便同一实体的其他部分的运营可能同时正在引发疾病、破坏环境。或许雀巢公司认为其在进军亚马孙地区时做得很好。在《纽约时报》2017年的一篇文章中，作者引述了时任雀巢食品研发主管肖恩·威斯克（Sean Westcott）的话——肥胖是让廉价食品广泛可及的意外副作用："我们没有预料到会产生这样的影响。"

然而令人惊讶的是，一家标榜自己拥有深厚营养专业知识的公司却无法预料到一些事情，譬如，让一艘装满UPF的船漂浮在没有公共健康设施的偏远社区有可能导致肥胖或蛀牙。

雀巢公司中有一些部门整个都致力于在地球上最贫困的地方推销产品。例如，有一个名为"雀巢驻中西非地区"（Nestlé Central and West Africa Region）的部门，其产品销售区域涉及安哥拉、贝宁、布基纳法索、喀麦隆、佛得角、中非共和国、乍得、刚果（布）、科特迪瓦、刚果（金）、赤道几内亚、加蓬、冈比亚、加纳、几内亚比绍、几内亚、利比里亚、马里、毛里塔尼亚、尼日尔、尼日利亚、圣多美和普林西比、塞内加尔、塞拉利昂、多哥。

所有大型食品公司都在这些地区销售产品，并且销量不断增长。令公共健康医生始终感到迷惑的是，你几乎可以在地球上的任何地方买到冰镇可乐，但要想使疫苗保持低温，以便将其从工厂运送到孩子手中，却是一个巨大的难题。

为我们制造食物的公司对生产什么食物及如何生产无法做出选择，我们中的很多人对是否购买这些食物也无法做出选择。但是，有两个群体可以做出略有不同的选择，以创造更好的境况：政府和医疗界——包括医生、护士、公共健康科学家、营养学家和其他一些人，这些人全都签署过约定，均有这样一个目标：照护人们。

在这些人中，我们找到了一些解决办法，将在下一章介绍。

第 19 章
我们可以要求政府做什么

卡洛斯·蒙泰罗给我讲了一个关于他 20 世纪 70 年代中期在医学院读书时的故事。他的妻子也是一名医学生，他们一起去上婴儿喂养课。她当时怀着他们的第一个女儿，所以相对而言，比起我 20 年后上类似课程时的感受，他们或许更难以忘记那些信息。蒙泰罗甚至还记得讲师的名字：“他叫奥斯瓦尔多·巴拉林（Oswaldo Ballarin）。”

除了卡洛斯的妻子，科室里还有几个怀孕的学生和年轻医生，每个月他们都会收到一包物资：纸尿裤和配方奶粉。他女儿出生后，他们对她做了短暂的母乳喂养，然后改用收到的配方奶粉。蒙泰罗告诉我这是平常做法：“即使在我研究营养不良的偏远山谷中，女性也会从喂养中心选择获取配方奶粉。”

几年后，他去纽约求学，遇到了一对英国夫妇德里克·杰利夫（Derrick Jelliffe）和帕特里斯·杰利夫（Patrice Jelliffe），他们是研究婴儿营养不良的儿科医生。在一系列论文中，他们细致地记录了婴儿配方奶粉行业在低收入环境中的激进营销行为，并特别关注了雀巢公司。没有获得认证或未经受训的销售代表装扮成“育儿护士”。他们向易受影响的新妈妈们介绍配方奶粉的益处，并以某种方式推广促销，这种方式后来与数千例本可以避免的死亡有关联。[1]

雀巢和其他一些配方奶粉公司带来了四方面的风险。

第一，即使是用清洁的水制成的配方奶粉也会增加致命感染的风险，[2-5]也许是因为其对婴儿微生物群的影响。

第二，雀巢公司在实现无污染喂养的可能性几乎为零的社区推销配方奶粉。[6]在这些低收入环境中，婴儿父母通常只有一个奶瓶且没办法洗干净它，不得不使用被污水污染的河水或井水，而且识字率低，这意味着他们对恰当地配制奶粉有非常大的困难。

第三，虽然最初的样品以低价甚至免费提供，可是一旦婴儿母亲停止哺乳改用奶粉，奶粉价格就会上涨，这将加剧贫困并危及这个婴儿及其兄弟姐妹。例如在东非，要想以妥当的方式喂养一个婴儿，一个劳动者需要花费其薪水的三分之一以上。

第四，似乎是为了省钱，母亲们稀释了配方奶粉，所以那些往往已经患有腹泻病的婴儿就会营养不良："在这种情况下，几乎像顺势疗法（homeopathic）一样得到的大量稀释牛奶中含有大量细菌，结果导致婴儿饥饿和腹泻，很多时候甚至会死亡。"[7, 8]

配方奶粉公司在推销其产品时将母乳喂养描述为"落后的、不足的"，杰利夫夫妇将相关例子做了分类，并于1972年创造了"商业性营养不良"（commerciogenic malnutrition）这一短语——企业造成的营养不良。[9]现代肥胖也是一种商业性疾病。

媒体的报道接踵而至。1973年，《新国际主义者》（*New Internationalist*）杂志8月号的封面展示的是一张赞比亚婴儿坟墓的照片：一个奶瓶和一个空奶粉罐被其母亲放置在坟墓上。[10, 11]

到1977年，最大的制造商雀巢成为非政府组织在全球抵制的目标。这激发了参议院健康小组委员会主席泰德·肯尼迪（Ted Kennedy）参议员的灵感，其要求大型配方奶粉公司的代表到国会作证。

蒙泰罗和杰利夫夫妇都密切关注了这些听证会。第一批作证的人之一是雀巢公司在巴西的运营主席奥斯瓦尔多·巴拉林博士，就是那位教过蒙泰罗和他妻子的医生。“我们收到的配方奶粉包来自雀巢，”蒙泰罗说，“通过巴拉林，他们获得了所有学生医生（student doctors）和居民的姓名及其他详细信息。”

这些听证会对雀巢公司来说是灾难性的。巴拉林争辩到，虽然在低文化水平且无法可靠地获得净水的地区销售产品是一个糟糕的决定，但雀巢公司没有责任处理这些问题或随之而来的死亡事件。关于抵制活动，他说这是对自由世界经济体系的攻击。肯尼迪指出，巴拉林误解了自由市场的含义。抵制活动当然是任何自由市场体系的重要且公认的工具。

这一丑闻导致了一份名为《准则》（*The Code*）的政策文件的出台。其由活动家和世界卫生大会（World Health Assembly）撰写，为婴儿配方奶粉的营销制定了指南。

这种办法很聪明。像征税或禁止配方奶粉之类的政策会非常有害。婴儿配方奶粉属于 UPF，但其在 UPF 中相当独特，因为它是一种必不可少的食物（虽然一些其他类型的 UPF 在某些背景下也可以变为必需品——若它们是唯一负担得起且能获得的热量来源）。人们有使用它的权利，也应该有使用它的自由。这意味着，配方奶粉必须价格低廉、质量上乘、广泛可及。人们还有权利获取有关不同喂养孩子方式的利弊的准确信息，其中包括不接触误导性声明的权利。

雀巢公司恢复了自己的声誉，以至于乔治·克鲁尼（George Clooney）觉得自己可以冒险为雀巢公司的奈斯派索（Nespresso）品牌做广告。但杰利夫夫妇在 20 世纪 70 年代初期所描述的那种危险的营销方式仍在继续。

配方奶粉行业的营销预算几乎大到让人不可理解，每年为 30 亿 ~50 亿美元——与世界卫生组织的整个年度运作预算相当。这一行业支出意味着，婴儿配方奶粉及后续奶粉（一般为婴儿 6 个月大后所用）市场的增长将是全球人口增长的 8 倍。1998 年，该市场的价值还不到 150 亿美元，而现在却远远超过了 550 亿美元。[12] 结果是，在低收入环境中，60% 以上的 6 个月以下的婴儿是用配方奶粉喂养的。[13] 这对肺炎和腹泻的发病率产生了灾难性的影响——这是全球儿童遭遇的两个最大的传染病杀手。

《柳叶刀》杂志的一份报告估计，在低收入和中等收入国家中，若母乳喂养接近普及程度，则可避免80多万孩子死亡，[14] 大约占这些国家婴儿死亡总数的15%。在中国、印度、印度尼西亚、墨西哥和尼日利亚，每年有超过23.6万孩子的死亡与配方奶粉的使用相关。[15，16] 限制配方奶粉的销售是预防5岁以下儿童死亡的最有效的单个干预措施。[17]

最令人担忧的统计数据之一是，该市场的增长不仅仅是因为更多的孩子以配方奶粉喂养。其销售额的增长是因为每个孩子喝得更多了。2008年，一个孩子每年平均喝5.5千克，而如今他们差不多要喝8千克，增长了40%以上。[18] 这要么是市场营销所致，要么是由于各种新的配料使得配方奶粉超级美味。

剑桥大学的一个团队发现，很多婴儿父母给他们宝贝喂的配方奶粉比需要的多得多。当然，奶粉可以解决一切问题——哭闹、出牙等——因此，相比世卫组织推荐的量，这些婴儿每天要多摄入数百热量。这些婴儿之前因哭闹、烦躁和呕吐等症状被送去看全科医生，医生给出过敏或反流的诊断，然后开出处方，配给昂贵的专业配方奶粉。然而，当婴儿父母将给孩子吃的配方奶粉数量减少到推荐水平时，很多孩子的这些症状就消失了。[19–22]

没有人会扔掉配方奶粉，因而拥有一种非常美味且很快就会消耗掉的配方奶粉是一门大生意。结果是，用配方奶粉喂养的婴儿比母乳喂养的婴儿体重增加得快得多。作为孩子父母，我知道这会让人感到多么满足，但这并不健康。

还有其他更巧妙、隐晦的营销方式。鲍勃·博伊尔（Bob Boyle）是伦敦帝国理工学院（Imperial College London）的儿科过敏顾问。他研究儿童过敏症，同时也做关于产品包装上的声明的调查研究。根据英国食品标准局、[23] 日本变态反应学学会（The Japanese Society of Allergology）、[24] 澳大利亚指南（Australasian Guideline）[25]及美国儿科学会（American Academy of Paediatrics）[26]的相关信息，没有任何证据表明专业配方奶粉可以预防过敏，达能的纽迪希亚公司（Nutricia）却利用博伊尔的一项研究声称，该公司补充了益生元的配方奶粉得到了“临床证明”，可以减少50%以上有过敏家族史的婴儿的湿疹发病率，尽管这与博伊尔的研究结果完全相反。

这些声明是有害的，因为它们鼓励那些不需要的人使用昂贵的配方奶粉。

2018年，我针对配方奶粉行业做了一项调查，[27]使得一种市场营销方向暴露了出来——即便是纯母乳喂养的婴儿也会被诊断出对牛奶过敏。可诊断为过敏的症状是如此之多，基本上每个孩子都不可避免地被诊断出过敏（皮疹、易怒、腹泻、腹绞痛等），而且处于母乳喂养的婴儿母亲也被鼓励不食用乳制品。这给本来就有困难的任务增加了障碍，并让想要采用母乳喂养的女性更难这样做。

该项研究还揭示了医疗界被行业控制的程度。配方奶粉行业会资助基础研究，它们资助“国家喂养指南”的作者，资助专业协会（直到最近还涉及英国皇家儿科与儿童健康学院），资助为患者提供信息的慈善机构和网站。在我采访英国皇家儿科与儿童健康学院的时任院长时，她正打算在雀巢公司的科学委员会任职。

这是一个巨大的问题。如果一个家庭可以根据最佳信息自由地决定使用配方奶粉，那么在像英国这样的国家会是一个不错的选择。但在英国，行业对婴儿喂养的各个方面的影响意味着，希望采用母乳喂养的女性会面临各种障碍并缺乏支持。几十年来，在某种程度上，英国一直是世界上母乳喂养率最低的国家。艾米·布朗（Amy Brown）是斯旺西大学（Swansea）的公共健康教授。她解释道，假如一位女性的姐妹、母亲、医生、助产士或社区护士自己全都没有采用过母乳喂养，这就会创造出一个对母乳喂养来说非常困难的环境——当她们接受的所有教育都受到过配方奶粉行业的赞助时，其困难程度会加倍。

而婴儿的喂养方式比健康结局具有更广泛的影响。布朗解释说，母乳喂养对女性很重要，其原因有很多，并不是给一个奶瓶就能解决的。“如果她们无法采用母乳喂养，就可能增加患产后抑郁症的风险，而在那些真正设法做到的女性当中，这种风险要低得多”。相比以自己希望的方式来喂养孩子的女性，那些在产生母乳喂养的愿望之前就放弃的女性患产后抑郁症的概率要高得多，在与布朗交谈时，她们会使用心理创伤性的衰式语言。[28]

英国目前的环境使所有的婴儿母亲背负恶名，市场营销伤害了每一个人，尤其那些尝试混合喂养或用配方奶粉喂养的母亲，她们可能觉得自己需要花钱购买更昂贵的产品，但这些产品对她们要求解决的问题没有任何效果。

你可能已经注意到，这并不是一本颂扬真正的食物的神奇之处的书，同样，此处也并非关于某种喂养孩子方式的益处的章节。❶就像大多数1978年出生在伦敦的婴儿那样，我是吃配方奶粉长大的。我母亲当时为我们的家庭做了恰当的选择。她有一对双胞胎和一份事业，所以很快就返回职场，保障了财务安全，让我在自己的生活中获得了如此之多的自由。因此，我不在乎照护者如何喂养他们的孩子，只要他们能做到安全喂养就好。很多奥运会金牌得主和诺贝尔奖获得者在婴儿时期都是用配方奶粉喂养的。

---

❶ 这个是关于与喂养相关的最佳独立证据的脚注，如果你已不处于育儿阶段（常常令人不快而沮丧的阶段），那就直接跳过。有很多高质量的独立研究比较了从未、部分和完全采用母乳喂养的婴儿。每个国家的配方奶粉均与多种风险的显著增加有关——全因死亡率、腹泻和肺炎死亡率、[29]肥胖和2型糖尿病、[30]中耳炎、[31]牙齿咬合不正、[32]哮喘、[33]婴儿猝死综合征。[34]即使考虑了母亲的智商后，非母乳喂养的孩子也表现出明显较低的智商测试得分。[35]配方奶粉喂养方式对婴儿母亲的健康会有影响，其主要原因是母乳喂养可对抗卵巢癌、乳腺癌和2型糖尿病的防护作用被放弃了。[36]

但是，在二十世纪六七十年代，世界各地的孩子因那些营销技巧而死亡，随之而来的讨论为如何在总体上考虑 UPF 相关政策提供了模板。婴儿配方奶粉是需要考虑的最具挑战性的 UPF，因而是一个很好的起点。

有两个主要的政策理念出自配方奶粉营销故事，其告诉我们应该如何考虑对 NOVA 体系第四分类食物的监管。

第一，制定政策和告知政策的人不应该直接或间接从食品行业获取金钱。

第二，提升权利保障和自由度的最佳方法是约束市场营销。

让我们首先来看看行业在政策制定中的角色。很明显，当涉及影响婴儿喂养的政策时，婴儿配方奶粉行业存在利益冲突。其中存在一些重合的利益（比如生产安全的好产品），但企业的目的是从配方奶粉中赚钱，这与全球婴儿的需求相冲突，无论他们是采用母乳喂养还是配方奶粉喂养。

消除这种影响是最重要的一步。提出一长串能够促进健康的政策举措是很容易的事情，但无法在与行业合作的情况下落实。

政策制定者（包括医生和科学家）需要将自己视为监管者。

肥胖和所有与饮食相关的疾病都是商业性的——正如全世界婴儿配方奶粉的不当营销所导致的疾病一样。这意味着，那些试图限制这些企业造成危害的人必须与它们保持对抗关系。

这并不意味着食品行业天生就是不道德的，也不是说政策制定者不应该与行业对话。但我认为，这确实意味着没有任何人应该获取金钱。这与当下美国和英国的状况相去甚远。

在英国，UPF 行业对食品政策涉入很深。这就是为何我在引言中提到的那 600 多项政策建议无一奏效的原因。

海伦·克劳利（Helen Crawley）向我强调了这一点。她是一位很谦逊、在营养政策方面具有巨大影响力的人物，为了英国各地的弱势群体，她花了近 40 年的时间积极促进食品标准的提高，并与利益冲突做斗争。多年来，她创立的慈善机构“起步营养信托”（First Steps Nutrition Trust）一直鼓励孕妇和婴幼儿在饮食中避免摄入 UPF。“你可能认为政策是政治家制定的，”克劳利解释道，“但具体细节常常由特定的利益集团敲定——尤其是慈善机构、非政府组织以及代表健康专业人员的专业团体。”

一系列的这些组织都能够对政府产生影响，包括英国营养基金会（British Nutrition Foundation）。该基金会是一个“面向公众的慈善组织，其存在的目的是让普通人、教育工作者和各个组织能够获取可靠的营养方面的信息。”它将自己描述为“政策制定的参谋”，[37] 并与大量政府部门一直签有合约，聚焦于营养政策、沟通传播和学校食品教育。其成员是政府咨询小组的成员。英国营养基金会由几乎所有你能想到的食品公司资助，包括可口可乐、雀巢、亿滋、百事可乐、玛氏、达能、嘉里、嘉吉。[38]

美国也存在类似情况，人们发现，美国营养与饮食学会与食品行业有着广泛的联系，其负责培训营养师并帮助制定国家食品政策。同行评议期刊《公共健康营养》（*Public Health Nutrition*）上的一篇报告显示，该组织从食品公司和行业协会那里接受了 400 多万美元的资助，涉及可口可乐、百事可乐、雀巢、好时（Hershey）、家乐氏、康尼格拉（Conagra）。[39] 而这只是在 2011 年至 2017 年的情况。此外，它们还持有 UPF 公司的大量股权，包括百事可乐、雀巢和斯马克的超过 100 万美元的股票。[40]

与此同时，回到大西洋的这边，英国糖尿病协会（Diabetes UK）将博姿（Boots）、乐购和雅培列为合作伙伴。[41] 英国癌症研究基金会（Cancer Research UK）由金巴斯（Compass）、罗德谢夫（Roadchef）、瘦身世界（Slimming World）、乐购和沃伯顿斯（Warburtons）资助。[42] 英国心脏基金会从乐购那里获取资金。[43] 英国饮食协会（British Dietetic Association）当前的战略合作伙伴包括雅培、达能和库恩（Quorn），其他食品公司也是其支持者。[44]

社会正义中心（Centre for Social Justice）撰写过一份关于肥胖政策的报

告，其中谈到身体活动和体育运动“对解决我们的肥胖危机具有根本性的重要作用”，并说到“食品和饮料行业必须与政府和公民社会合作，以终结儿童肥胖问题”。这也不完全是错的，只是提到友好与协作——鉴于该报告是由达能和阿斯达（ASDA）赞助的，也许就不足为奇了。其中一位作者透露，赞助商曾要求淡化有关促销的措辞。

与行业合作并从行业获得资金是如此如此平常的事情，因而这些群体中的很多人可能还没有完全意识到，与制造和销售 UPF 的公司合作会如何使得“健康清洗”（healthwashing）该品牌成为可能。这对企业是极好的宣传机会，因为它们在努力采取“自愿、主动的”措施——无力的承诺和迟延的策略——来挑战自己的所作所为。例如，对于那些从可口可乐公司获取资金并声称要对抗肥胖的组织，它们只不过是可口可乐市场营销部门的延伸而已。

在英国，食品激进主义（food activism）与 UPF 行业之间的界线也非常模糊。

近 20 年来，杰米·奥利弗一直是英国主要的食品活动家之一，他不断发起活动来提高学校膳食质量，实现更好的食品教育，终结垃圾食品的买一送一促销活动（新近行动）。

他致力于到 2030 年将肥胖儿童的数量减半，他目前是一个资助者联盟的成员，该联盟为名叫“反击 2030”（Bite Back 2030）的慈善机构注入资金，这个机构旨在使年轻人能够挑战不合适的食品营销，并参与英国肥胖政策的相关事宜。

我认识杰米·奥利弗，并与“反击 2030”中的很多人一起工作过。我毫不怀疑他们的目的是促进儿童健康，许多认识奥利弗并与其共事过的人都会证明他在儿童健康方面的投入和奉献。[1]但在 2021 年 10 月，我在“反

[1] 比如海伦·克劳利博士，她与奥利弗共事多年，向我强调过奥利弗的善意。

击 2030”青年峰会上看到的情形却让我感到担忧。

奥利弗和一群热诚的青年活动家在那里，其中很多人我都了解并敬重。和这些青年活动家在一起的有肯德基英国公司时任董事总经理葆拉·麦肯齐（Paula MacKenzie）、乐购的首席客户官亚历山德拉·贝里尼（Alessandra Bellini）、户户送（Deliveroo）的首席执行官，以及很多来自食品行业的成功人士。

峰会期间的对话混合了各种元素——热情但模糊的承诺、所有与会者的目标都是平等的感觉。年轻人说了一些极具感染力的话，但我觉得行业从这次活动中得到的更多。大家没有认识到，肯德基等企业的利益与反肥胖倡导人士的不一致，也不可能一致。肯德基展示了一个有说服力的案例，表明它关心肥胖问题，我相信它确实关心，但该公司的所有者要求其出售大量 UPF。它不可能在对抗肥胖的斗争中成为合作伙伴。

“反击 2030”还推出了一个名为“食物体系加速器”的项目，与多家企业一直保持合作，包括肯德基、乐购、咖世家、达能、户户送、纯真饮料（Innocent）、杰米·奥利弗集团、金巴斯集团（Chartwells UK）。年轻的活动家将与每家企业配对，以帮助高管更好地了解消费者对其产品的实际需求。

“反击 2030”的首席执行官詹姆斯·托普（James Toop）说：“每个孩子都有权利获得负担得起且有营养的食物，所以我很高兴这 8 家企业正加紧努力，致力于引领变革。总的来说，它们代表了这个国家的购物和饮食习惯，而我们联盟中坚韧不拔的年轻活动家将与它们合作，共同塑造未来的食物体系，所以这是非常激动人心的事情。”

这是对一些企业非常热情的认可和支持，但我想说，鉴于罗伯特·普罗曼和埃迪·里克松所解释的原因，它们无法做成任何有意义的事情。

这次青年峰会本身由乌龟传媒（Tortoise Media）主办，该公司与麦当劳、联合利华等合作伙伴密切合作，并刚刚推出了“最佳食物指数”（Better Food Index）。其使用有一系列来源的数据确定了 106 项不同的指标，以评估企业在环境、可负担性、营养和财务可持续性等领域“言行一致”的表现情况。乌龟传媒表示，最佳食物指数旨在“让影响力始终承担责任”，并“揭示食品行业中的一些最佳、最差做法，使人们对其更容易了解”。

令我们很多在婴幼儿喂养领域工作的人相当惊讶的是，雀巢在这一指数排名中位列第一。联合利华在乌龟传媒的“责任 100 指数”排名中居第三（而且曾经是第一），该指数考察并找出在可持续性、社会、伦理度量等关键指标方面表现最佳的企业。

面对在健康和环境方面针对这些公司的一些指控，真的很难认同这些排名。例如，绿色和平组织（Greenpeace）2019 年的一份报告指称，在与印尼森林大火关联最密切的 30 个生产者集团中，雀巢一直从其中的 28 家购买产品，联合利华的进货方起码有 27 家。[45] 其他例子请参见前面的第 18 章。

奥利弗本人就是食品行业的一员。他的公司制造 UPF（尽管属于相当边缘的产品，但由于有调味剂的存在，所以仍然是 UPF），并从 UPF 生产商和零售商乐购和壳牌那里赚钱，他的熟食套餐里有樱桃可乐、胡椒博士（Dr Pepper）、芬达等饮料，以及沃克斯公司（Walkers）的最大肯德基炸鸡风味薯片等零食。

这其中蕴含着一个明确的观点——行业可以成为减少儿童肥胖行动的合作伙伴，并且可以在激进主义不必妥协让步的情况下给予其资助，而这种观点似乎在任何地方都没有受到挑战。

没有人会认为菲利普莫里斯公司应该资助那些研究吸烟是否有害健康的医生，也没有人会认为烟草法规应该由英美烟草公司（British American Tobacco）资助的慈善机构拟定，那为什么围绕健康的食品政策应该有所不同呢？

在立法发生任何变化之前，将行业从圈子中移出需要文化上的转变。

随着越来越多的人认识到，这些企业对与饮食相关的疾病负有责任，就像烟草行业对与吸烟相关的疾病负有责任那样，对那些活动家来说，与 UPF 行业合作将逐渐变为可耻的行为。当然，若不与行业对话，你就无法设计国家食品政策。但你可以确保编写、制定政策的人不会从他们寻求监管的行业中获取金钱。这种关系不能是合作伙伴关系。

除了将行业赶出去，还有一些具体的政策值得考虑。

智利差不多是世界上肥胖率最高的国家，其四分之三的成年人超重或肥胖。官员们尤其对处于全球最高水平的儿童肥胖率感到担忧，超过一半的 6 岁儿童超重或肥胖。

2016 年，智利实施了一系列政策，对高热量、高糖、高钠、高饱和脂肪食品及饮料施加营销限制，并强制为其增加黑色八角形标签。这些食物在学校内也被禁止提供，并被课以重税。[46]

这些政策禁止将健达奇趣蛋作为零食，并从食品包装上去除了卡通动物，包括糖霜麦片（Frosted Flakes，在英国称为香甜玉米片）的托尼虎（Tony the Tiger）和奇多（Cheetos）的切斯特猎豹（Chester Cheetah），奇多的制造商百事可乐和糖霜麦片的生产商家乐氏已就此告上法庭，认为这些规定侵犯了它们的知识产权。但在撰写本书时，托尼虎和切斯特猎豹都不在包装上。①

这是政策制定技术方面的大师级课程，与公众协商后制定，然后进行测试、试验。非专业小组会议的所有参与者都希望给食品贴上明确的标签。

贴标签产生了巨大的影响，减少了食品购买量，也许最有意义的是，有研究表明，该规定使得孩子们要求其父母不购买这些产品。[48]

---

① 在健达奇趣蛋被禁止后，费列罗公司（Ferrero）的一位高管声称，里面的小玩具并不是促销工具，而是“这种零食的固有组成部分”，与此同时，意大利驻智利大使谴责其公共卫生部长发起了“食品恐怖主义”运动。[47]

这和我自己与孩子的相处经验相吻合——他们很聪明。当然，他们很容易受到市场营销的影响，但目前还没有完全被驱使。他们关心自己及其父母的健康。

目前尚不清楚，这些政策是否会给肥胖问题带来明显的变化，甚至是否能够顶得住持续的行业压力，但它们确实为解决该问题提供了模板。当人们能够做出好的选择时，他们就会这么做。

说到具体细节，我个人认为政策的目标不应该是让人们少吃 UPF。那不是政治家的事情。我不希望像克山德以前那样被别人告知要做什么。

我真心对吃 UPF 没有道德上的看法。我的朋友没一个相信这一点的，但这是真的。我不在乎你如何喂养自己或你的孩子。我们的目标应该是，你能生活在一个拥有真正的选择并且可以自由做出选择的世界中。

在考虑导致饮食相关疾病和环境破坏的食物方面，NOVA 分类并不是完美的方式，因为根本没有完美的分类。根据我的体会，它捕捉到了我们很多人挣扎着努力想要停止摄入的所有特定食物，同时，至少对于那些有资源的人来说，它拓展了可能食用的食物范围。

在决定尝试 80% UPF 饮食来看看是否能摆脱 UPF 后，这种情况发生在了克山德身上。

***

在开始他的饮食尝试的第一天，克山德从咖世家打来电话。他打算买香肠卷："我想知道是不是可以吃。含碳酸钙的是 UPF 吗？"

我现在一天到晚从朋友那里接到这样的电话。这真的不足为奇。很多现代英国商业街休闲食品都有"清洁标签"（clean labels）——就像我曾询问过玛丽亚·劳拉·达·科斯塔·卢扎达的那些千层面。我告诉克山德，非也，碳酸钙不会让他的香肠卷成为 UPF。它不算是"特别的"配料，因为它是依法添加到大多数的白面粉中的。它是滑石粉。

不过他还是读出了其余的配料："猪肉，小麦粉（含碳酸钙、铁、烟酸、硫胺素），无盐黄油，洋葱，土豆，巴氏杀菌蛋，白葡萄酒醋，油菜籽油，香料粉（黑胡椒、白胡椒、肉豆蔻），香菜，欧芹，鼠尾草，干百里香，酵母，黑胡椒碎。这还行啊，不是吗？"

在他问我关于巴氏杀菌蛋的事情时，我能听出他身后的人恼火起来了："我厨房里没有那个。"公平地说，和克山德一样，我发现自己内心始终存在这些同样的争论。NOVA 分类迫使我一直在考虑这种食物的目的。它是在一个对我的健康漠不关心的环境中创造出来的吗？它是属于带来气候变化和肥胖的食物体系中的一部分吗？它是使用一种支持人们大量摄入食物的系统生产的吗？它柔软吗？热量密度怎么样？

我开始跟他说关于柔软度和热量密度的问题，他读出了热量数。每 100 克含 294 卡路里——比巨无霸（Big Mac）多一点儿，与麦当劳的薯条大致相同。它柔软吗？包装上没有测量值，不过他感觉是柔软的。

我猜，玛莎百货史上最佳香肠卷（M&S Best Ever Sausage Roll）将是一种能够颠覆那个可以调节能量摄入的内部系统的食物。在我看来，它可能比其他一些配料更多的香肠卷所起的作用要小一些。格雷格斯将其香肠卷描述为"全英国民的最爱"："这款英国经典香肠卷是将调味香肠肉包裹在一层层酥脆的金黄色酥皮中制成，还有制作者满满的爱心。就是这样，没有什么巧妙的手法，也没有什么神秘的配料。"

在冰岛销售的格雷格斯香肠卷中大约有 40 种配料，包括单双乙酰酒石酸酯脂肪酸单双甘油酯、羧甲基纤维素。

很难想象你可以做哪种实验来让这两种产品做面对面比较。这需要大量的志愿者，而且两者的差异可能非常微小。

克山德决定去别处买一个绝对是 UPF 的香肠卷。

然后，第三天，克山德停下来，不吃 UPF 了，之后再也没有回头。

第 20 章 若想停止摄入 UPF，可以做些什么

若你想停止摄入 UPF，那么可以尝试克山德和我做过的事情：采用 80% UPF 饮食，保持几天。你不需要做满 4 周。去找出 UPF 并努力应对。你会发现自己面对的是农家馅饼或千层面，这些处于 NOVA 分类四食物定义的顶端，可能只是有一点儿香料提取物或一些右旋糖，你会试图弄清楚“这是 UPF 吗？”然后你就会明白玛丽亚・劳拉・达・科斯塔・卢扎达所说的“幻想中的食物”是什么意思。你会啃咬一些廉价的巧克力或味道浓烈的薯片，听到费尔南达・劳伯在耳边说：“这不是食物。它是一种工业生产的可食用物质。”

假如你意识到自己可能与食物存在上瘾关系，可以上网搜索耶鲁大学食物成瘾量表（Yale Food Addiction Scale）来做测试。若你认为自己处于上瘾状态，如果可以的话，请寻求他人的帮助——无论是朋友、亲戚还是医生。

你或许想采取某种方法，吃一些 UPF，但会避开有问题的产品。你也许能识别出容易受到诱惑而动摇的时刻和食物，所以在与朋友一起吃 UPF 午餐三明治时不会引发暴饮暴食，但独自在家饿着肚子吃薯片时则或许更有可能失控。

你可能会发现，禁食 UPF 要容易得多。克山德和我认为这是最好的方法。我们与它的关系是一种瘾，对我们来说，禁食是唯一的解决办法。克山德告别了 UPF，体重在几个月内下降了 20 千克左右。他做到了完全禁食，

从未破例。

请记住，UPF 只是一种物质，借助它，你可以意识到其他问题。我们之所以会吃它，通常有很多原因。这些往往也是我们中的很多人苦苦挣扎于对其他物质上瘾的原因。在能够搞定 UPF 之前，你可能必须先解决其他一些问题。你或许知道都是些什么问题。同样地，你可以寻求帮助。

假如你确实不再吃 UPF 了，那就需要吃点别的东西，这会花费你更多的时间和金钱。市面上有很多适合预算有限的人使用的烹饪书，不过我要特别推荐两位作者：阿莱格拉・麦克维迪（Allegra McEvedy）、杰克・门罗（Jack Monroe）。她们的食谱便宜、简单、美味可口。做饭是件麻烦事，却能将你与那些在时间长河中绵延不绝的人类联系在一起，从而造就了你。

你的体重可能不会大幅下降。我在一开始就说过，这不是一本减肥书。在写作本书之前，巴里・史密斯和我合作过播客（《对食物成瘾》），在那之后，他戒掉了 UPF。他的学生开始称他为“原始人巴里”，这反映出，我们的食物体系已经毁坏到了多么严重的程度，只是吃普通食物就能让你变成某种诡异的饮食怪胎。不管怎样，他觉得，既然已经离开了 UPF，那就可以随心所欲地吃奶酪、黄油和真正的面包。但早在麦芽糊精发明出来之前，像我和巴里这个年纪的男性就已经会长胖了。他很快发现，摄入奶酪的确需要有节制。

我们是超加工人，不仅仅是因为我们吃的食物，我们购买的很多其他产品也都是为了驱动过度消费而设计的，如我们的手机和应用程序、衣服、社交媒体、游戏和电视节目。有时候这些东西会让人感觉，它们索取的远比给予的多，对增长的需求及其对我们身体和地球造成的伤害是我们这个世界重要的构成部分，而这几乎不为人注意。你或许会发现，戒掉一部分其他产品也会很有帮助。

最后，请确保像克山德那样，对自己想做的事情承担起全部责任。还有，不要过分责备自己。

无论发生了什么，都请不要自责，但一定要联系我，让我知道事情的进展。

致 谢

我在生活中只有一项真正的技能，那就是让自己周围都是能力比我大得多的人。事实证明，这一点至关重要，因为我大大低估了撰写本书的难度，我需要很多人的很多帮助才能完成它。

以下列出了一些人，没有特定的顺序，如果没有其中一些人，本书不会存在；如果没有其中一些人，本书会更差；其中一些人给予了我支持，使我能够撰写本书。

首先是我的母亲姬特（Kit）和我的父亲安东尼（Anthony）。妈妈爸爸排第一不仅是因为生物学逻辑，还由于在我的一生中，他们为我（和我的兄弟们）创造了一个一切似乎皆有可能的环境。妈妈也是我认识的最好的厨师，还是一位专业编辑，所以她也确实帮助创作了本书，书中的很多想法都是她提出来的。

我有 3 位才华横溢的编辑，他们对本书第二稿返回的评论如此全面详尽，总量几乎占终稿长度的 20%。基石出版社（Cornerstone Press）的海伦·康福德（Helen Conford）吸收了我错过最后期限所带来的压力，就像裂变反应堆中的碳棒……她承受了如此之多，以至于我直到很久以后才知道有这些压力。她有时很严酷，总是变化莫测，超级有趣，绝对是我希望面对的最好的编辑。

美国 WW 诺顿出版公司（WW Norton）的梅兰妮·托特罗里（Melanie Tortoroli）和加拿大克诺夫出版社（Knopf）的瑞克·迈耶（Rick Meier）以如此温暖、幽默的方式完成了很需要提出的精彩评论，使得努力修正所有问题几乎成了我的一种享受。他们对初稿的热情让我能够坚持下去。

基石出版社的团队对我的支持远超预期。我的推介人埃蒂·伊斯特伍德（Etty Eastwood）不知疲倦地将本书中的理念带给尽可能多的人。克莱尔·布什（Claire Bush）和夏洛特·布什（Charlotte Bush）（非亲属）都像英雄一样在营销和推广方面各自表现出色。负责销售的马特·沃特森（Matt Waterson）和负责版权的彭妮·利奇提（Penny Liechti）帮助我的书触达更多的读者。乔安娜·泰勒（Joanna Taylor）监督编辑过程，奥德兰·唐格（Odhran O'Donoghue）编辑副本到一定的详细程度，有时这让人感到羞愧，但绝对有必要。任何遗留的错误当然都是我自己的。

RCW 组稿商（RCW Literary Agency）的佐伊·沃尔迪（Zoë Waldie）是最好的文稿代理人。从关于本书结构与合同的重大决策到逗号的位置，她在每个阶段都是朋友、导师、向导。假如没有她或 RCW 的团队，这本书就不会存在。

米兰达·查德威克（Miranda Chadwick）在开始代表我之前就是我的朋友。没有她的话，这本书也不会存在。她是最好的广播电视节目经纪人，没有之一，也是我拥有事业的原因。杰米·斯拉特里（Jamie Slattery）是她的丈夫，若没有他，我生活的任何方面都无法运转。他们俩是我生命中最重要的两个人之一。

詹姆斯·布朗宁（James Browning）是佐伊派来协助我做计划建议的，一年后，他感觉他就像是我们家的一员。他一周又一周地充当着顾问的角色，帮助我理解书籍内容与一系列没有关联的事实陈述之间的区别。

从我记事前开始，亚历山大·格林（Alexander Greene）就一直是我的好朋友，他从未动摇过对我写这本书的热情和鼓励。他在意大利的农场出售一些食物。

莉齐·博尔顿最先提供了关于 UPF 的论文让我阅读——她是我的很多英国广播公司纪录片的幕后策划人之一，包括《我们在喂给孩子吃什么？》（*What Are We Feeding Our Kids?*），该片与 UPF 有关，拍摄了本书中提到的饮食实验。如果没有她和多米尼克·沃克（Dominique Walker）——其出色地执行制作了我的大部分纪录片，杰克·布特尔（Jack Bootle）——其开发、执行、现在在委托制作它们，汤姆·麦克唐纳（Tom McDonald）——其在英国广播公司照顾了我多年，本书也不会存在。英国广播公司的独特之处在于其不接受任何商业资助，并拥有一支由内部专员和律师组成的勇敢团队，多年来，他们一直大胆地支持我播报对健康有决定性影响的商业因素。我们都很幸运有它的存在。

海伦·克劳利是一位食物政策专家，是本书的专家评审人之一，很可能也是我在食物的各个方面都最值得信赖的信息来源，从科学营养证据的细节到政策的制定方式。她是一位才华出众的人。

卡洛斯·蒙泰罗及其团队给予了我大量的时间和建议，尤其是卡洛斯本人、费尔南达·劳伯、杰弗里·坎农（其讲了好几个小时，并发给了我大量有价值的研究资料）、玛丽亚·劳拉·达·科斯塔·卢扎达、捷尔吉·斯克里尼斯、让-克劳德·穆巴拉克。

还有来自英国土壤协会的罗伯·珀西瓦尔、海伦·布朗宁（Helen Browning）。罗伯让人感觉其在该问题的几乎每个方面都近乎无所不知。海伦对商品食品经济学给出了我听过的第一个也是迄今为止最清晰的解释。正是在第一次与他们交谈过后，我才真正“明白、理解了”。

在开始撰写本书时，我采访了多莉·泰斯（Dolly Theis），其对食物的理论和政治以及相关政策有着深刻的理解，她现在是我家庭的一员。她是贯穿全书的很多理念的核心支持者，尤其是最后一章中那些关于未来前进之路的观点。

安德鲁和克莱尔·卡维（Claire Cavey）是两位我最亲爱的朋友，我和他们争论过本书中的每一个字。安德鲁不能容忍马马虎虎的争论，这令人恼火，但也是他最好的方面之一。

贾尔斯·杨非常棒，他对我的影响超出了他自己的想象。他的著作有

《基因与饮食》《为什么热量不算数》。

梅丽莎·汤普森告诉我的关于食物、历史和文化的信息比我能写进书中的要多得多。她的著作有《家乡：牙买加食谱》(*Motherland: A Jamaican Cookbook*)。

奥布里·戈登主持播客《维护阶段》，任何对科学、健康、体重和人类感兴趣的人都需要收听该播客。她非常慷慨地提供了关于如何在不污名化的情况下讨论体重的建议。她的著作《我们谈论脂肪时不谈论什么》(*What We Don't Talk About When We Talk about Fat*)与《"你确实需要减肥"：以及其他 19 个关于肥胖人士的迷思》(*"You Just Need to Lose Weight": And 19 Other Myths About Fat People*)是必读之书。

在伦敦大学学院，雷切尔·巴特汉姆一直是我的朋友，并且在很多项目上是我的导师。山姆·迪肯、珍妮·马卡罗尼迪斯(Janine Makaronidis)、克劳迪娅·甘迪尼·惠勒-金肖特对本书和其他项目的贡献比他们意识到的要多。

比·威尔逊撰写了我读过的关于 UPF 的最可靠的文章(发表于《卫报》，莉齐·博尔顿交给我的)。我很幸运能和她做朋友。除了对一些想法进行了缜密思考并做出周到的评论，她还将我介绍给了娜奥米·阿尔德曼(Naomi Alderman)，后者告诉我如何接受批评及金钱是如何运作的。

凯文·霍尔在我身上花费了大量的时间，并始终让我的观点有证据支撑(在很大程度上！)。

克里斯·斯诺登非常慷慨地花时间与我讨论。我们在很多方面有共识，我希望有朝一日他会离开英国经济事务研究所，将其卓越的天赋投入为每个人创造更美好的世界中。

在巴西的穆阿纳——宝拉·科斯塔·费雷拉、来自天主教非政府组织 Pastoral da Criança 的利泽特·诺瓦埃斯、格拉西利亚诺·席尔瓦·雷莫、利奥及其家人。特里斯坦·奎因(Tristan Quinn)执导了英国广播公司纪录片《我们在喂给孩子吃什么？》的巴西部分。阿拉斯代尔·利文斯顿（Alasdair Livingston）是非凡的摄影指导，汤姆·贝尔（Tom Bell）负责统筹工作。

保罗·哈特一直追踪着我的运行轨迹，确保我不会偏离“滑雪道”太远。他友好地审阅了文本，并提供了大量的技术和伦理专业知识。他和莎朗让研究变得非常有趣。

关于胰岛素，我或许不同意加里·陶布斯的观点，但我真的很喜欢和他交谈，谈话结束时，我比刚开始还要钦佩他。

我以前从未考虑过哲学和神经科学，巴里·史密斯为我解释清楚了这一全新的领域，并帮助我理解了UPF如何作用于身体和大脑。他相当慷慨，提出了大量想法。

克莱尔·卢埃林在伦敦大学学院研究双胞胎，在描述基因与环境之间的关系方面完成了一些最重要的工作。总体上，与她的讨论及她的研究中有本书里一些最重要的概念、观念。

安东尼·法尔代给我讲述了关于食物矩阵的内容，并调整了我处理科学问题的方式。

苏西·辛格勒运营着“拯救抗生素联盟”，正在帮助我们所有人活下去。

关于克拉拉·戴维斯，本·舍恩德林（Ben Scheindlin）跟我谈了很久，加拿大记者斯蒂芬·施特劳斯（Stephen Strauss）也是如此，他花费数年时间挖掘了能找到的关于她的一切。斯蒂芬慷慨得不可思议，他分享了这项研究以及许许多多其他关于营养的极为有趣的杂录。

马特·博斯沃思（Matt Bosworth）提供了非常宝贵而令人害怕的初期法律建议（免费！）。

汤姆·内尔特纳和马里塞尔·马菲尼在美国环保协会（Environmental Defense Fund）工作，试图让美国食药监局对食品添加剂负责。他们是真正的鳄龟。哈佛大学的艾米丽·布罗德·莱布也在研究同样的问题，并运用了最佳研究方法，我认为她也是鳄龟：她帮助我了解到食品添加剂对我们所有人的影响并不相同。

莎拉·菲纳（Sarah Finer）是医生和科学家，多年来和我进行了很多讨论，一直在塑造我的思想。

我很幸运在医学院有很多宽容而专业的老师，其中休·多尔金（Huw Dorkins）和保罗·丹尼斯（Paul Dennis）尤其支持我，对我后来职业生涯的影响超出了他们中任何一个人的想象。

关于莎朗·纽森，我在书中没有说到的是，她在很大程度上改变了我对肥胖的各个方面的看法以及我们讨论体重的方式。在她开始将我推向正确的方向之前，我花了很长时间将她推向错误的方向。她是一位真正的专家和很棒的朋友。

埃迪·里克松在很短的时间内出色地解释了农场经营和食品生意，当时《行动嗷！》（*Operation Ouch!*，英国广播公司的电视节目）节目组接管了他的农场。

伦敦大学学院的蒂姆·科尔（Tim Cole）花了如此之多的时间来精确地解释，那些试图断言儿童肥胖是想象出来的事的人是多么难以捉摸，他们的想法肯定是错的。这是一个可爱的、能给人以激励的人。

大卫·比勒（David Biller）拥有银行家对所有事情无所不知的特质，使我少了一点儿天真幼稚，同时还让我与罗伯特·普罗曼等行业专家、匿名管理咨询顾问和易卜拉欣·纳杰菲（Ibrahim Najafi）建立了联系。这些贡献者与我交谈没有任何收获（还会有很多损失），但是都非常慷慨地提供了自己的时间和知识。

帕蒂·兰达尔（Patti Rundall）比任何人都更了解食品公司之间的军备竞赛，在保护世界各地儿童免受掠夺性营销方面，她是一股巨大的力量，同时也是不断给他人以鼓舞的人。这本书的每一页都有她的影响。

能与联合国儿童基金会英国分部的整个团队一起工作真的让我感到自豪，无论他们是作为专业人士还是支持者，尤其是凯瑟琳·沙茨（Katherine Shats）、格兰妮·莫洛尼（Grainne Moloney）、克莱尔·夸勒尔（Claire Quarrell）和杰西卡·格雷（Jessica Gray）。

在撰写本书之前，世界卫生组织的诸多专家和同事为很多学术工作提供了帮助，我非常自豪能与他们一起工作，其中包括奈杰尔·罗林斯（Nigel Rollins）、托尼·沃特斯顿（Tony Waterston）、拉里·格鲁莫–斯特朗（Larry Grummer-Strawn）、尼娜·查德（Nina Chad）和安娜·格鲁丁（Anna Gruending）。

维多利亚·肯特（Victoria Kent）和莎拉·哈尔平（Sarah Halpin）提炼出了很多关于 UPF 的观点，并为我下厨做了许多非 UPF 的食物。维多利亚以一种甚至连我都能理解的方式解释了投资与金钱。

英国国家食品战略（National Food Strategy）的团队多次为我提供了很好的食物，并且影响了本书中的大部分讨论。塔姆辛·库珀（Tamsin Cooper）、亨利·丁布尔比（Henry Dimbleby）和杰迈玛·丁布尔比（Jemima Dimbleby）真正教会了我如何做这件事。这就是为何你会在这些页面中看到如此频繁地出现对他们计划引用的原因。

在撰写本书之前，乔·朗特里（Jo Rowntree）、菲利·博蒙特（Philly Beaumont）、理查德·贝瑞（Richard Berry）和海丝特·康特（Hester Cant）制作了播客《对食物成瘾》。他们都很了不起，让我比以往任何时候都更认真地思考食物的问题。

也感谢玛丽恩·内斯特尔、菲尔·贝克（Phil Baker）、妮可·阿维纳、萨达夫·法鲁奇、安德里亚·塞拉、梅丽莎·米亚隆（Mélissa Mialon）、鲍勃·博伊尔、戈登·汉密尔顿（Gordon Hamilton）及其全家、苏珊·杰布（Susan Jebb，在一起做的很多纪录片中，苏珊一直给予了极大的帮助）。

那些接受大幅减薪的科学家、活动家和临床医生用他们的一生来减少不平等，让这个世界成为对生活于其间的每个人都更美好的地方，包括我和我的孩子们。从可口可乐公司获取金钱总是更容易的事。

伦敦热带病医院（Hospital for Tropical Diseases）的每个人，尤其是莎拉·罗根（Sarah Logan）、菲尔·戈特哈德（Phil Gothard）、迈克·布朗（Mike Brown），都一直给予我帮助，使我找到了让我的职业生涯顺利进行下去的道路。我很幸运能在世界一流的医院伦敦大学学院医学院工作，周围都是支持、挑战我的人，另外还给了我灵活性，让我在从事临床工作的同时拥有一份事业。

每周与我一起工作的人都是不断涌现的灵感的来源，他们在各个方面都相当出色。我要特别大声感谢安娜·切克利（Anna Checkley）、安娜·拉斯特（Anna Last）和尼基·朗利（Nicky Longley）。

毋庸置疑，对于我的临床、学术和传播工作之间很多交叉重叠的事务，伦敦大学学院医学院的交流团队是起到重要作用的核心人员，尤其是雷切尔·梅班克（Rachel Maybank）、莎朗·斯皮特里（Sharon Spiteri）和米凯拉基廷（Michaela Keating）。

在英国国家医疗服务体系（National Health Service，NHS）中做一名医生是一种荣幸，让我学到最多东西的人是我的患者，他们教会了我这一点——我们吃的东西与我们的环境更有关联，而非我们的欲望。英国国家医疗服务体系是对抗商业力量的最后堡垒之一，而商业力量是当前我们这个星球上人类过早死亡的主要原因。如果我们将医疗保健私有化，并且允许其像食品和烟草公司那样以相同的一套激励机制运作，我们会失去一些永远无法重建的东西。这是一个真实而紧迫的风险。

我要感谢伦敦大学学院，其给了我一个学术之家和与之相伴的巨大的自由。格雷格·托尔斯和理查德·米尔恩（Richard Milne）以其持久的温和与耐心使我获得了博士学位，他们研究世界的方式影响了我所做的一切。他们都阅读了初期的草稿，帮了我大忙。

《英国医学期刊》，特别是其团队成员丽贝卡·库姆斯（Rebecca Coombes）、菲·高德利（Fi Godlee）、卡姆兰·阿巴西（Kamran Abbasi）、詹妮弗·理查森（Jennifer Richardson）和彼得·多希（Peter Doshi），多年来一直支持我的学术工作。不仅如此，它还通过拒绝配方奶粉行业的资助来为自己的出版物承担责任。我总是为能在它的页面上发表文章而感到无比自豪。

谢尔德雷克（Sheldrake）全家［尤其是默林（Merlin）］为我解释了如何撰写一本书："这就像一场派对——每个人都得知道洗手间在哪里，每个人都需要喝一杯。"艾普尔·史密斯（April Smith）和杰基·道尔顿（Jackie Dalton）一起为我们在家里举办了整场演出。埃尔克·麦尔（Elke Maier）发给了我关于煤黄油的宝贵研究资料。感谢亚当·卢瑟福，汉娜·弗莱，马克·史盖兹克，橡树屋餐厅（Oak Room）的杜松子酒饮者（Gin Drinkers），罗尼克斯医生（Dr Ronx），艾米·布朗，亨利与尼古拉·贝姆-库克（Nicola Byam-Cook），玛格丽特·麦卡特尼（Margaret McCartney），拉尔夫·伍德林（Ralph Woodling，其告诉我关于电子与化学的知识），劳娅乐·利物浦（Layal Liverpool），埃斯特·瓦莫斯（Eszter Vamos），戴夫·沙玛（Dev Sharma），克里斯蒂娜·阿丹，杰米·奥利弗，尼基·怀特曼（Nicki Whiteman），维姬·库珀（Vicki Cooper），莫妮卡·高希（Monika Ghosh），泽巴·劳（Zeba Lowe）与丹·布罗克班克（Dan Brocklebank，另一位了解并善于解释金钱的老朋友）。感谢罗西·海尼斯（Rosie Haines，其拥有 Scolt Head 酒吧和 Sweet Thursday 比萨店，这是我最好的也是唯一的非 UPF 快餐来源），安德里亚斯·威斯曼（Andreas Wesemann，其告诉我关于经济学的知识，并严厉指责我懒于思考）。阿拉斯代尔·康特修复了我与我兄弟的关系，并让我明白，要求改变并非实现改变的最佳方式。《行动嗷！》团队就像一家人那样，能够忍受长达数周有益的 UPF 讨论。

我和我了不起的岳母克莉丝汀（Christine）住在一起，她一直激励着我、黛娜和我的女儿们。我的工作依赖她的博士论文，所以我实际上是基于她的成果来写这本书的（她以最好的方式对我的日常行为产生了巨大的影响）。

我的连襟和嫂子瑞恩、齐德、玛莎（Martha）、利亚（Leah）是最好的家人，我为有他们这样的家人而感到无比幸运。

我的兄弟克山德和布莱特（Bratty）是我最好的朋友，我做任何事情之前都要和他们俩进行冗长乏味的讨论。除了海伦·康福德（在这件事情上），他们的意见比其他任何人的都重要。在长达 10 年的身体对抗和激烈争论中，我的双胞胎兄弟克山德形成了中心论点，最终他赢了。布莱特是将我和克山德紧密联系在一切的黏合剂。

我完美的侄子朱利安可能没有意识到，他让我和克山德对这些书页中的内容思考了很多。

我的两个女儿是这些致谢中唯一对本书中的任何内容都不感兴趣的人。她们俩都是 UPF 的狂热消费者，除了毫不意外地愿意参加很多饮食试验，她们的贡献完全是负面的。

最后是我的妻子黛娜，她对我生命中一切美好的东西负责。她讨厌这类事情，但她是我认识的最好的人。

注　释

前　言

[1] Jacobs FMJ, Greenberg D, Nguyen N, et al. An evolutionary arms race between KRAB zinc-finger genes *ZNF91/93* and *SVA/L1* retrotransposons. *Nature* 2014; 516: 242–45.

[2] Villarreal L. *Viruses and the Evolution of Life*. London: ASM Press, 2005.

[3] Hauge HS. Anomalies on Alaskan wolf skulls. 1985. Available from: http://www.adfg.alaska.gov/static/home/library/pdfs/wildlife/research_pdfs/anomalies_alaskan_wolf_skulls.pdf.

[4] Mech LD, Nelson ME. Evidence of prey-caused mortality in three wolves. *The American Midland Naturalist* 1990; 123: 207–08.

[5] Rauber F, Chang K, Vamos EP, et al. Ultra-processed food consumption and risk of obesity: a prospective cohort study of UK Biobank. *European Journal of Nutrition* 2020; 60: 2169–80.

[6] Chang K, Khandpur N, Neri D, et al. Association between childhood consumption of ultraprocessed food and adiposity trajectories in the Avon Longitudinal Study of Parents and Children birth cohort. *JAMA Pediatrics* 2021; 175: e211573.

[7] Baraldi LG, Martinez Steele E, Canella DS, et al. Consumption of ultra-processed foods and associated sociodemographic factors in the USA between 2007 and 2012: evidence from a nationally representative cross-sectional study. *BMJ Open* 2018; 8: e020574.

[8] Rodgers A, Woodward A, Swinburn B, Dietz WH. Prevalence trends tell us what did not precipitate the US obesity epidemic. *Lancet Public Health*. 2018 Apr; 3(4):e162–3.

[9] Theis DRZ, White M. Is obesity policy in England fit for purpose? Analysis of government strategies and policies, 1992–2020. *The Milbank Quarterly* 2021; 99: 126–70.

[10] Cole T. Personal communication. 2022.

[11] NCD Risk Factor Collaboration. Height and body-mass index trajectories of school-aged children and adolescents from 1985 to 2019 in 200 countries and territories: a pooled analysis of 2181 population-based studies with 65 million participants. *Lancet* 2020; 396: 1511–24.

[12] National Food Strategy. National food strategy (independent review): the plan. 2021.

Available from: https://assets.publishing.service.gov.uk/government/uploads/system/uploads/attachment_data/file/1025825/national-food-strategy-the-plan.pdf.
[13] UK Government. Obesity statistics. 2022. Available from: https://researchbriefings.files.parliament.uk/documents/SN03336/SN03336.pdf.
[14] Hiscock R, Bauld L, Amos A, Platt S. Smoking and socioeconomic status in England: the rise of the never smoker and the disadvantaged smoker. *Journal of Public Health* 2012; 34: 390–96.

第 1 章　为何我的冰激凌中有细菌黏液——UPF 的发明

[1] Avison Z. Why UK consumers spend 8% of their money on food. 2020. Available from: https://ahdb.org.uk/news/consumer-insight-why-uk-consumers-spend-8-of-their-money-on-food.
[2] Office for National Statistics. Living costs and food survey. 2017. Available from: https://www.ons.gov.uk/peoplepopulationandcommunity/personalandhouseholdfinances/incomeandwealth/methodologies/livingcostsandfoodsurvey.
[3] Scott C, Sutherland J, Taylor A. Affordability of the UK's Eatwell Guide. 2018. Available from https://foodfoundation.org.uk/sites/default/files/20210–10/Affordability-of-the-Eatwell-Guide_Final_Web-Version.pdf.
[4] BeMiller JN. One hundred years of commercial food carbohydrates in the United States. *Journal of Agricultural and Food Chemistry* 2009; 57: 8125–29.
[5] Centre for Industrial Rheology. Hellman's [sic] *vs* Heinz: mayonnaise fat reduction rheology. Available from: https://www.rheologylab.com/articles/food/fat-replacement/.
[6] di Lernia S, Gallinaro M. The date and context of neolithic rock art in the Sahara: engravings and ceremonial monuments from Messak Settafet (south-west Libya). *Antiquity* 2010; 84: 954–75.
[7] di Lernia S, Gallinaro M, 2010.
[8] Dunne J, Evershed RP, Salque M, et al. First dairying in green Saharan Africa in the fifth millennium BC. *Nature* 2012; 486: 390–94.
[9] Evershed RP, Davey Smith G, Roffet-Salque M, et al. Dairying, diseases and the evolution of lactase persistence in Europe. *Nature* 2022; 608: 336–45.
[10] List GR. Hippolyte Mège (1817–1880). *Inform* 2006; 17: 264.
[11] Rupp R. The butter wars: when margarine was pink. 2014. Available from: https://www.nationalgeographic.com/culture/article/the-butter-wars-when-margarine-was-pink.
[12] Khosrova E. *Butter: A Rich History*. London: Appetite by Random House, 2016.
[13] McGee H. *On Food and Cooking: The Science and Lore of the Kitchen* (revised edition). London: Scribner, 2007.

[14] Snodgrass K. Margarine as a butter substitute. *Oil & Fat Industries* 1931; 8: 153.

[15] SCRAN. Whale oil uses. 2002. Available from: http://www.scran.ac.uk/packs/exhibitions/learning_materials/webs/40/margarine.htm.

[16] Nixon HC. The rise of the American cottonseed oil industry. *Journal of Political Economy* 1930; 38: 73–85.

第 2 章　我宁愿来 5 碗可可力——UPF 的发现

[1] Monteiro CA, Cannon G, Lawrence M, et al. Ultra-processed foods, diet quality, and health using the NOVA classification system. Rome: Food and Agriculture Organization of the United Nations, 2019.

[2] Ioannidis JPA. Why most published research findings are false. *PLoS Medicine* 2005; 2: e124.

[3] Rauber F, da Costa Louzada ML, Steele EM, et al. Ultra-processed food consumption and chronic non-communicable diseases-related dietary nutrient profile in the UK (2008–2014). *Nutrients* 2018; 10: 587.

[4] Rauber et al, 2020.

[5] Chang et al, 2021.

[6] Rauber F, Steele EM, da Costa Louzada ML, et al. Ultra-processed food consumption and indicators of obesity in the United Kingdom population (2008–2016). *PLoS One* 2020; 15: e0232676.

[7] Martínez Steele E, Juul F, Neri D, Rauber F, Monteiro CA. Dietary share of ultra-processed foods and metabolic syndrome in the US adult population. *Preventive Medicine* 2019; 125: 40–48.

[8] Public Health England. Annex A: The 2018 review of the UK Nutrient Profiling Model. 2018. Available at https://assets.publishing.service.gov.uk/government/uploads/system/uploads/attachment_data/file/694145/Annex__A_the_2018_review_of_the_UK_nutrient_profiling_model.pdf.

[9] Levy-Costa RB, Sichieri R, dos Santos Pontes N, et al. Household food availability in Brazil: distribution and trends (1974–2003). *Revista de Saúde Pública* 2005; 39: 530–40.

[10] Pollan, M. Unhappy meals. 2007. Available at https://www.nytimes.com/2007/01/28/magazine/28nutritionism.t.html.

[11] Rutjes AW, Denton DA, Di Nisio M, et al. Vitamin and mineral supplementation for maintaining cognitive function in cognitively healthy people in mid and late life. *Cochrane Database of Systematic Reviews* 2018; 12: CD011906.

[12] Singal M, Banh HL, Allan GM. Daily multivitamins to reduce mortality, cardiovascular disease, and cancer. *Canadian Family Physician* 2013; 59: 847.

[13] Officer CE. Antioxidant supplements for prevention of mortality in healthy participants and patients with various diseases. *Cochrane Database of Systematic Reviews* 2012; 3: CD007176.

[14] Snowdon C. What is "ultra-processed food"? 2022. Available from: https://velvetgloveironfist.blogspot.com/2022/01/what-is-ultra-processed-food.html.

[15] Your Fat Friend. The bizarre and racist history of the BMI. 2019. Available from: https://elemental.medium.com/the-bizarre-and-racist-history-of-the-bmi-7d8dc2aa33bb.

第 3 章 "超加工食品"听上去很不好，但它真的是个问题吗

[1] Hall KD, Sacks G, Chandramohan D, et al. Quantification of the effect of energy imbalance on bodyweight. *Lancet* 2011; 378: 826–37.

[2] Fothergill E, Guo J, Howard L, et al. Diet versus exercise in 'The Biggest Loser' weight loss competition. *Obesity* 2013; 21: 957–59.

[3] Hall KD, Ayuketah A, Brychta R, et al. Ultra-processed diets cause excess calorie intake and weight gain: an inpatient randomized controlled trial of ad libitum food intake. *Cellular Metabolism* 2019; 30: 67–77.

[4] Martini D, Godos J, Bonaccio M, et al. Ultra-processed foods and nutritional dietary profile: a meta-analysis of nationally representative samples. *Nutrients* 2021; 13: 3390.

[5] October 28. Health inequalities and obesity. 2020. Available from: https://www.rcplondon.ac.uk/news/health-inequalities-and-obesity.

[6] Fiolet T, Srour B, Sellem L, et al. Consumption of ultra-processed foods and cancer risk: results from NutriNet-Santé prospective cohort. *British Medical Journal* 2018; 360: k322.

[7] Zhong G-C, Gu H-T, Peng Y, et al. Association of ultra-processed food consumption with cardiovascular mortality in the US population: long-term results from a large prospective multicenter study. *International Journal of Behavioral Nutrition and Physical Activity* 2021; 18: 21.

[8] Schnabel L, Kesse-Guyot E, Allès B, et al. Association between ultraprocessed food consumption and risk of mortality among middle-aged adults in France. *JAMA Internal Medicine* 2019; 179: 490–98.

[9] Rico-Campà A, Martínez-González MA, Alvarez-Alvarez I, et al. Association between consumption of ultra-processed foods and all cause mortality: SUN prospective cohort study. *British Medical Journal* 2019; 365: l1949.

[10] Kim H, Hu EA, Rebholz CM. Ultra-processed food intake and mortality in the USA: results from the Third National Health and Nutrition Examination Survey (NHANES Ⅲ, 1988–1994). *Public Health Nutrition* 2019; 22: 1777–85.

[11] Bonaccio M, Di Castelnuovo A, Costanzo S, et al. Ultra-processed food consumption is associated with increased risk of all-cause and cardiovascular mortality in the Moli-sani Study. *American Journal of Clinical Nutrition* 2021; 113: 446–55.

[12] Chen X, Chu J, Hu W, et al. Associations of ultra-processed food consumption with cardiovascular disease and all-cause mortality: UK Biobank. *European Journal of Public Health* 2022; 32: 779–85.

[13] Bonaccio et al, 2021.

[14] Kim et al, 2021.

[15] Srour B, Fezeu LK, Kesse-Guyot E, et al. Ultra-processed food intake and risk of cardiovascular disease: prospective cohort study (Nutri-Net-Santé). *British Medical Journal* 2019; 365: l1451.

[16] Fiolet et al, 2018.

[17] Llavero-Valero M, Martín JE-S, Martínez-González MA, et al. Ultraprocessed foods and type-2 diabetes risk in the SUN project: a prospective cohort study. *Clinical Nutrition* 2021; 40: 2817–24.

[18] Srour B, Fezeu LK, Kesse-Guyot E, et al. Ultraprocessed food consumption and risk of type 2 diabetes among participants of the NutriNet-Santé prospective cohort. *JAMA Internal Medicine* 2020; 180: 283–91.

[19] Jardim MZ, Costa BVdL, Pessoa MC, et al. Ultra-processed foods increase noncommunicable chronic disease risk. *Nutrition Research* 2021; 95: 19–34.

[20] Silva Meneguelli T, Viana Hinkelmann J, Hermsdorff HHM, et al. Food consumption by degree of processing and cardiometabolic risk: a systematic review. *International Journal of Food Sciences and Nutrition* 2020; 71: 678–92.

[21] de Mendonça RD, Lopes ACS, Pimenta AM, et al. Ultra-processed food consumption and the incidence of hypertension in a Mediterranean cohort: the Seguimiento Universidad de Navarra Project. *American Journal of Hypertension* 2017; 30: 358–66.

[22] Zhang S, Gan S, Zhang Q, et al. Ultra-processed food consumption and the risk of non-alcoholic fatty liver disease in the Tianjin Chronic Low-Grade Systemic Inflammation and Health Cohort Study. *International Journal of Epidemiology* 2021; 51: 237–49.

[23] Narula N, Wong ECL, Dehghan M, et al. Association of ultra-pro-cessed food intake with risk of inflammatory bowel disease: prospective cohort study. *British Medical Journal* 2021; 374: n1554.

[24] Lo C-H, Khandpur N, Rossato S, et al. Ultra-processed foods and risk of Crohn's disease and ulcerative colitis: a prospective cohort study. *Clinical Gastroenterology and Hepatology* 2022; 20: 1323–37.

[25] Gómez-Donoso C, Sánchez-Villegas A, Martínez-González MA, et al. Ultra-processed food consumption and the incidence of depression in a Mediterranean cohort: the SUN project. *European Journal of Nutrition* 2020; 59:1093–103.

[26] Schnabel L, Buscail C, Sabate J-M, et al. Association between ultraprocessed food consumption and functional gastrointestinal disorders: results from the French NutriNet-Santé cohort. *American Journal of Gastroenterology* 2018; 113: 1217–28.

[27] Zhang S, Gu Y, Rayamajhi S, et al. Ultra-processed food intake is associated with grip strength decline in middle-aged and older adults: a prospective analysis of the TCLSIH study. *European Journal of Nutrition* 2022; 61: 1331–41.

[28] Schnabel et al, 2018.

[29] Li H, Li S, Yang H, et al. Association of ultraprocessed food consumption with risk of dementia: a prospective cohort study. *Neurology* 2022; 99: e1056–66.

[30] Li et al, 2022.

[31] Bonaccio et al, 2021.

[32] Kim et al, 2019.

[33] Chen et al, 2022.

[34] Rico-Campà et al, 2019.

[35] Romero Ferreiro C, Lora Pablos D, Gómez de la Cámara A. Two dimensions of nutritional value: Nutri-Score and NOVA. *Nutrients* 2021; 13(8).

[36] Gibney MJ, Forde CG, Mullally D, Gibney ER. Ultra-processed foods in human health: a critical appraisal. *American Journal of Clinical Nutrition* 2017; 106: 717–24.

[37] Tobias DK, Hall KD. Eliminate or reformulate ultra-processed foods? Biological mechanisms matter. *Cell Metabolism* 2021; 33: 2314–15.

[38] Corrigendum to *The American Journal of Clinical Nutrition*, Volume 107, Issue 3, March 2018, Pages 482–3. Available from: https://academic. oup.com/ajcn/article/107/3/482/4939379.

[39] Jones JM. Food processing: criteria for dietary guidance and public health? *Proceedings of the Nutrition Society* 2019; 78: 4–18.

[40] Knorr D, Watzke H. Food processing at a crossroad. *Frontiers in Nutrition* 2019; 6: 85.

[41] Sadler CR, Grassby T, Hart K, et al. "Even we are confused": a thematic analysis of professionals' perceptions of processed foods and challenges for communication. *Frontiers in Nutrition* 2022; 9: 826162.

[42] Flacco ME, Manzoli L, Boccia S, et al. Head-to-head randomized trials are mostly industry sponsored and almost always favor the industry sponsor. *Journal of Clinical Epidemiology* 2015; 68: 811–20.

[43] Stamatakis E, Weiler R, Ioannidis JPA. Undue industry influences that distort healthcare research, strategy, expenditure and practice: a review. European Journal of Clinical Investigation 2013; 43: 469–75.

[44] Ioannidis JPA. Evidence-based medicine has been hijacked: a report to David Sackett. *Journal of Clinical Epidemiology* 2016; 73: 82–86.

[45] Fabbri A, Lai A, Grundy Q, Bero LA. The influence of industry sponsorship on the

research agenda: a scoping review. *American Journal of Public Health* 2018; 108: e9–16.

[46] Lundh A, Lexchin J, Mintzes B, et al. Industry sponsorship and research outcome. *Cochrane Database of Systematic Reviews* 2017; 2: MR000033.

[47] Rasmussen K, Bero L, Redberg R, et al. Collaboration between academics and industry in clinical trials: cross sectional study of publications and survey of lead academic authors. *British Medical Journal* 2018; 363: 3654.

第 4 章　我不敢相信它不是煤黄油——终极 UPF

[1] Engelberg S, Gordon MR. Germans accused of helping Libya build nerve gas plant. 1989. Available from: https://www.nytimes.com/1989/01/01/world/germans-accused-of-helping-libya-build-nerve-gas-plant.html.

[2] Second Wiki. Arthur Imhausen. 2007 [cited 2022 Mar 21]. Available from: https://second.wiki/wiki/arthur_imhausen.

[3] Maier E. Coal – in liquid form. 2016. Available from: https://www.mpg.de/10856815/S004_Flashback_078–079.pdf.

[4] Imhausen A. Die Fettsäure-Synthese und ihre Bedeutung für die Sicherung der deutschen Fettversorgung. *Kolloid-Zeitschrift* 1943; 103: 105–08.

[5] Imhausen A, 1943.

[6] Barona JL. *From Hunger to Malnutrition: The Political Economy of Scientific Knowledge in Europe, 1918–1960*. Pieterlen, Switzerland: Peter Lang AG, 2012.

[7] Evonik. Arthur Imhausen, chemist and entrepreneur. 2020. Available from: https://history.evonik.com/en/personalities/imhausen-arthur.

[8] Maier, 2016.

[9] Dockrell M. Clearing up some myths around e-cigarettes. 2018. Available from: https://ukhsa.blog.gov.uk/2018/02/20/clearing-up-some-myths-around-e-cigarettes/.

[10] Kopper C. Helmut Maier, Chemiker im 'Dritten Reich'. Die Deutsche Chemische Gesellschaft und der Verein Deutscher Chemiker im NS-Herrschaftsapparat. Im Auftrag der Gesellschaft Deutscher Chemiker. Weinheim, Wiley-VCH 2015. *Historische Zeitschrift* 2017; 305: 269–70.

[11] Von Cornberg JNMSF. Willkür in der Willkür: Befreiungen von den antisemitischen Nürnberger Gesetzen. *Vierteljahrshefte für Zeitgeschichte* 1998; 46: 143–87.

[12] Von Cornberg, 1998.

[13] Stolberg-Wernigerode O. *Neue Deutsche Biographie*. Berlin: Duncker & Humblot, 1974.

[14] Emessen TR. *Aus Görings Schreibtisch ein Dokumentenfund*. Dortmund: Historisches Kabinett, Allgemeiner Deutscher Verlag, 1947.

[15] Breitman R. *The Architect of Genocide: Himmler and the Final Solution*. New York: Alfred A Knopf, 1991.
[16] Imhausen A, 1943.
[17] Proctor R. *The Nazi War on Cancer*. Princeton: Princeton University Press, 2000.
[18] British Intelligence Objectives Sub-Committee. Available from: http://www.fischer-tropsch.org/primary_documents/gvt_reports/BIOS/biostoc.htm.
[19] Floessner O. *Synthetische Fette Beitraege zur Ernaehrungsphysiologie*. Leipzig: Barth, 1948.
[20] British Intelligence Objectives Sub-Committee. Synthetic Fatty Acids and Detergents. Available from: http://www.fischer-tropsch.org/primary_documents/gvt_reports/BIOS/bios_1722htm/bios_1722_htm_sec14.htm.
[21] Kraut H. The physiological value of synthetic fats. *British Journal of Nutrition* 1949; 3: 355–58.
[22] *The Eagle Valley Enterprise*. Butter is made by Germans from coal. 1946. Available from: https://www.coloradohistoricnewspapers.org/?a=d&d=EVE19460906-01.2.29&e=-------en-20--1--img-txIN%7ctxCO%7ctxTA--------0------.
[23] Thompson J. Butter from coal: The Grafic Laboratory of Popular Science. *Chicago Daily Tribune* 1946; C2.
[24] Historische Kommission für Westfalen. Ingenieure im Ruhrgebiet Rheinisch-Westfälische Wirtschaftsbiographien Volume 17. Aschendorff; 2019.
[25] Evonik, 2020.
[26] Andrews EL. The business world; IG Farben: a lingering relic of the Nazi years. 1999. Available from: https://www.nytimes.com/1999/05/02/business/the-business-world-ig-farben-a-lingering-relic-of-the-nazi-years.html.
[27] Marek M. Norbert Wollheim gegen IG Farben. 2012. Available from: https://www.dw.com/de/norbert-wollheim-gegen-ig-farben/a-16373141.
[28] Johnson JA. Corporate morality in the Third Reich. 2009. Available from: https://www.sciencehistory.org/distillations/corporate-morality-in-the-third-reich.
[29] Andrews, 1999.
[30] Marek, 2012.
[31] Johnson, 2009.
[32] Staunton D. Holocaust survivors protest at IG Farben meeting. 1999. Available from: https://www.irishtimes.com/news/holocaust-survivors-protest-at-ig-farben-meeting-1.218051.
[33] *Der Spiegel*. IG-Farben-Insolvenz: Ehemalige Zwangsarbeiter gehen leer aus. 2003. Available from: https://www.spiegel.de/wirtschaft/i-g-farben-insolvenz-ehemalige-zwangsarbeiter-gehen-leer-aus-a-273365.html.
[34] Charles J. Former Zyklon-B maker goes bust. 2003. Available from: http://news.bbc.

co.uk/1/hi/business/3257403.stm.
[35] *Der Spiegel*, 2003.
[36] *Der Spiegel*. Die Schweizer Konten waren alle abgeräumt. 1993. Available from: https://www-spiegel-de.translate.goog/politik/die-schweizer-konten-waren-alle-abgeraeumt-a-e59c3df1-0002–0001-0000–000009286542.
[37] *Der Spiegel*. Zwanzig Minuten Kohlenklau. 1947. Available from: https://www.spiegel.de/politik/zwanzig-minuten-kohlenklau-a-9896e990-0002–0001-0000–000041123785?context=issue.
[38] Daepp MIG, Hamilton MJ, et al. The mortality of companies. *Journal of the Royal Society Interface* 2015; 12: 20150120.
[39] Strotz LC, Simões M, Girard MG, et al. Getting somewhere with the Red Queen: chasing a biologically modern definition of the hypothesis. *Biology Letters* 2018; 14: 20170734.
[40] Van Valen L. Extinction of taxa and Van Valen's law (reply). *Nature* 1975; 257: 515–16.
[41] Van Valen L. A new evolutionary law. *Evolutionary Theory* 1973; 1: 1–30.
[42] Van Valen L. The Red Queen. *American Naturalist* 1977; 111: 809–10.
[43] Kraut, 1949.

第 5 章　饮食的三个时代

[1] Bell EA, Boehnke P, Harrison TM, et al. Potentially biogenic carbon preserved in a 4.1-billion-year-old zircon. *Proceedings of the National Academy of Sciences USA* 2015; 112: 14518–21.
[2] Bell et al, 2015.
[3] Alleon J, Bernard S, Le Guillo C, et al. Chemical nature of the 3.4 Ga Strelley Pool microfossils. *Geochemical Perspectives Letters* 2018; 7: 37–42.
[4] Cavalazzi B, Lemelle L, Simionovici A, et al. Cellular remains in a ~3.42-billion-year-old subseafloor hydrothermal environment. *Science Advances* 2021; 7: abf3963.
[5] Dodd MS, Papineau D, Grenne T, et al. Evidence for early life in Earth's oldest hydrothermal vent precipitates. *Nature* 2017; 543: 60–64.
[6] Gramling C. Hints of oldest fossil life found in Greenland rocks. 2016. Available from: http://www.sciencemag.org/news/2016/08/hints-oldest-fossil-life-found-greenland-rocks.
[7] Li W, Beard BL, Johnson CM. Biologically recycled continental iron is a major component in banded iron formations. *Proceedings of the National Academy of Sciences USA* 2015; 112: 8193–98.
[8] Haugaard R, Pecoits E, Lalonde S, et al. The Joffre banded iron formation, Hamersley

Group, Western Australia: assessing the palaeoenvironment through detailed petrology and chemostratigraphy. *Precambrian Research* 2016; 273: 12–37.

[9] Powell H. Fertilizing the ocean with iron. 2022. Available from: https://www.whoi.edu/oceanus/feature/fertilizing-the-ocean-with-iron/.

[10] Retallack GJ. First evidence for locomotion in the Ediacara biota from the 565 Ma Mistaken Point Formation, Newfoundland: COMMENT. *Geology* 2010; 38: e223.

[11] Chen Z, Zhou C, Meyer M, et al. Trace fossil evidence for Ediacaran bilaterian animals with complex behaviors. *Precambrian Research* 2013; 224: 690–701.

[12] Retallack, 2010.

[13] Peterson KJ, Cotton JA, Gehling JG, et al. The Ediacaran emergence of bilaterians: congruence between the genetic and the geological fossil records. *Philosophical Transactions of the Royal Society B* 2008; 363: 1435–43.

[14] Weidenbach K. *Rock Star: The Story of Reg Sprigg – an Outback Legend*. Kensington: East Street Publications, 2008.

[15] Weidenbach, 2008.

[16] Mote T, Villalba JJ, Provenza FD. Foraging sequence influences the ability of lambs to consume foods containing tannins and terpenes. *Behavioral Education for Human, Animal, Vegetation, and Ecosystem Management* 2008; 113: 57–68.

[17] Villalba JJ, Provenza FD, Manteca X. Links between ruminants' food preference and their welfare. *Animal* 2010; 4: 1240–47.

[18] Provenza F. *Nourishment: What Animals Can Teach Us about Rediscovering Our Nutritional Wisdom*. Hartford, VT: Chelsea Green Publishing, 2018. 19 Mote et al, 2008.

[19] Mote et al.， 2008.

[20] Hoste H, Meza-Ocampos G, Marchand S, et al. Use of agro-industrial by-products containing tannins for the integrated control of gastrointestinal nematodes in ruminants. *Parasite* 2022; 29:10.

[21] Boback SM, Cox CL, Ott BD, et al. Cooking and grinding reduces the cost of meat digestion. *Comparative Biochemistry & Physiology* 2007; 148: 651–66.

[22] Furness JB, Bravo DM. Humans as cucinivores: comparisons with other species. *Journal of Comparative Physiology B* 2015; 185: 825–34.

[23] Zink KD, Lieberman DE, Lucas PW. Food material properties and early hominin processing techniques. *Journal of Human Evolution* 2014; 77: 155–66.

[24] Stevens CE, Hume ID. *Comparative Physiology of the Vertebrate Digestive System*. Cambridge: Cambridge University Press, 2004.

[25] Koebnick C, Strassner C, Hoffmann I, et al. Consequences of a longterm raw food diet on body weight and menstruation: results of a questionnaire survey. *Annals of Nutrition and Metabolism* 1999; 43: 69–79.

[26] *Scientific American*. The inventor of saccharin. 1886. Available from: https://web.archive.org/web/20170314015912/https:/books.google. com/books?id=f4I9AQAAIAAJ&pg=PA36#v=onepage&q&f=false.

[27] Brown HT, Morris GH. On the non-crystallisable products of the action of diastase upon starch. *Journal of the Chemical Society, Transactions* 1885; 47: 527–70.

[28] Mepham B. Food additives: an ethical evaluation. *British Medical Bulletin* 2011; 99: 7–23.

[29] Powers G. Infant feeding. Historical background and modern practice. *Journal of the American Medical Association* 1935; 105: 753–61.

[30] Scheindlin B. "Take one more bite for me": Clara Davis and the feeding of young children. *Gastronomica* 2005; 5: 65–69.

[31] Davis CM. Self-regulation of diet in childhood. *Health Education Journal* 1947; 5: 37–40.

[32] Scheindlin, 2005.

第 6 章　我们的身体如何真正管理热量

[1] Chusyd DE, Nagy TR, Golzarri-Arroyo L, et al. Adiposity, reproductive and metabolic health, and activity levels in zoo Asian elephant (*Elephas maximus*). *Journal of Experimental Biology* 2021; 224: jeb219543.

[2] Pontzer H, Brown MH, Raichlen DA, et al. Metabolic acceleration and the evolution of human brain size and life history. *Nature* 2016; 533: 390–92.

[3] Pontzer H, Raichlen DA, Wood BM, Mabulla AZP, Racette SB, Marlowe FW. Hunter-gatherer energetics and human obesity. *PLoS One* 2012; 7: e40503.

[4] Klimentidis YC, Beasley TM, Lin H-Y, et al. Canaries in the coal mine: a cross-species analysis of the plurality of obesity epidemics. *Proceedings of the Royal Society B* 2011; 278: 1626–32.

[5] *ABC News*. Is 'Big Food's' big money influencing the science of nutrition? 2011. Available from: https://abcnews.go.com/US/big-food-money-accused-influencing-science/story?id=13845186.

[6] Saul S. Obesity Researcher Quits Over New York Menu Fight. The *New York Times* [Internet]. 2008 Mar 3 [cited 2022 Feb 28]; Available from: https://www.nytimes.com/2008/03/03/business/03cnd-obese. html.

[7] McDermott L. Self-representation in upper paleolithic female figurines. *Current Anthropology* 1996; 37: 227–75.

[8] Michalopoulos A, Tzelepis G, Geroulanos S. Morbid obesity and hypersomnolence in several members of an ancient royal family. *Thorax* 2003; 58: 281–82.

[9] Buchwald H. A brief history of obesity: truths and illusions. 2018. Available from:

https://www.clinicaloncology.com/Current-Practice/Article/07–18/A-Brief-History-of-Obesity-Truths-and-Illusions/51221.

[10] O'Rahilly S. Harveian Oration 2016: some observations on the causes and consequences of obesity. *Clinical Medicine* 2016; 16: 551–64.

[11] Corbyn Z. Could 'young' blood stop us getting old? 2020. Available from: https://amp.theguardian.com/society/2020/feb/02/could-young-blood-stop-us-getting-old-transfusions-experiments-mice-plasma.

[12] Kosoff M. Peter Thiel wants to inject himself with young people's blood. 2016. Available from: https://www.vanityfair.com/news/2016/08/peter-thiel-wants-to-inject-himself-with-young-peoples-blood.

[13] Hervey GR. The effects of lesions in the hypothalamus in parabiotic rats. *J Physiol.* 1959 Mar 3;145(2):336–52.

[14] Paz-Filho G, Mastronardi C, Delibasi T, et al. Congenital leptin deficiency: diagnosis and effects of leptin replacement therapy. *Arquivos Brasileiros de Endocrinologia & Metabologia* 2010; 54: 690–97.

[15] Murray EA, Wise SP, Rhodes SEV. What can different brains do with reward? In: Gottfried JA, editor. *Neurobiology of Sensation and Reward*. Boca Raton, FL: CRC Press/Taylor & Francis, 2012.

[16] Hall KD, Farooqi IS, Friedman JM, et al. The energy balance model of obesity: beyond calories in, calories out. *American Journal of Clinical Nutrition* 2022; 115: 1243–54.

第 7 章　为何与糖无关

[1] Petersen MC, Shulman GI. Mechanisms of insulin action and insulin resistance. *Physiological Reviews* 2018; 98: 2133–223.

[2] Liebman, Bonnie/Center for Science in the Public Interest. Big Fat Lies – The Truth About the Atkins Diet. Nutrition Action [Internet]. 2002 Nov; 29. Available from: https://cspinet.org/sites/default/files/attachment/bigfatlies.pdf.

[3] Hall KD, Chen KY, Guo J, et al. Energy expenditure and body composition changes after an isocaloric ketogenic diet in overweight and obese men. *American Journal of Clinical Nutrition* 2016; 104: 324–33.

[4] Hall KD. A review of the carbohydrate-insulin model of obesity. *European Journal of Clinical Nutrition* 2017; 71: 323–26.

[5] Gardner CD, Trepanowski JF, Del Gobbo LC, et al. Effect of low-fat vs low-carbohydrate diet on 12-month weight loss in overweight adults and the association with genotype pattern or insulin secretion: the DIETFITS randomized clinical trial. *Journal of the American Medical Association* 2018; 319: 667–79.

[6] Low-fat diet compared to low-carb diet [Internet]. National Institutes of Health (NIH).

2021 [cited 2022 Sep 4]. Available from: https://www.nih.gov/news-events/nih-research-matters/low-fat-diet-compared-low-carb-diet.

[7] Hall KD, Guo J, Courville AB, et al. Effect of a plant-based, low-fat diet versus an animal-based, ketogenic diet on ad libitum energy intake. *Nature Medicine* 2021; 27: 344–53.

[8] Foster GD, Wyatt HR, Hill JO, et al. A randomized trial of a low-car-bohydrate diet for obesity. *New England Journal of Medicine* 2003; 348: 2082–90.

[9] Ebbeling CB, Feldman HA, Klein GL, et al. Effects of a low carbohydrate diet on energy expenditure during weight loss maintenance: randomized trial. *British Medical Journal* 2018; 363: k4583.

[10] Hall KD, Guo J, Speakman JR. Do low-carbohydrate diets increase energy expenditure? *International Journal of Obesity* 2019; 43: 2350–54.

[11] Martin-McGill KJ, Bresnahan R, Levy RG. Ketogenic diets for drugresistant epilepsy. *Cochrane Database of Systematic Reviews* 2020; 6: CD001903.

[12] Mintz SW. *Sweetness and Power: The Place of Sugar in Modern History*. London: Penguin Publishing Group, 1985.

[13] Hardy K, Brand-Miller J, Brown KD, et al. The importance of dietary carbohydrate in human evolution. *Quarterly Review of Biology* 2015; 90: 251–68.

[14] Soares S, Amaral JS, Oliveira MBPP, Mafra I. A comprehensive review on the main honey authentication issues: production and origin. *Comprehensive Reviews in Food Science and Food Safety* 2017; 16: 1072–100.

[15] Sammataro D, Weiss M. Comparison of productivity of colonies of honey bees, *Apis mellifera*, supplemented with sucrose or high fructose corn syrup. *Journal of Insect Science* 2013; 13: 19.

[16] Marlowe FW, Berbesque JC, Wood B, et al. Honey, Hadza, huntergatherers, and human evolution. *Journal of Human Evolution* 2014; 71: 119–28.

[17] Reddy A, Norris DF, Momeni SS, et al. The pH of beverages in the United States. *Journal of the American Dental Association* 2016; 147: 255–63.

[18] Public Health England. Child oral health: applying All Our Health. 2022. Available from: https://www.gov.uk/government/publications/child-oral-health-applying-all-our-health/child-oral-health-applying-all-our-health.

[19] Public Health England. National Dental Epidemiology Programme for England: oral health survey of five-year-old children 2017. Available from: https://assets.publishing.service.gov.uk/government/uploads/system/uploads/attachment_data/file/768368/NDEP_for_England_OH_Survey_5yr_2017_Report.pdf.

[20] Touger-Decker R, van Loveren C. Sugars and dental caries. *American Journal of Clinical Nutrition* 2003; 78: 881S–92S.

[21] Towle I, Irish JD, Sabbi KH, et al. Dental caries in wild primates: interproximal

cavities on anterior teeth. *American Journal of Primatology* 2022; 84: e23349.
[22] Grine FE, Gwinnett AJ, Oaks JH. Early hominid dental pathology: interproximal caries in 1.5 million-year-old *Paranthropus robustus* from Swartkrans. *Archives of Oral Biology* 1990; 35: 381–86.
[23] Coppa A, Bondioli L, Cucina A, et al. Palaeontology: early neolithic tradition of dentistry. *Nature* 2006; 440: 755–56.
[24] Coppa et al, 2006.
[25] Waldron T. Dental disease. In: *Palaeopathology*. Cambridge: Cambridge University Press, 2008: 236–48.
[26] Oxilia G, Peresani M, Romandini M, et al. Earliest evidence of dental caries manipulation in the late upper palaeolithic. *Scientific Reports* 2015; 5: 12150.
[27] Adler CJ, Dobney K, Weyrich LS, Kaidonis J, Walker AW, Haak W, et al. Sequencing ancient calcified dental plaque shows changes in oral microbiota with dietary shifts of the neolithic and industrial revolutions. *Nature Genetics* 2013; 45: 450–55.

第 8 章 也与运动无关

[1] Hill JO, Wyatt HR, Peters JC. The importance of energy balance. *European Endocrinology* 2013; 9: 111–15.
[2] Hill JO, Wyatt HR, Peters JC. Energy balance and obesity. *Circulation* 2012; 126: 126–32.
[3] Webber J. Energy balance in obesity. *Proceedings of the Nutrition Society* 2003; 62: 539–43.
[4] Hill JO. Understanding and addressing the epidemic of obesity: an energy balance perspective. *Endocrine Reviews* 2006; 27: 750–61.
[5] Shook RP, Blair SN, Duperly J, et al. What is causing the worldwide rise in body weight? *European Journal of Endocrinology* 2014; 10: 136–44.
[6] Hand GA, Blair SN. Energy flux and its role in obesity and metabolic disease. *European Endocrinology* 2014; 10: 131–35.
[7] Tudor-Locke C, Craig CL, Brown WJ, et al. How many steps/day are enough? For adults. *International Journal of Behavioral Nutrition and Physical Activity* 2011; 8: 79.
[8] Katzmarzyk PT, Barreira TV, Broyles ST, et al. Relationship between lifestyle behaviors and obesity in children ages 9–11: results from a 12-country study. *Obesity* 2015; 23: 1696–702.
[9] Griffith R, Lluberas R, Lührmann M. Gluttony and sloth? Calories, labor market activity and the rise of obesity. *Journal of the European Economic Association* 2016; 14: 1253–86.
[10] Snowdon C. The fat lie. 2014. Available from: https://papers.ssrn.com/abstract=

3903961.

[11] Ladabaum U, Mannalithara A, Myer PA, et al. Obesity, abdominal obesity, physical activity, and caloric intake in US adults: 1988 to 2010. *American Journal of Medicine* 2014; 127: 717–27.

[12] Church TS, Thomas DM, Tudor-Locke C, et al. Trends over 5 decades in US occupation-related physical activity and their associations with obesity. *PLoS One* 2011; 6: e19657.

[13] Hill et al, 2012.

[14] Shook et al, 2014.

[15] Katzmarzyk et al, 2015.

[16] Lindsay C. A century of labour market change: 1900 to 2000. 2003. Available from: http://www.ons.gov.uk/ons/rel/lms/labour-market-trends–discontinued-/volume-111–no–3/a-century-of-labour-market-change–1900-to-2000.pdf.

[17] Office for National Statistics. Long-term trends in UK employment: 1861 to 2018. 2019. Available from: https://www.ons.gov.uk/economy/nationalaccounts/uksectoraccounts/compendium/economicreview/april2019/longtermtrendsinukemployment1861to2018.

[18] British Heart Foundation. Physical activity statistics 2012. London: British Heart Foundation, 2017.

[19] Church et al, 2011.

[20] Fox M. Mo Farah – base training (typical week). Available from: https://www.sweatelite.co/mo-farah-base-training-typical-week/.

[21] Dennehy C. The surprisingly simple training of the world's fastest marathoner. 2021. Available from: https://www.outsideonline.com/health/running/eliud-kipchoge-marathon-workout-training-principles/.

[22] Snowdon, 2014.

[23] Department for Environment, Food & Rural Affairs. Family Food 2012. 2013. Available from: https://www.gov.uk/government/statistics/familyfood-2012.24.

[24] Harper H, Hallsworth M. Counting calories: how under-reporting can explain the apparent fall in calorie intake. 2016. Available from: https://www.bi.team/wp-content/uploads/2016/08/16-07-12-Counting-Calories-Final.pdf.

[25] Lennox A, Bluck L, Page P, Pell D, Cole D, Ziauddeen N, et al. Appendix X Misreporting in the National Diet and Nutrition Survey Rolling Programme (NDNS RP): summary of results and their interpretation [Internet]. [cited 2022 Sep 6]. Available from: https://www.food.gov. uk/sites/default/files/media/document/ndns-appendix-x.pdf.

[26] Church et al, 2011.

[27] Harper H, Hallsworth M. Counting calories: how under-reporting can explain the apparent fall in calorie intake. 2016. Available from: https://www.bi.team/wp-content/

uploads/2016/08/16-07-12-Counting-Calories-Final.pdf.
[28] Health and Social Care Information Centre. Health Survey for England – 2012. 2013. Available from: https://digital.nhs.uk/data-and-information/publications/statistical/health-survey-for-england/health-survey-for-england-2012.
[29] NielsenIQ. The power of snacking. 2018. Available from: https://nielseniq.com/global/en/insights/report/2018/the-power-of-snacking/.
[30] Nielsen. Snack attack: what consumers are reaching for around the world. Available from: https://www.nielsen.com/wp-content/uploads/sites/2/2019/04/nielsen-global-snacking-report-september-2014.pdf.
[31] Bee C, Meyer B, Sullivan JX. The validity of consumption data: are the Consumer Expenditure Interview and Diary Surveys informative? 2012. Available from: https://EconPapers.repec.org/RePEc:nbr:nberwo:18308.
[32] Office for National Statistics. Survey sampling for Family Food. 2015. Available from: https://assets.publishing.service.gov.uk/government/uploads/system/uploads/attachment_data/file/486047/familyfood-method-sampling-17dec15.pdf.
[33] Bean C. Independent review of UK economic statistics: final report. 2016. Available from: https://www.gov.uk/government/publications/independent-review-of-uk-economic-statistics-final-report.
[34] Barrett G, Levell P, Milligan K. A comparison of micro and macro expenditure measures across countries using differing survey methods. In: Carroll CD, Crossley TF, Sabelhaus J (eds). *Improving the Measurement of Consumer Expenditures*. Chicago, IL: University of Chicago Press, 2015: 263–86.
[35] Meyer BD, Mok WKC, Sullivan JX. Household surveys in crisis. *Journal of Economic Perspectives* 2015; 29: 199–226.
[36] British Heart Foundation. Portion distortion. 2013. Available from: https://www.bhf.org.uk/what-we-do/news-from-the-bhf/newsarchive/2013/october/portion-distortion.
[37] Waste and Resources Action Programme. Household food and drink waste in the United Kingdom 2012. 2013. Available from: https://wrap.org.uk/resources/report/household-food-and-drink-waste-united-kingdom-2012.
[38] Dray S. Food waste in the UK. 2021. Available from: https://lordslibrary. parliament.uk/food-waste-in-the-uk/.
[39] Kantar. Consumer panels. 2022. Available from: https://www. kantarworldpanel.com/id/About-us/consumer-panels.
[40] Pontzer et al, 2012.
[41] Ebersole KE, Dugas LR, et al. Energy expenditure and adiposity in Nigerian and African-American women. *Obesity* 2008; 16: 2148–54.
[42] Pontzer et al, 2016.
[43] Pontzer H. Energy constraint as a novel mechanism linking exercise and health.

Physiology 2018; 33: 384–93.

[44] Pontzer H, Yamada Y, Sagayama H, et al. Daily energy expenditure through the human life course. *Science* 2021; 373: 808–12.

[45] Kraft TS, Venkataraman VV, Wallace IJ, et al. The energetics of uniquely human subsistence strategies. *Science* 2021; 374: eabf0130.

[46] Ferro-Luzzi A, Martino L. Obesity and physical activity. *Ciba Foundation Symposium* 1996; 201: 207–21; discussion 221–7.

[47] Luke A, Dugas LR, Ebersole K, et al. Energy expenditure does not predict weight change in either Nigerian or African American women. *American Journal of Clinical Nutrition* 2009; 89: 169–76.

[48] Dugas LR, Harders R, Merrill S, et al. Energy expenditure in adults living in developing compared with industrialized countries: a meta-analysis of doubly labeled water studies. *American Journal of Clinical Nutrition* 2011; 93: 427–41.

[49] Pontzer H. The crown joules: energetics, ecology, and evolution in humans and other primates. *Evolutionary Anthropology* 2017; 26: 12–24.

[50] Pontzer H, Durazo-Arvizu R, Dugas LR, et al. Constrained total energy expenditure and metabolic adaptation to physical activity in adult humans. *Current Biology* 2016; 26: 410–17.

[51] Pontzer H, Raichlen DA, Gordon AD, et al. Primate energy expenditure and life history. *Proceedings of the National Academy of Sciences USA* 2014; 111: 1433–37.

[52] Ellison PT. Energetics and reproductive effort. *American Journal of Human Biology* 2003; 15: 342–51.

[53] Ellison PT, Lager C. Moderate recreational running is associated with lowered salivary progesterone profiles in women. *American Journal of Ostetrics and Gynecology* 1986; 154: 1000–03.

[54] Pontzer H. Energy constraint as a novel mechanism linking exercise and health. *Physiology* 2018; 33: 384–93.

[55] Nabkasorn C, Miyai N, Sootmongkol A, et al. Effects of physical exercise on depression, neuroendocrine stress hormones and physiological fitness in adolescent females with depressive symptoms. *European Journal of Public Health* 2006; 16: 179–84.

[56] @TateLyleSugars. 'Come along to the #IEA #ThinkTent for steaming porridge & Lyle's Golden Syrup & to discuss global trade: producers vs. consumers – where does the balance lie?' 2 October 2018. Available from: https://twitter.com/tatelylesugars/status/1047037066952028166.

[57] Institute of Economic Affairs. After Brexit, building a global free trade environment. 2016. Available from: https://iea.org.uk/events/exiting-the-eu-reclaiming-trade-sovereignty/.

[58] Lee I-M, Shiroma EJ, Lobelo F, Puska P, Blair SN, Katzmarzyk PT, et al. Effect of physical inactivity on major non-communicable diseases worldwide: an analysis of burden of disease and life expectancy. *Lancet* 2012; 380: 219–29.

[59] Church et al, 2011.

[60] Hill et al, 2012.

[61] Wood B, Ruskin G, Sacks G. How Coca-Cola shaped the international congress on physical activity and public health: an analysis of email exchanges between 2012 and 2014. *International Journal of Environmental Research and Public Health* 2020; 17: 8996.

[62] Serôdio PM, McKee M, Stuckler D. Coca-Cola – a model of transparency in research partnerships? A network analysis of Coca-Cola's research funding (2008–2016). *Public Health Nutrition* 2018; 21: 1594–607.

[63] O'Connor A. Coca-Cola funds scientists who shift blame for obesity away from bad diets. 2015. Available from: https://well.blogs.nytimes. com/2015/08/09/coca-cola-funds-scientists-who-shift-blame-for-obesity-away-from-bad-diets/.

[64] Wood et al, 2020.

[65] O'Connor et al, 2015.

[66] Serôdio et al, 2018.

[67] Serôdio et al, 2018.

[68] Coca-Cola. Transparency Research Report. 2022. Available from: https://www.coca-colacompany.com/content/dam/journey/us/en/policies/pdf/research-and-studies/transparency-research-report.pdf.

[69] Botkin JR. Should failure to disclose significant financial conflicts of interest be considered research misconduct? *Journal of the American Medical Association* 2018; 320: 2307–08.

[70] Anderson TS, Dave S, Good CB, et al. Academic medical center leadership on pharmaceutical company boards of directors. *Journal of the American Medical Association* 2014; 311: 1353–55.

[71] Coca-Cola. Exercise is the best medicine. 2009. Available from: https://investors.coca-colacompany.com/news-events/press-releases/detail/392/exercise-is-the-best-medicine.

[72] Flacco ME, Manzoli L, Boccia S, et al. Head-to-head randomized trials are mostly industry sponsored and almost always favor the industry sponsor. *Journal of Clinical Epidemiology* 2015; 68: 811–20.

[73] Stamatakis E, Weiler R, Ioannidis JPA. Undue industry influences that distort healthcare research, strategy, expenditure and practice: a review. *European Journal of Clinical Investigation* 2013; 43: 469–75.

[74] Ioannidis JPA. Evidence-based medicine has been hijacked: a report to David Sackett. *Journal of Clinical Epidemiology* 2016; 73: 82–86.

[75] Fabbri A, Lai A, Grundy Q, Bero LA. The influence of industry sponsorship on the research

agenda: a scoping review. *American Journal of Public Health* 2018; 108: e9–16.
[76] Lundh et al, 2017.
[77] Rasmussen K, Bero L, Redberg R, et al. Collaboration between academics and industry in clinical trials: cross sectional study of publications and survey of lead academic authors. *British Medical Journal* 2018; 363: 3654.
[78] Bes-Rastrollo M, Schulze MB, Ruiz-Canela M, et al. Financial conflicts of interest and reporting bias regarding the association between sugar-sweetened beverages and weight gain: a systematic review of systematic reviews. *PLoS Medicine* 2013; 10: e1001578.
[79] Serôdio et al, 2018.
[80] Serôdio et al, 2018. 'Three hundred and eighty-nine articles, published in 169 different journals, and authored by 907 researchers, cite funding from The Coca-Cola Company. But Coca-Cola's transparency lists are far from complete. After incorporating the results from a survey, our search identified up to 471 authors corresponding to 128 articles whose names do not appear on Coca-Cola's lists, but whose articles acknowledge funding from the company.'
[81] Leme ACB, Ferrari G, Fisberg RM, et al. Co-occurrence and clustering of sedentary behaviors, diet, sugar-sweetened beverages, and alcohol intake among adolescents and adults: the Latin American Nutrition and Health Study (ELANS). *Nutrients* 2021; 13: 1809.

第 9 章　也与意志力无关

[1] @matthewsyed. 'Here I say that some obese people could lose weight with willpower – more exercise, less food. I explicitly exclude those with thyroid & other conditions. That this has caused offence underlines my point: we've seen a collapse in individual responsibility'. 14 February 2021. Available from: https://twitter.com/matthewsyed/status/1360913923340394499.
[2] Cooksey-Stowers K, Schwartz MB, Brownell KD. Food swamps predict obesity rates better than food deserts in the United States. *International Journal of Environmental Research and Public Health* 2017; 14: 1366.
[3] National Food Strategy, 2021.
[4] National Food Strategy, 2021.
[5] Folkvord F, Anschütz DJ, Wiers RW, et al. The role of attentional bias in the effect of food advertising on actual food intake among children. *Appetite* 2015; 84: 251–58.
[6] Harris JL, Speers SE, Schwartz MB, et al. US food company branded advergames on the internet: children's exposure and effects on snack consumption. *Journal of Children and Media* 2012; 6: 51–68.
[7] Folkvord F, Anschütz DJ, Buijzen M, et al. The effect of playing advergames that

promote energy-dense snacks or fruit on actual food intake among children. *American Journal of Clinical Nutrition* 2013; 97: 239–45.

[8] Harris JL, Bargh JA, Brownell KD. Priming effects of television food advertising on eating behavior. *Health Psychology* 2009; 28: 404–13.

[9] Boyland E, McGale L, Maden M, et al. Association of food and nonalcoholic beverage marketing with children and adolescents' eating behaviors and health: a systematic review and meta-analysis. *JAMA Pediatrics* 2022; 176: e221037.

[10] Laraia BA, Leak TM, Tester JM, et al. Biobehavioral factors that shape nutrition in low-income populations: a narrative review. *American Journal of Preventive Medicine* 2017; 52: S118–26.

[11] Adam TC, Epel ES. Stress, eating and the reward system. *Physiology & Behavior* 2007; 9: 449–58.

[12] Schrempft S, van Jaarsveld CHM, Fisher A, et al. Variation in the heritability of child body mass index by obesogenic home environment. *JAMA Pediatrics* 2018; 172: 1153–60.

[13] Schrempft S et al, 2018.

[14] Baraldi LG, Martinez Steele E, Canella DS, et al. Consumption of ultra-processed foods and associated sociodemographic factors in the USA between 2007 and 2012: evidence from a nationally representative cross-sectional study. *BMJ Open* 2018; 8: e020574.

[15] Leung CW, Fulay AP, Parnarouskis L, et al. Food insecurity and ultra-processed food consumption: the modifying role of participation in the Supplemental Nutrition Assistance Program (SNAP). *American Journal of Clinical Nutrition* 2022; 116: 197–205.

[16] Marchese L, Livingstone KM, Woods JL, et al. Ultra-processed food consumption, socio-demographics and diet quality in Australian adults. *Public Health Nutrition* 2022; 25: 94–104.

[17] Mischel W, Shoda Y, Rodriguez MI. Delay of gratification in children. *Science* 1989; 244: 933–38.

[18] Mischel W, Ebbesen EB, Zeiss AR. Cognitive and attentional mechanisms in delay of gratification. *Journal of Personality and Social Psychology* 1972; 21: 204–18.

[19] Watts TW, Duncan GJ, Quan H. Revisiting the marshmallow test: a conceptual replication investigating links between early delay of gratification and later outcomes. *Psychological Science* 2018; 29: 1159–77.

[20] Watts et al, 2018.

[21] Falk A, Kosse F, Pinger P. Re-revisiting the marshmallow test: a direct comparison of studies by Shoda, Mischel, and Peake (1990) and Watts, Duncan, and Quan (2018). *Psychological Science* 2020; 31: 100–04.

[22] Evans GW, English K. The environment of poverty: multiple stressor exposure, psychophysiological stress, and socioemotional adjustment. *Child Development* 2002; 73: 1238–48.

[23] Sturge-Apple ML, Suor JH, Davies PT, et al. Vagal tone and children's delay of gratification: differential sensitivity in resource-poor and resource-rich environments. *Psychological Science* 2016; 27: 885–93.

[24] Kidd C, Palmeri H, Aslin RN. Rational snacking: young children's decision-making on the marshmallow task is moderated by beliefs about environmental reliability. *Cognition* 2013; 126: 109–14.

[25] Raver CC, Jones SM, Li-Grining C, et al. CSRP's impact on lowincome preschoolers' preacademic skills: self-regulation as a mediating mechanism. *Child Development* 2011; 82: 362–78.

[26] *The Economist*. Desire delayed: Walter Mischel on the test that became his life's work. 2014. Available from: https://www.economist.com/books-and-arts/2014/10/11/desire-delayed.

[27] Gill D. New study disavows marshmallow test's predictive powers. 2021. https://anderson-review.ucla.edu/new-study-disavows-marshmallow-tests-predictive-powers/.

第 10 章 UPF 如何侵入我们的大脑

[1] Library of Congress. Who "invented" the TV dinner? 2019. Available from: https://www.loc.gov/everyday-mysteries/food-and-nutrition/item/who-invented-the-tv-dinner/.

[2] Lynch, B. Understanding opportunities in the chilled ready meals category in the UK. 2021. Available from: https://www.bordbia.ie/industry/news/food-alerts/2020/understanding-opportunities-in-the-chilled-ready-meals-category-in-the-uk/.

[3] Frings D, Albery IP, Moss AC, et al. Comparison of Allen Carr's Easyway programme with a specialist behavioural and pharmacological smoking cessation support service: a randomized controlled trial. *Addiction* 2020; 115: 977–85.

[4] Carr A, Dicey J. *Allen Carr's Easy Way to Quit Smoking Without Willpower – Includes Quit Vaping: The Best-selling Quit Smoking Method Updated for the 2020s*. London: Arcturus, 2020.

[5] Keogan S, Li S, Clancy L. Allen Carr's Easyway to Stop Smoking – a randomised clinical trial. *Tobacco Control* 2019; 28: 414–19.

[6] World Health Organization. Allen Carr's Easyway. 2021. Available from: https://www.who.int/campaigns/world-no-tobacco-day/2021/quitting-toolkit/allen-carr-s-easyway.

[7] Fletcher PC, Kenny PJ. Food addiction: a valid concept? *Neuropsychopharmacology* 2018; 43: 2506–13.

[8] Fletcher & Kenny, 2018.

[9] Polk SE, Schulte EM, Furman CR, et al. Wanting and liking: separable components in problematic eating behavior? *Appetite* 2017; 115: 45–53.

[10] Morales I, Berridge KC. “Liking” and “wanting” in eating and food reward: brain mechanisms and clinical implications. *Physiology & Behavior* 2020; 227: 113152.

[11] Ellin A. I was powerless over Diet Coke. 2021. Available from: https://www.nytimes.com/2021/08/11/well/eat/diet-coke-addiction.html.

[12] Fletcher & Kenny, 2018.

[13] Hebebrand J, Albayrak Ö, Adan R, et al. “Eating addiction”, rather than “food addiction”, better captures addictive-like eating behavior. *Neuroscience & Biobehavioral Reviews*; 47: 295–306.

[14] Polk et al, 2017.

[15] Gearhardt AN, Schulte EM. Is food addictive? A review of the science. *Annual Review of Nutrition* 2021; 41: 387–410.

[16] Schulte EM, Sonneville KR, Gearhardt AN. Subjective experiences of highly processed food consumption in individuals with food addiction. *Psychology of Addictive Behaviors* 2019; 33: 144–53.

[17] Schulte EM, Avena NM, Gearhardt AN. Which foods may be addictive? The roles of processing, fat content, and glycemic load. *PLoS One* 2015; 10: e0117959.

[18] Allison S, Timmerman GM. Anatomy of a binge: food environment and characteristics of nonpurge binge episodes. *Eating Behaviors* 2007; 8: 31–38.

[19] Tanofsky-Kraff M, McDuffie JR, et al. Laboratory assessment of the food intake of children and adolescents with loss of control eating. *American Journal of Clinical Nutrition* 2009; 89: 738–45.

[20] Grant BF, Goldstein RB, Saha TD, et al. Epidemiology of DSM-5 alcohol use disorder: results from the national epidemiologic survey on alcohol and related conditions III. *JAMA Psychiatry* 2015; 72: 757–66.

[21] Martin CB, Herrick KA, Sarafrazi N, Ogden CL. Attempts to lose weight among adults in the United States, 2013–2016. *National Center for Health Statistics Data Brief* 2018; 313: 1–8.

[22] Grant et al, 2015.

[23] Lopez-Quintero C, de los Cobos JP, Hasin DS, et al. Probability and predictors of transition from first use to dependence on nicotine, alcohol, cannabis, and cocaine: results of the National Epidemiologic Survey on Alcohol and Related Conditions (NESARC). *Drug and Alcohol Dependence* 2011; 115: 120–30.

[24] Volkow ND, Wang G-J, Fowler JS, et al. Overlapping neuronal circuits in addiction and obesity: evidence of systems pathology. *Philosophical Transactions of the Royal Society B* 2008; 363: 3191–200.

[25] Volkow ND, Wang GJ, Fowler JS, et al. Food and drug reward: overlapping circuits in human obesity and addiction. *Current Topics in Behavioral Neurosciences* 2012; 11: 1–24.

[26] Afshin A, Sur PJ, Fay KA, et al. Health effects of dietary risks in 195 countries, 1990–2017: a systematic analysis for the Global Burden of Disease Study 2017. *Lancet* 2019; 393: 1958–72.

第 11 章 UPF 是被预先咀嚼过的东西

[1] Haber GB, Heaton KW, Murphy D, Burroughs LF. Depletion and disruption of dietary fibre. Effects on satiety, plasma-glucose, and serum-insulin. *Lancet* 1977; 2: 679–82.

[2] Ungoed-Thomas J. An honest crust? Craft bakeries rise up against 'sourfaux' bread. 2022. Available from: https://amp.theguardian.com/food/2022/apr/23/fake-bake-uk-government-steps-in-over-sourfauxthreat-to-craft-bakers.

[3] Dodson TB, Susarla SM. Impacted wisdom teeth. *BMJ Clinical Evidence* 2014; 2014: 1302.

[4] Corruccini RS. *How Anthropology Informs the Orthodontic Diagnosis of Malocclusion's Causes*. London: Edwin Mellen Press, 1999.

[5] Lieberman, D. *The Story of the Human Body: Evolution, Health and Disease*. London: Penguin Books, 2011.

[6] Corruccini RS. Australian aboriginal tooth succession, interproximal attrition, and Begg's theory. *American Journal of Orthodontics and Dentofacial Orthopedics* 1990; 97: 349–57.

[7] Corruccini RS. An epidemiologic transition in dental occlusion in world populations. *American Journal of Orthodontics* 1984; 86: 419–26.

[8] Lieberman DE, Krovitz GE, Yates FW, et al. Effects of food processing on masticatory strain and craniofacial growth in a retrognathic face. *Journal of Human Evolution* 2004; 46: 655–77.

[9] BBC News. *Mary Rose* skeletons studied by Swansea sports scientists. 2012. Available from: https://www.bbc.co.uk/news/uk-wales-17309665.

[10] Ingervall B, Bitsanis E. A pilot study of the effect of masticatory muscle training on facial growth in long-face children. *European Journal of Orthodontics* 1987 Feb; 9(1):15–23.

[11] *Business Insider*. There's a very simple reason why McDonald's hamburgers don't rot. 2017. Available from: https://www.businessinsider. com/why-mcdonalds-hamburgers-do-not-rot-2016-2?r=US&IR=T.

[12] Rolls BJ. The relationship between dietary energy density and energy intake. *Physiology & Behavior* 2009; 97: 609–15.

[13] Bell EA, Castellanos VH, Pelkman CL, et al. Energy density of foods affects energy

intake in normal-weight women. *American Journal of Clinical Nutrition* 1998; 67: 412–20.

[14] Rolls BJ, Cunningham PM, Diktas HE. Properties of ultraprocessed foods that can drive excess intake. *Nutrition Today* 2020; 55: 109.

[15] Bell et al, 1998.

[16] Rolls et al, 2020.

[17] Ohkuma T, Hirakawa Y, Nakamura U, et al. Association between eating rate and obesity: a systematic review and meta-analysis. *International Journal of Obesity* 2015; 39: 1589–96.

[18] de Graaf C. Texture and satiation: the role of oro-sensory exposure time. *Physiology & Behavior* 2012; 107: 496–501.

[19] Wee MSM, Goh AT, Stieger M, et al. Correlation of instrumental texture properties from textural profile analysis (TPA) with eating behaviours and macronutrient composition for a wide range of solid foods. *Food & Function* 2018; 9: 5301–12.

[20] Zhu Y, Hsu WH, Hollis JH. Increasing the number of masticatory cycles is associated with reduced appetite and altered postprandial plasma concentrations of gut hormones, insulin and glucose. *British Journal of Nutrition* 2013; 110: 384–90.

[21] Fogel A, Goh AT, Fries LR, et al. A description of an "obesogenic" eating style that promotes higher energy intake and is associated with greater adiposity in 4.5-year-old children: results from the GUSTO cohort. *Physiology & Behavior* 2017; 176: 107–16.

[22] Llewellyn CH, van Jaarsveld CHM, Boniface D, et al. Eating rate is a heritable phenotype related to weight in children. *American Journal of Clinical Nutrition* 2008; 88: 1560–66.

[23] de Wijk RA, Zijlstra N, Mars M, et al. The effects of food viscosity on bite size, bite effort and food intake. *Physiology & Behavior* 2008; 95: 527–32.

[24] Forde CG, Mars M, de Graaf K. Ultra-processing or oral processing? A role for energy density and eating rate in moderating energy intake from processed foods. *Current Developments in Nutrition* 2020; 4: nzaa019.

[25] Bell et al, 1998.

[26] Gearhardt & Schulte, 2021.

第 12 章　UPF 闻起来很奇怪

[1] Morrot G, Brochet F, Dubourdieu D. The color of odors. *Brain and Language* 2001; 79: 309–20.

[2] Brochet F. Chemical object representation in the field of consciousness. Available from: https://web.archive.org/web/20070928231853if_/http://www.academie-amorim.com/us/laureat_2001/brochet.pdf.

[3] Bushdid C, Magnasco MO, Vosshall LB, et al. Humans can discriminate more than 1 trillion olfactory stimuli. *Science* 2014; 343: 1370–72.

[4] McGann JP. Poor human olfaction is a 19th-century myth. *Science* 2017; 356: eaam7263.

[5] Sclafani A. Oral and postoral determinants of food reward. *Physiology & Behavior* 2004; 81: 773–79.

[6] de Araujo IE, Lin T, Veldhuizen MG, et al. Metabolic regulation of brain response to food cues. *Current Biology* 2013; 23: 878–83.

[7] Holman EW. Immediate and delayed reinforcers for flavor preferences in rats. *Learning and Motivation* 1975; 6: 91–100.

[8] Holman GL. Intragastric reinforcement effect. *Journal of Comparative and Physiological Psychology* 1969; 69: 432–41.

[9] Mennella JA, Jagnow CP, Beauchamp GK. Prenatal and postnatal flavor learning by human infants. *Pediatrics* 2001; 107: E88.

[10] Barabási A-L, Menichetti G, Loscalzo J. The unmapped chemical complexity of our diet. *Nature Food* 2020; 1: 33–37.

[11] Holliday RJ, Helfter J. *A Holistic Vet's Prescription for a Healthy Herd: A Guide to Livestock Nutrition, Free-choice Minerals, and Holistic Cattle Care*. Greeley: Acres USA, 2014.

[12] Scrinis G. Reframing malnutrition in all its forms: a critique of the tripartite classification of malnutrition. *Global Food Security* 2020; 26: 100396.

[13] Scrinis G. Ultra-processed foods and the corporate capture of nutrition – an essay by Gyorgy Scrinis. *British Medical Journal* 2020; 371: m4601.

[14] Elizabeth L, Machado P, Zinocker M, et al. Ultra-processed foods and health outcomes: a narrative review. *Nutrients* 2020; 12: 1955.

[15] Reardon T, Tschirley D, Liverpool-Tasie LSO, et al. The processed food revolution in African food systems and the double burden of malnutrition. Global Food Security 2021; 28: 100466.

[16] Swinburn BA, Kraak VI, Allender S, Atkins VJ, Baker PI, Bogard JR, et al. The global syndemic of obesity, undernutrition, and climate change: the *Lancet* Commission report. *Lancet* 2019; 393: 791–846.

[17] National Food Strategy, 2021.

[18] OECDiLibrary. Obesity Among Children. 2019 Available from: https://www.oecd-ilibrary.org/sites/health_glance_eur-2018-26-en/index.html?itemId=/content/component/health_glance_eur-2018-26-en.

[19] Enserink M. Did natural selection make the Dutch the tallest people on the planet? 2015. Available from: https://www.science.org/content/article/did-natural-selection-make-dutch-tallest-people-planet.

[20] Haines G. Why are the Dutch so tall? 2020. Available from: https://www.bbc.com/travel/article/20200823-why-are-the-dutch-so-tall#:~: text=A%20land%20of%20giants%2C%20the,cm%20and%20163.5cm%20 respectively.

[21] García OP, Long KZ, Rosado JL. Impact of micronutrient deficiencies on obesity. *Nutrition Review* 2009; 67: 559–72.

第13章 UPF尝起来很古怪

[1] Chandrashekar J, Kuhn C, Oka Y, et al. The cells and peripheral representation of sodium taste in mice. *Nature* 2010; 464: 297–301.

[2] Breslin PAS. An evolutionary perspective on food and human taste. *Current Biology* 2013; 23: R409–18.

[3] Keast RSJ, Breslin PAS. An overview of binary taste–taste interactions. *Food Quality and Preference* 2003; 14: 111–24.

[4] Henquin J-C. Do pancreatic β cells “taste” nutrients to secrete insulin? *Science Signaling* 2012; 5: e36.

[5] Behrens M, Meyerhof W. Gustatory and extragustatory functions of mammalian taste receptors. *Physiology & Behavior* 2011; 105: 4–13.

[6] Chandrashekar et al, 2010.

[7] Breslin, 2013.

[8] Breslin, 2013.

[9] Breslin, 2013.

[10] Coca-Cola. Does Coca-Cola contain cocaine? 2020. Available from: https://www.coca-cola.co.uk/our-business/faqs/does-coca-cola-contain-cocaine.

[11] Tucker KL, Morita K, Qiao N, Hannan MT, Cupples LA, Kiel DP. Colas, but not other carbonated beverages, are associated with low bone mineral density in older women: The Framingham Osteoporosis Study. *American Journal of Clinical Nutrition* 2006; 84: 936–42.

[12] Veldhuizen MG, Babbs RK, Patel B, et al. Integration of sweet taste and metabolism determines carbohydrate reward. *Current Biology* 2017; 27: 2476–2485.

[13] Lopez O, Jacobs A. In town with little water, Coca-Cola is everywhere. So is diabetes. 2018. Available from: https://www.nytimes. com/2018/07/14/world/americas/mexico-coca-cola-diabetes.html.

[14] Imamura F, O’Connor L, Ye Z, et al. Consumption of sugar sweetened beverages, artificially sweetened beverages, and fruit juice and incidence of type 2 diabetes: systematic review, meta-analysis, and estimation of population attributable fraction. *British Medical Journal* 2015; 351: h3576.

[15] Fowler SP, Williams K, Resendez RG, et al. Fueling the obesity epidemic? Artificially

sweetened beverage use and long-term weight gain. *Obesity* 2008; 16: 1894–900.

[16] Fowler SPG. Low-calorie sweetener use and energy balance: results from experimental studies in animals, and large-scale prospective studies in humans. *Physiology & Behavior* 2016; 164: 517–23.

[17] Nettleton JA, Lutsey PL, Wang Y, et al. Diet soda intake and risk of incident metabolic syndrome and type 2 diabetes in the Multi-Ethnic Study of Atherosclerosis (MESA). *Diabetes Care* 2009; 32: 688–94.

[18] Gallagher AM, Ashwell M, Halford JCG, et al. Low-calorie sweeteners in the human diet: scientific evidence, recommendations, challenges and future needs. A symposium report from the FENS 2019 conference. *Journal of Nutritional Science* 2021; 10: e7.

[19] Tate DF, Turner-McGrievy G, Lyons E, et al. Replacing caloric beverages with water or diet beverages for weight loss in adults: main results of the Choose Healthy Options Consciously Everyday (CHOICE) randomized clinical trial. *American Journal of Clinical Nutrition* 2012; 95: 555–63.

[20] Miller PE, Perez V. Low-calorie sweeteners and body weight and composition: a meta-analysis of randomized controlled trials and prospective cohort studies. *American Journal of Clinical Nutrition* 2014; 100: 765–77.

[21] Tate et al, 2012.

[22] Sylvetsky AC, Figueroa J, Zimmerman T, et al. Consumption of lowcalorie sweetened beverages is associated with higher total energy and sugar intake among children, NHANES 2011–2016. *Pediatric Obesity* 2019; 14: e12535.

[23] Dalenberg JR, Patel BP, Denis R, et al. Short-term consumption of sucralose with, but not without, carbohydrate impairs neural and metabolic sensitivity to sugar in humans. *Cellular Metabolism* 2020; 31: 493–502.

[24] Swithers SE, Sample CH, Davidson TL. Adverse effects of high-intensity sweeteners on energy intake and weight control in male and obesity-prone female rats. *Behavioral Neuroscience* 2013; 127: 262–74.

[25] Onaolapo AY, Onaolapo OJ. Food additives, food and the concept of 'food addiction': is stimulation of the brain reward circuit by food sufficient to trigger addiction? *Pathophysiology* 2018; 25: 263–76.

[26] Bartolotto C. Does consuming sugar and artificial sweeteners change taste preferences? *Permanente Journal* 2015; 19: 81–84.

[27] Rodriguez-Palacios A, Harding A, Menghini P, et al. The artificial sweetener Splenda promotes gut *Proteobacteria*, dysbiosis, and myeloperoxidase reactivity in Crohn's disease-like ileitis. *Inflammatory Bowel Disease* 2018; 24: 1005–20.

[28] de-la-Cruz M, Millán-Aldaco D, Soriano-Nava DM, et al. The artificial sweetener Splenda intake promotes changes in expression of c-Fos and NeuN in hypothalamus and hippocampus of rats. *Brain Research* 2018; 1700: 181–89.

[29] Suez J, Korem T, Zeevi D, et al. Artificial sweeteners induce glucose intolerance by altering the gut microbiota. *Nature* 2014; 514: 181–86.

[30] HM Treasury. Soft drinks industry levy comes into effect. 2018. Available from: https://www.gov.uk/government/news/soft-drinks-industry-levycomes-into-effect.

[31] Pell D, Mytton O, Penney TL, et al. Changes in soft drinks purchased by British households associated with the UK soft drinks industry levy: controlled interrupted time series analysis. *British Medical Journal* 2021; 372: n254.

[32] First Steps Nutrition Trust, 2019.

[33] First Steps Nutrition Trust, 2019.

[34] Breslin, 2013.

第14章　添加剂焦虑

[1] Wood Z. Pret a Manger censured over natural sandwich ingredients claim. 2018. Available from: http://www.theguardian.com/business/2018/apr/18/pret-a-manger-censured-over-natural-sandwich-ingredients-claim.

[2] Sustain. Pret's progress. 2018. Available from: https://www.sustainweb.org/news/dec18_pret_progress/.

[3] Jab Holding Company. Annual report 2020. 2021. Available from: https://www.jabholco.com/documents/2/FY20_ JAB_Holding_Company_Sarl_Consolidated_Financial_Statements.pdf.

[4] Appelbaum B. Bagels and war crimes. 2019. Available from: https://www.nytimes.com/2019/03/27/opinion/bagels-war-crimes-nazireimann.html.

[5] Bennhold K. Germany's second-richest family discovers a dark Nazi past. 2019. Available from: https://www.nytimes.com/2019/03/25/world/europe/nazi-laborers-jab-holding.html.

[6] Kiewel M. 33 Milliarden Euro reich: die Nazi-Vergangenheit der Calgon-Familie. 2019. Available from: https://www.bild.de/bild-plus/politik/inland/politik-inland/33-milliarden-euro-reich-die-nazi-vergangenheit-der-calgon-familie-60835802,view=conversionToLogin. bild.html.

[7] Rising D. Family who owns Krispy Kreme, Panera, Peet's Coffee acknowledges Nazi past. 2019. Available from: https://www.nbcbayarea. com/news/national-international/family-that-owns-krispy-kreme-panera-peets-coffee-acknowledges-nazi-past/159805/.

[8] McCann D, Barrett A, Cooper A, et al. Food additives and hyperactive behaviour in 3-year-old and 8/9-year-old children in the community: a randomised, double-blinded, placebo-controlled trial. *Lancet* 2007; 370: 1560–67.

[9] Neltner TG, Kulkarni NR, Alger HM, et al. Navigating the US food additive regulatory program. *Comprehensive Reviews in Food Science and Food Safety* 2011; 10: 342–68.

[10] Naimi S, Viennois E, Gewirtz AT, et al. Direct impact of commonly used dietary emulsifiers on human gut microbiota. *Microbiome* 2021; 9: 66.

[11] Richey Levine A, Picoraro JA, Dorfzaun S, et al. Emulsifiers and intestinal health: an introduction. *Journal of Pediatric Gastroenterology and Nutrition* 2022; 74: 314–19.

[12] Dupont Nutrition and Biosciences. Panodan DATEM: emulsifier for efficient processing and fat reduction. Available from: https://www.dupontnutritionandbiosciences.com/products/panodan.html.

[13] Environmental Protection Agency. Lifetime health advisories and health effects support documents for perfluorooctanoic acid and perfluorooctane sulfonate. 2016. Available from: https://www.regulations.gov/document/EPA-HQ-OW-2014–0138-0037.

[14] Rich N. The lawyer who became DuPont's worst nightmare. 2016. Available from: https://www.nytimes.com/2016/01/10/magazine/the-lawyer-who-became-duponts-worst-nightmare.html.

[15] Rich, 2016.

[16] Morgenson G, Mendell D. How DuPont may avoid paying to clean up a toxic "forever chemical". 2020. Available from: https://www.nbcnews.com/health/cancer/how-dupont-may-avoid-paying-clean-toxic-forever-chemical-n1138766.

[17] Morgenson & Mendell, 2020.

[18] Sevelsted A, Stokholm J, Bønnelykke K, et al. Cesarean section and chronic immune disorders. *Pediatrics* 2015; 135: e92–98.

[19] Nickerson KP, Homer CR, Kessler SP, et al. The dietary polysaccharide maltodextrin promotes *Salmonella* survival and mucosal colonization in mice. *PLoS One* 2014; 9: e101789.

[20] Bäckhed F, Fraser CM, Ringel Y, et al. Defining a healthy human gut microbiome: current concepts, future directions, and clinical applications. *Cell Host & Microbe* 2012; 12: 611–22.

[21] Dinan TG, Stilling RM, Stanton C, Cryan JF. Collective unconscious: how gut microbes shape human behavior. *Journal of Psychiatric Research* 2015; 63: 1–9.

[22] Gilbert JA, Blaser MJ, Caporaso JG, et al. Current understanding of the human microbiome. *Nature Medicine* 2018; 24: 392–400.

[23] Holder MK, Peters NV, Whylings J, et al. Dietary emulsifiers consumption alters anxiety-like and social-related behaviors in mice in a sex-dependent manner. *Scientific Reports* 2019; 9: 172.

[24] Chassaing B, Koren O, Goodrich JK, et al. Dietary emulsifiers impact the mouse gut microbiota promoting colitis and metabolic syndrome. *Nature* 2015; 519: 92–96.

[25] Nickerson et al, 2014.

[26] Nickerson KP, McDonald C. Crohn's disease-associated adherentinvasive *Escherichia coli* adhesion is enhanced by exposure to the ubiquitous dietary polysaccharide

maltodextrin. *PLoS One* 2012; 7: e52132.

[27] Arnold AR, Chassaing B. Maltodextrin, modern stressor of the intestinal environment. *Cellular and Molecular Gastroenterology and Hepatology* 2019; 7: 475–76.

[28] Hofman DL, van Buul VJ, Brouns FJPH. Nutrition, health, and regulatory aspects of digestible maltodextrins. *Critical Reviews in Food Science and Nutrition* 2016; 56: 2091–100.

[29] Ostrowski MP, La Rosa SL, Kunath BJ, et al. The food additive xanthan gum drives adaptation of the human gut microbiota. *bioRxiv* (preprint) 2021. DOI:10.1101/2021.06.02.446819.

[30] Rodriguez-Palacios et al, 2018.

[31] Naimi et al, 2021.

[32] Nickerson et al, 2014.

[33] Chassaing et al, 2015.

[34] Nickerson & McDonald, 2012.

[35] Arnold & Chassaing, 2019.

[36] Nair DVT, Paudel D, Prakash D, et al. Food additive guar gum aggravates colonic inflammation in experimental models of inflammatory bowel disease. *Current Developments in Nutrition* 2021; 5: 1142.

[37] Roberts CL, Keita AV, Duncan SH, et al. Translocation of Crohn's disease *Escherichia coli* across M-cells: contrasting effects of soluble plant fibres and emulsifiers. *Gut* 2010; 59: 1331–39.

第 15 章 失调的身体

[1] Maffini M, Neltner T. Broken GRAS: a scary maze of questions a corn oil producer couldn't answer. 2022. Available from: http://blogs.edf.org/health/2022/03/25/broken-gras-a-scary-maze-of-questions-a-corn-oil-producer-couldnt-answer/.

[2] Goldacre B. *Bad Pharma: How Medicine is Broken, And How We Can Fix It*. London: HarperCollins, 2012.

[3] Neltner TG, Kulkarni NR, Alger HM, Maffini MV, Bongard ED, Fortin ND and Olson ED, Navigating the U.S. Food Additive Regulatory Program. *Comprehensive Reviews in Food Science and Food Safety* 2011; 10: 342–68. https://doi.org/10.1111/j.1541-4337.2011.00166.x.

[4] Maffini MV, Neltner TG, Vogel S. We are what we eat: regulatory gaps in the United States that put our health at risk. *PLoS Biology* 2017; 15: e2003578.

[5] Neltner TG, Alger HM, O'Reilly JT, et al. Conflicts of interest in approvals of additives to food determined to be generally recognized as safe: out of balance. *JAMA Internal Medicine* 2013; 173: 2032–36.

[6] Delaney JJ. Investigation of the use of chemicals in food products. 1951. Available from: https://aseh.org/resources/Documents/Delaney-Investigation..Use%20of%20Chemicals%20in%20Foods-1.3.51.pdf.

[7] Corn Oil ONE. FDA GRAS 704 Corn Oil Zero 1st Application. Available from: https://www.fda.gov/media/107554/download.

[8] Maffini & Neltner, 2022.

[9] Okull D. Stabilized chlorine dioxide in fuel ethanol fermentation: efficacy, mechanisms and residuals. 2019. Available from: https://distillersgrains.org/wp-content/uploads/2019/05/5-Okull-Stabilized-Chlorine-Dioxide-Fuel-Ethanol-Fermentation.pdf.

[10] Maffini & Neltner, 2022.

[11] Neltner et al, 2011.

[12] Maffini et al, 2017.

[13] Backhaus O, Benesh M. EWG analysis: Almost all new food chemicals greenlighted by industry, not the FDA. 2022. Available from: https://www.ewg.org/news-insights/news/2022/04/ewg-analysis-almost-all-new-food-chemicals-greenlighted-industry-not-fda.

[14] Neltner TG, Alger HM, Leonard JE, et al. Data gaps in toxicity testing of chemicals allowed in food in the United States. *Reproductive Toxicology* 2013; 42: 85–94.

[15] US National Toxicology Program. NTP technical report on the toxicology and carcinogenesis studies of isoeugenol (CAS no. 97–54-1) in F344/N rats and B6C3F1 mice. 2010. Available from: https://ntp.niehs. nih.gov/ntp/htdocs/lt_rpts/tr551.pdf?utm_source=direct&utm_medium=prod&utm_campaign=ntpgolinks&utm_term=tr551.

[16] Nicole W. Secret ingredients: who knows what's in your food? *Environmental Health Perspectives* 2013; 121: A126–33.

[17] Watson E. Where are the dead bodies? Toxicology experts hit back at latest attack on food additive safety system. 2013. Available from: https://www.beveragedaily.com/Article/2013/08/15/Where-are-the-dead-bodies-Toxicology-experts-hit-back-at-latest-attack-on-food-additive-safety-system.

[18] Hartung T. Toxicology for the twenty-first century. *Nature* 2009; 460: 208–12.

第 16 章 UPF 破坏了传统饮食

[1] Nestlé. 2016 full year results conference call transcript. 2017. Available from: https://www.nestle.com/sites/default/files/asset-library/documents/investors/transcripts/2016-full-year-results-investor-call-transcript.pdf.

[2] Jacobs A, Richtel M. How big business got Brazil hooked on junk food. 2017. Available from: https://www.nytimes.com/interactive/2017/09/16/health/brazil-obesity-nestle.html.

[3] Nestlé. Door-to-door sales of fortified products. 2015. Available from: https://web.archive.org/web/20150923094209/https://www.nestle.com/csv/casestudies/allcasestudies/door-to-doorsalesoffortifiedproducts,brazil.

[4] Nestlé. Nestlé launches first floating supermarket in the Brazilian north region. 2010. Available from: https://www.nestle.com/sites/default/files/asset-library/documents/media/press-release/2010-february/nestl%C3%A9%20brazil%20press%20release%20-%20a%20bordo.pdf.

[5] Figueiredo N. ADM sets record for single soybean shipment from northern Brazil. 2022. Available from: https://www.reuters.com/business/energy/adm-sets-record-single-soybean-shipment-northern-brazil-2022-02-22/.

[6] Weight to Volume conversions for select substances and materials [Internet]. [cited 2022 May 8]. Available from: https://www.aqua-calc. com/calculate/weight-to-volume.

[7] Lawrence F. Should we worry about soya in our food? 2006. Available from: http://www.theguardian.com/news/2006/jul/25/food. foodanddrink.

[8] *Dry Cargo International*. Barcarena now handling export soya. 2015. Available from: https://www.drycargomag.com/barcarena-now-handling-export-soya.

[9] EFSA Panel on Food Additives and Flavourings. Re-evaluation of dimethyl polysiloxane (E 900) as a food additive. *EFSA Journal* 2020; 18: e06107.

[10] Hall AB, Huff C, Kuriwaki S. Wealth, slaveownership, and fighting for the Confederacy: an empirical study of the American Civil War. *American Political Science Review* 2019; 113: 658–73.

[11] Eskridge L. After 150 years, we still ask: why 'this cruel war'? 2011. Available from: https://web.archive.org/web/20110201183505/http://www.cantondailyledger.com/topstories/x1868081570/After-150-years-we-still-ask-Why-this-cruel-war.

[12] Gallagher G. Remembering the Civil War. 2011. Available from: https://www.c-span.org/video/?298125-1/remembering-civil-war.

[13] Thompson M. I've always loved fried chicken. But the racism surrounding it shamed me. The Guardian [Internet]. 2020 Oct 13 [cited 2022 May 9]; Available from: http://www.theguardian.com/food/2020/oct/13/ive-always-loved-fried-chicken-but-the-racism-surround ing-it-shamed-me.

[14] Searcey D, Richtel M. Obesity was rising as Ghana embraced fast food. Then came KFC. 2017. Available from: https://www.nytimes.com/2017/10/02/health/ghana-kfc-obesity.html.

[15] Domino's Pizza. Annual report 2016. 2016. Available from: https://ir.dominos.com/static-files/315497fc-5e31-42f9-8beb-f182d9282f21.

[16] Statista. Number of Domino's Pizza outlets in India from 2006 to 2021. 2022. Available from: https://www.statista.com/statistics/277347/number-of-dominos-pizza-stores-india/.

[17] Odegaard AO, Koh WP, Yuan J-M, et al. Western-style fast food intake and cardiometabolic risk in an Eastern country. *Circulation* 2012; 126: 182–88.

第 17 章 品客薯片的真实成本

[1] Monckton Chambers. Regular Pringles – once you pop (open VATA 1994, Schedule 8, Group 1, Excepted Item 5), the fun doesn't stop! 2007. Available from: https://www.monckton.com/wp-content/uploads/2008/11/ProcterGamblePringlesAug07AM.pdf.
[2] Monckton Chambers, 2007.
[3] British and Irish Legal Information Institute Tribunal. Procter & Gamble (UK) v Revenue & Customs [2007] UKVAT V20205. 2007. Available from: https://www.bailii.org/cgi-bin/format.cgi?doc=/uk/cases/UKVAT/2007/V20205.html.
[4] British and Irish Legal Information Institute Tribunal. Revenue & Customs v Procter & Gamble UK EWCA Civ 407. 2009. Available from: https://www.bailii.org/cgi-bin/format.cgi?doc=/ew/cases/EWCA/Civ/2009/407.html&query=(18381).
[5] Hansen J. Kellogg's is taking the government to court over putting milk in cereal. 2022. Available from: https://london.eater.com/23044506/kelloggs-breakfast-cereal-milk-suing-government-coco-pops-frosties.
[6] Sweney M. Kellogg's to challenge new UK rules for high-sugar cereals in court. 2022. Available from: https://amp.theguardian.com/business/2022/apr/27/kelloggs-court-challenge-new-uk-rules-high-sugar-cereals.
[7] Cook SF, Borah W. *Essays in Population History: Mexico and California*. Berkeley, CA: University of California Press, 1979.
[8] Denevan WM, Lovell WG. *The Native Population of the Americas in 1492*. Madison, WI: University of Wisconsin Press, 1992.
[9] Nunn N, Qian N. The Columbian Exchange: a history of disease, food, and ideas. *Journal of Economic Perspectives* 2010; 24: 163–88.
[10] Marshall M, Climate crisis: what lessons can we learn from the last great cooling-off period? 2022. Available from: theguardian.com/environment/2022/may/09/climate-crisis-lessons-to-learn-from-the-little-ice-age-cooling.
[11] Koch A, Brierley C, Maslin MM, et al. Earth system impacts of the European arrival and Great Dying in the Americas after 1492. *Quaternary Science Reviews* 2019; 207: 13–36.
[12] Clark MA, Domingo MGG, Colgan K, et al. Global food system emissions could preclude achieving the 1.5° and 2°C climate change targets. *Science* 2020; 370: 705–08.
[13] Anastasioua K, Baker P, Hadjikakou M. A conceptual framework for understanding the environmental impacts of ultra-processed foods and implications for sustainable food

systems. *Journal of Cleaner Production* 2022; 368: 133155.
[14] Soil Association. Ultra-processed planet: the impact of ultra-processed diets on climate, nature and health (and what to do about it). 2021. Available from: https://www.soilassociation.org/media/23032/ultra-processed-planet-final.pdf.
[15] National Food Strategy, 2021.
[16] Fardet A, Rock E. Perspective: reductionist nutrition research has meaning only within the framework of holistic and ethical thinking. *Advances in Nutrition* 2018; 9: 655–70.
[17] International Food Policy Research Institute. Women: The key to food security. 1995. Available from: https://www.ifpri.org/publication/women-key-food-security.
[18] Wilson B. The irreplaceable. 2022. Available from: https://www.lrb. co.uk/the-paper/v44/n12/bee-wilson/the-irreplaceable.
[19] Edwards RB, Naylor RL, Higgins MM, et al. Causes of Indonesia's forest fires. *World Development* 2020; 127: 104717.
[20] Greenpeace International. The final countdown. 2018. Available from: https://www.greenpeace.org/international/publication/18455/the-final-countdown-forests-indonesia-palm-oil/.
[21] Edwards et al, 2020.
[22] Pearce F. UK animal feed helping to destroy Asian rainforest, study shows. 2011. Available from: https://www.theguardian.com/environment/2011/may/09/pet-food-asian-rainforest.
[23] van der Goot AJ, Pelgrom PJM, Berghout JAM, et al. Concepts for further sustainable production of foods. *Journal of Food Engineering* 2016; 168: 42–51.
[24] International Monetary Fund. Fossil fuel subsidies. 2019. Available from: https://www.imf.org/en/Topics/climate-change/energy-subsidies.
[25] van der Goot et al, 2016.
[26] National Food Strategy, 2021.
[27] Rosane O. Humans and big ag livestock now account for 96 percent of mammal biomass. 2018. Available from: https://www.ecowatch.com/biomass-humans-animals-2571413930.html.
[28] Bar-On YM, Phillips R, Milo R. The biomass distribution on Earth. *Proceedings of the National Academy of Sciences* 2018; 25: 6506–11.
[29] Monteiro CA, Moubarac J-C, Bertazzi Levy R, et al. Household availability of ultra-processed foods and obesity in nineteen European countries. *Public Health Nutrition* 2018; 21: 18–26.
[30] Lawrence, 2006.
[31] Ritchie H, Roser M. Soy. 2021. Available from https://ourworldindata.org/soy.
[32] National Food Strategy, 2021.
[33] Lawrence, 2006.

[34] Cliff C. Intensively farmed chicken: the effect on deforestation, environment and climate change. 2021. Available from: https://www.soilassociation.org/blogs/2021/august/4/intensively-farmed-chicken-and-its-affect-on-the-environment-and-climate-change/.

[35] Worldwide Fund For Nature. Riskier business: the UK's overseas land footprint. 2020. Available from: https://www.wwf.org.uk/sites/default/files/2020–07/RiskierBusiness_July2020_V7_0.pdf.

[36] Worldwide Fund for Nature. Appetite for Destruction. 2017._ Available from: https://www.wwf.org.uk/sites/default/files/2017–11/WWF_AppetiteForDestruction_Full_Report_Web_0.pdf.

[37] Soil Association. Peak poultry – briefing for policy makers. 2022. Available from: https://www.soilassociation.org/media/22930/peak-poultry-briefing-for-policy-makers.pdf.

[38] Worldwide Fund for Nature, 2017.

[39] Soil Association, 2022.

[40] Friends of the Earth Europe. Meat atlas: facts and figures about the animals we eat. Available from: https://friendsoftheearth.eu/wpcontent/uploads/2014/01/foee_hbf_meatatlas_jan2014.pdf.

[41] Leite-Filho AT, Costa MH, Fu R. The southern Amazon rainy season: the role of deforestation and its interactions with large-scale mechanisms. *International Journal of Climatology* 2020; 40: 2328–41.

[42] Butt N, de Oliveira PA, Costa MH. Evidence that deforestation affects the onset of the rainy season in Rondonia, Brazil. *Journal of Geophysical Research* 2011; 116: D11120.

[43] Gustavo Faleiros MA. Agro-suicide: Amazon deforestation hits Brazil's soy producers. 2020. Available from: https://dialogochino.net/en/agriculture/37887-agri-suicide-amazon-deforestation-hits-rain-brazils-soy-producers/.

[44] Gatti LV, Basso LS, Miller JB, et al. Amazonia as a carbon source linked to deforestation and climate change. *Nature* 2021; 595: 388–93.

[45] Carrington D. Amazon rainforest now emitting more CO_2 than it absorbs. 2021. Available from: https://amp.theguardian.com/environment/2021/jul/14/amazon-rainforest-now-emitting-more-co2-than-it-absorbs.

[46] Tilman D, Clark M. Global diets link environmental sustainability and human health. *Nature* 2014; 515: 518–22.

[47] Soil Association, 2021.

[48] International Assessment of Agricultural Knowledge, Science, Technology for Development. Agriculture at a crossroads – global report. 2009. Available from: https://wedocs.unep.org/handle/20.500.11822/8590.

[49] Poux X, Aubert P-M. An agroecological Europe in 2050: multifunctional agriculture

for healthy eating. Findings from the Ten Years For Agroecology (TYFA) modelling exercise. 2018. Available from: https://www.soilassociation.org/media/18074/iddri-study-tyfa.pdf.

[50] Aubert P-M, Schwoob M-H, Poux X. Agroecology and carbon neutrality: what are the issues? 2019. Available from: https://www.soilassociation.org/media/18564/iddri-agroecology-and-carbon-neutrality-what-are-the-issues.pdf.

[51] Poux X, Schiavo M, Aubert P-M . Modelling an agroecological UK in 2050 – findings from TYFAREGIO. 2021. Available from: https://www.iddri.org/sites/default/files/PDF/Publications/Catalogue%20Iddri/Etude/202111-ST1021-TYFA%20UK_0.pdf.

[52] Röös E, Mayer A, Muller A, et al. Agroecological practices in combination with healthy diets can help meet EU food system policy targets. *Science of the Total Environment* 2022; 847: 157612.

[53] Muller A, Schader C, El-Hage Scialabba N, et al. Strategies for feeding the world more sustainably with organic agriculture. *Nature Communications* 2017; 8: 1290.

[54] Fiolet et al, 2018.

[55] Chen X, Zhang Z, Yang H, et al. Consumption of ultra-processed foods and health outcomes: a systematic review of epidemiological studies. *Nutrition Journal* 2020; 19: 86.

[56] Dicken & Batterham, 2021.

[57] Break Free From Plastic. Global brand audit report 2020. Available from: https://www.breakfreefromplastic.org/globalbrandauditreport2020/?utm_medium=email&utm_source=getresponse&utm_content=LIVE%3A+Plastic+Polluters+Brand+Audit+Report+%26+Invitation+to+Press+Briefing&utm_campaign=Breakfreefromplastic+Membership+Master+List.

[58] Laville S. Report reveals 'massive plastic pollution footprint' of drinks firms. 2020. Available from: https://amp.theguardian.com/environment/2020/mar/31/report-reveals-massive-plastic-pollution-footprint-of-drinks-firms.

[59] McVeigh K. Coca-Cola, Pepsi and Nestlé named top plastic polluters for third year in a row. 2020. Available from: https://amp.theguardian. com/environment/2020/dec/07/coca-cola-pepsi-and-nestle-named-top-plastic-polluters-for-third-year-in-a-row.

[60] Laville S. Coca-Cola admits it produces 3m tonnes of plastic packaging a year. 2019. Available from: https://www.theguardian.com/business/2019/mar/14/coca-cola-admits-it-produces-3m-tonnes-of-plastic-packaging-a-year.

[61] Geyer R, Jambeck JR, Law KL. Production, use, and fate of all plastics ever made. *Scientific Advances* 2017; 3: e1700782.

第 18 章　UPF 的设计目的——过度消费

[1] Yi J, Meemken E-M, Mazariegos-Anastassiou V, et al. Post-farmgate food value chains

make up most of consumer food expenditures globally. *Nature Food* 2021; 2: 417–25.

[2] Justia Patents. Patents by inventors Gary Norman Binley. 2022. Available from: https://patents.justia.com/inventor/gary-norman-binley.

[3] Friedman M. A Friedman doctrine – the social responsibility of business is to increase its profits. 1970. Available from: https://www.nytimes.com/1970/09/13/archives/a-friedman-doctrine-the-social-responsibility-of-business-is-to.html.

[4] Sorkin AR, Giang V, Gandel S, et al. The pushback on ESG investing. 2022. Available from: https://www.nytimes.com/2022/05/11/business/dealbook/esg-investing-pushback.html.

[5] BlackRock. 2022 climate-related shareholder proposals more prescriptive than 2021. 2022. Available from: https://www.blackrock.com/corporate/literature/publication/commentary-bis-approach-shareholder-proposals.pdf.

[6] MacAskill W. Does divestment work? 2015. Available from: https://www.newyorker.com/business/currency/does-divestment-work.

[7] Nestlé. Nestlé enters weight management market – Jenny Craig acquisition enhances group's nutrition, health and wellness dimension. 2006. Available from: https://www.nestle.com/media/pressreleases/allpressreleases/weightmanagementmarketjennycraig-19jun06.

[8] Jenny Craig. Jenny Craig Meals & Nutrition. 2022. Available from: https://www.jennycraig.com/nutrition-mission.

[9] Reuters. Nestlé sells most of Jenny Craig to private equity firm. CNBC. 2013. Available from: https://www.cnbc.com/2013/11/07/nestle-sells-most-of-jenny-craig-to-private-equity-firm.html.

[10] Nestlé. Acquisitions, partnerships & joint ventures. 2022. Available from: https://www.nestle.com/investors/overview/mergers-and-acqui sitions/nestle-health-science-acquisitions.

[11] Kirchfeld A, David R, Nair D. Nestle eyed biggest-ever deal in aborted move for GSK unit. 2022. Available from: https://www.bloomberg. com/news/articles/2022–05-25/nestle-eyed-biggest-ever-deal-in-aborted-move-for-gsk-consumer.

[12] Danone. Danone's subsidiaries and equity holdings as of December 31, 2020. Available from: https://www.danone.com/content/dam/danone-corp/danone-com/investors/danone-at-a-glance/List%20 of%20subsidiairies%202020.pdf.

[13] Ralph A. Philip Morris buys respiratory drugs company Vectura for £1bn. 2022. Available from: https://www.thetimes.co.uk/article/philip-morris-buys-respiratory-drugs-company-vectura-for-1bn-9mfts7jxq.

第 19 章　我们可以要求政府做什么

[1] War on Want. The baby killer. 1974. Available from: http://archive. babymilkaction. org/pdfs/babykiller.pdf.
[2] Quigley MA, Carson C. Breastfeeding in the 21st century. *Lancet* 2016; 387: 2087–88.
[3] Stoltz T, Jones A, Rogers L, et al. 51 donor milk in the NICU: a community pediatrics perspective. *Paediatrics & Child Health* 2021; 26: e36–e36.
[4] Lucas A, Cole TJ. Breast milk and neonatal necrotising enterocolitis. *Lancet* 1990; 336: 1519–23.
[5] Johns Hopkins Medical Institutions. Formula-fed preemies at higher risk for dangerous GI condition than babies who get donor milk. 2011. Available from: https://www.sciencedaily.com/releases/2011/04/110430171122.htm.
[6] Jelliffe DB. Commerciogenic malnutrition? *Nutrition Reviews* 1972; 30: 199–205.
[7] Jelliffe, 1972.
[8] War on Want, 1979.
[9] Jelliffe, 1972.
[10] *New Internationalist*. Action now on baby foods. 1973. Available from: https://newint.org/features/1973/08/01/baby-food-action-editorial.
[11] Fitzpatrick I. Nestléd in controversy. *New Internationalist*. 2010. Available from: https://newint.org/columns/applause/2010/10/01/nestle-baby-milk-campaign.
[12] UNICEF. Research on marketing and the code. 2022. Available from: https://www.unicef.org.uk/babyfriendly/news-and-research/baby-friendly-research/research-on-marketing-and-the-code/.
[13] Save the Children. Don't push it: why the formula industry must clean up its act. 2018. Available from: https://resourcecentre.savethechildren.net/pdf/dont-push-it.pdf/.
[14] Quigley & Carson, 2016.
[15] Lamberti LM, Zakarija-Grković I, Fischer Walker CL, et al. Breastfeeding for reducing the risk of pneumonia morbidity and mortality in children under two: a systematic literature review and meta-analy-sis. *BMC Public Health* 2013; 13: S18.
[16] Global Breastfeeding Collective. Nurturing the health and wealth of nations: the investment case for breastfeeding. Available from: https://www.globalbreastfeedingcollective.org/media/426/file/The%20invest ment%20case%20for%20breastfeeding.pdf.
[17] Quigley & Carson, 2016.
[18] Baker P, Smith J, Salmon L, et al. Global trends and patterns of commercial milk-based formula sales: is an unprecedented infant and young child feeding transition underway? *Public Health Nutrition* 2016; 19: 2540–50.
[19] Forsyth BW, McCarthy PL, Leventhal JM. Problems of early infancy, formula changes,

and mothers' beliefs about their infants. *Journal of Pediatrics* 1985; 106: 1012–17.
[20] Polack FP, Khan N, Maisels MJ. Changing partners: the dance of infant formula changes. *Clinical Pediatrics* 1999; 38: 703–08.
[21] Lakshman R, Ogilvie D, Ong KK. Mothers' experiences of bottlefeeding: a systematic review of qualitative and quantitative studies. *Archives of Disease in Childhood* 2009; 94: 596–601.
[22] Lakshman R. Establishing a healthy growth trajectory from birth: the Baby Milk trial. Available from: https://heeoe.hee.nhs.uk/sites/default/files/docustore/baby_milk_trial_results18april17.pdf.
[23] UK Food Standards Agency. Statement on the role of hydrolysed cows' milk formulae in influencing the development of atopic outcomes and autoimmune disease. Available at: https://cot.food.gov.uk/sites/default/files/finalstatement-hydrolysedformula.pdf.
[24] Japanese guidelines for food allergy 2017. *Allergology* Int. 2017 Apr; 66(2): 248–64.
[25] The Australasian Society of Clinical Immunology and Allergy infant feeding for allergy prevention guidelines. *Medical Journal of Australia* 2019, Feb; 210(2):89–93 doi: 10.5694/mja2.12102.
[26] The Effects of Early Nutritional Interventions on the Development of Atopic Disease in Infants and Children: The Role of Maternal Dietary Restriction, Breastfeeding, Hydrolyzed Formulas, and Timing of Introduction of Allergenic Complementary Foods. *Pediatrics* 2019; 143: e20190281.
[27] van Tulleken C. Overdiagnosis and industry influence: how cow's milk protein allergy is extending the reach of infant formula manufacturers. *British Medical Journal* 2018; 363: k5056.
[28] Brown A. *Why Breastfeeding Grief and Trauma Matter*. London: Pinter & Martin, 2019.
[29] Sankar MJ, Sinha B, Chowdhury R, et al. Optimal breastfeeding practices and infant and child mortality: a systematic review and meta-analysis. *Acta Paediatrica* 2015; 104: 3–13.
[30] Horta BL, Loret de Mola C, Victora CG. Long-term consequences of breastfeeding on cholesterol, obesity, systolic blood pressure and type 2 diabetes: a systematic review and meta-analysis. *Acta Paediatrica* 2015; 104: 30–37.
[31] Bowatte G, Tham R, Allen KJ, et al. Breastfeeding and childhood acute otitis media: a systematic review and meta-analysis. *Acta Paediatrica* 2015; 104: 85–95.
[32] Victora CG, Bahl R, Barros AJD, et al. Breastfeeding in the 21st century: epidemiology, mechanisms, and lifelong effect. *Lancet* 2017; 387: 475–90.
[33] Lodge CJ, Tan DJ, Lau MXZ, et al. Breastfeeding and asthma and allergies: a systematic review and meta-analysis. *Acta Paediatrica* 2015; 104: 38–53.
[34] Thompson JMD, Tanabe K, Moon RY, et al. Duration of breastfeeding and risk of

SIDS: an individual participant data meta-analysis. *Pediatrics* 2017; 140: e20171324.

[35] Horta BL, Loret de Mola C, Victora CG. Breastfeeding and intelligence: a systematic review and meta-analysis. *Acta Paediatrica* 2015; 104: 14–29.

[36] Baker et al, 2016.

[37] British Nutrition Foundation. What we do. 2022. Available from: https://www.nutrition.org.uk/our-work/what-we-do/.

[38] British Nutrition Foundation. Current members. 2022. Available from: https://www.nutrition.org.uk/our-work/support-what-we-do/corporate-partnerships/current-members/.

[39] Carriedo A, Pinsky I, Crosbie E, et al. The corporate capture of the nutrition profession in the USA: the case of the Academy of Nutrition and Dietetics. *Public Health Nutrition* 2022; 25: 3568–82.

[40] O'Connor A. Group shaping nutrition policy earned millions from junk food makers. 2022. Available from: https://www.washingtonpost.com/wellness/2022/10/24/nutrition-academy-processed-food-company-donations/.

[41] Diabetes UK. Our current partners. 2022. Available from: https://www.diabetes.org.uk/get_involved/corporate/acknowledgements/partners.

[42] Cancer Research UK. About our corporate partnership programme. 2022. Available from: https://www.cancerresearchuk.org/get-involved/become-a-partner/about-our-corporate-partnership-programme.

[43] British Heart Foundation. Our current partners. 2022. Available from: https://www.bhf.org.uk/how-you-can-help/corporate-partnerships/our-corporate-partners.

[44] The Association of UK Dietitians. BDA corporate members. 2022. Available from: https://www.bda.uk.com/news-campaigns/work-with-us/commercial-work/bda-corporate-members.html.

[45] Greenpeace International. Top consumer companies' palm oil sustainability claims go up in flames. 2019. Available from: https://www.greenpeace.org/international/press-release/25675/burn ingthehouse/.

[46] Taillie LS, Reyes M, Colchero MA, et al. An evaluation of Chile's law of food labeling and advertising on sugar-sweetened beverage purchases from 2015 to 2017: a before-and-after study. *PLoS Medicine* 2020; 17: e1003015.

[47] Jacobs A. In sweeping war on obesity, Chile slays Tony the Tiger. 2018. Available from: https://www.nytimes.com/2018/02/07/health/obesity-chile-sugar-regulations.html.

[48] Reyes M, Garmendia ML, Olivares S, et al. Development of the Chilean front-of-package food warning label. *BMC Public Health* 2019; 19: 906.